A Clinician's Guide to CBT for
Children to Young Adults

Second Edition

儿童和青少年
心理问题的
认知行为疗法

第三次浪潮下的CBT实践指南
（第2版）

［英］保罗·斯托拉德（Paul Stallard）◎著

王建平 孙 君 崔绮娜◎译

人民邮电出版社
北京

图书在版编目（ＣＩＰ）数据

儿童和青少年心理问题的认知行为疗法 ： 第三次浪潮下的CBT实践指南 ： 第2版 / （英）保罗·斯托拉德（Paul Stallard）著 ； 王建平，孙君，崔绮娜译. -- 北京 ： 人民邮电出版社，2024.1
ISBN 978-7-115-63362-0

Ⅰ. ①儿… Ⅱ. ①保… ②王… ③孙… ④崔… Ⅲ. ①儿童－心理健康－认知－行为疗法②青少年－心理健康－认知－行为疗法 Ⅳ. ①B844

中国国家版本馆CIP数据核字(2023)第250192号

内 容 提 要

这是一本兼具专业性、实用性和趣味性的认知行为治疗实践指南。作者根据几十年的理论研究与临床实践，为读者呈现了使用认知行为疗法与儿童和青少年开展工作的基本理念、工作程序与核心技术。它们不仅适用于个案干预，也适用于团体干预，其有效性已得到各方面研究的支持。

以儿童和青少年为中心、聚焦于结果、注重反思，并为儿童和青少年赋能是作者倡导的核心理念。治疗师不仅需要秉持这一核心理念进行临床工作，还要与儿童和青少年建立一种真诚、温暖、相互尊重的合作关系，尊重他们的特定发展水平，鼓励他们进行探究发现，并使治疗过程充满趣味性。书中提供的多项核心技术，如行为技术、认知技术、情绪技术、概念化等也是治疗师在与儿童和青少年工作时必须具备的技能。此外，作者针对焦虑障碍、抑郁障碍、强迫症、创伤后应激障碍等多种精神障碍，阐述了治疗师将各项核心技术进行有机结合的方法，并提供了十余种相关资源，以供治疗师参考和使用。

本书不仅适合儿童和青少年心理健康方面的专业人士阅读，对学校教师、社会工作者等也有借鉴意义。

◆ 著 ［英］保罗·斯托拉德（Paul Stallard）
　　译 王建平 孙　君 崔绮娜
责任编辑 柳小红
责任印制 彭志环

◆ 人民邮电出版社出版发行　　北京市丰台区成寿寺路 11 号
邮编 100164　　电子邮件 315@ptpress.com.cn
网址 https://www.ptpress.com.cn
北京七彩京通数码快印有限公司印刷

◆ 开本：720×960　1/16
印张：22.75　　　　　　　　　　2024 年 1 月第 1 版
字数：332 千字　　　　　　　　 2025 年 11 月北京第 8 次印刷
著作权合同登记号　图字：01-2022-4259 号

定　价：108.00 元
读者服务热线：（010）81055656　印装质量热线：（010）81055316
反盗版热线：（010）81055315

译者团队介绍

王建平　北京师范大学心理学部二级教授、临床与咨询学院副院长，中国心理学会临床心理学注册工作委员会委员，美国贝克研究所国际顾问委员会委员。

孙　君　北京师范大学应用心理专业硕士（临床与咨询心理方向），香港中文大学翻译硕士。

崔绮娜　北京师范大学应用心理专业硕士（临床与咨询心理方向），英国伦敦玛丽女王学院国际雇佣关系硕士。

杨凯迪　北京师范大学应用心理专业硕士（临床与咨询心理方向），英国杜伦大学发展病理学硕士；中国心理学会临床心理学注册系统注册助理心理师，接受过认知行为疗法、动机式访谈、强迫症专病治疗、哀伤咨询等相关培训；曾服务于北京师范大学心理健康服务中心、首都医科大学附属北京安定医院。

贺琦琦　北京师范大学应用心理专业硕士（临床与咨询心理方向）。

左天然　北京师范大学应用心理专业硕士（临床与咨询心理方向）；系统完成两年心理咨询相关课程学习及实践，曾于北京师范大学心理健康服务中心及北京安定医院情感障碍病房实习，接受过认知行为疗法、动机式访谈等培训；中国心理学会临床心理学注册系统注册助理心理师。

杨再勇　北京师范大学教育博士（心理健康教育方向），美国心理学会心理治疗分会会员；现任南方科技大学学生心理成长中心负责人、学生工作部副部长，从事心理健康教育工作近 20 年，著有《走向完整的自己》。

黄晶菁　北京师范大学临床与咨询心理学学术硕士。

于心怡　北京师范大学临床与咨询心理学学术硕士；目前参与的项目为北京大学心理与认知科学学院陈仲庚临床与咨询心理学发展基金会资助的"丧亲大学生心理健康状况、影响因素及机制研究"。

　　儿童和青少年是各类心理病理症状的易感人群，其心理健康问题已成为重要的公共卫生议题。焦虑、抑郁等问题是该群体主要的疾病负担和伤害来源，引发了越来越多的社会关注。认知行为疗法（Cognitive Behavioral Therapy，CBT）是用于干预儿童和青少年多种心理问题或精神障碍的有效疗法，已得到广泛的研究和充足的实证支持。但对专业助人者来说，将 CBT 应用于儿童和青少年群体的心理咨询与治疗的实践过程颇具挑战性。这些挑战包括如何结合该群体的发展性因素去理解和应用 CBT 的核心理论与概念，如何在实务工作中做出合适的调整以更好地适应该群体，以及如何找到或制作适合、可用的材料。相信保罗·斯托拉德博士的这本书能够为专业人士提供有益的参考，帮助他们为儿童和青少年提供更科学、更专业、更有效的帮助。

　　本书围绕如何使用 CBT 服务儿童和青少年群体，提供了从理论原则到实践应用的一系列完整、丰富、实用的资源。本书首先向读者介绍了 CBT 的起源、背景、基础理论与重要原理，随后围绕 CBT 的核心概念与原则展开，详细阐述了一系列 CBT 技术的具体应用，并且在各个环节附上了大量实用的练习方法和工具表。这些材料是由拥有丰富的与儿童和青少年工作的临床经验的专业人士编写而成的，书中不但对为何及如何使用这些工具提供了翔实的指导，而且整合了所有材料并有序地呈现出来，非常易于专业人士上手使用。我想这样一本书，无论是用于系统的学习，还是作为不时翻看、查找信息的案头素材，都是相当适合的。

本书以专业服务的提供者为对象，沿着核心原则与核心技术的脉络展开。全书共 12 章，系统、翔实地介绍了使用 CBT 开展工作的基本理念、工作程序与核心技术。第 1 章概述了针对儿童和青少年群体使用CBT的不同目的、方式、特点，CBT 胜任力框架及核心理念。第 2 章梳理并介绍了与该群体工作时需要遵循的七大原则。第 3 章到第 10 章则依据 CBT 核心技术的英文首字母缩写顺序（从 A 到 H），依次详细地说明了不同核心技术的使用方法与注意事项。第 11 章结合常见的障碍类型，整合了书中介绍的理论与技术。第 12 章梳理了书中提及的各类实用的工具和表单，十分便于查找与使用。此外，书中在不同板块提供的案例，以非常生动、贴近真实案例的方式，呈现了不同技术在不同个案中的应用，精彩且颇具启发性。

本书的翻译工作由我负责的硕士和博士完成，并由我作为终审人员对全书进行了审校。在开始翻译前，我们与出版社进行了充分的沟通，了解了翻译风格的要求和具体细节。我们还组建了一个翻译小组，小组成员英文水平出色，并且多位成员有着其他与 CBT 相关的图书的翻译经验。这使我们对成功完成本书的翻译工作充满信心。在翻译的过程中，我们会定期就小组成员遇到的具有困惑性的词语和翻译问题召开翻译进程汇报会议。我们结合自身的专业背景知识和认知行为疗法的专业知识，集思广益，以找出最合适的翻译方法。此外，我们还建立了相应的工作文档，将遇到的专业术语统一记录在共享文档中，以便其他成员及时查阅、对照和统一使用。整个工作过程需要极大的耐心和细心，但与此同时，我们也得到了更深厚的关于 CBT 的专业知识和更深刻的理解。在这个过程中，我们充分享受到了乐趣。我们希望读者在阅读本书时能够感受到这份乐趣并有所收获，与我们一同深入了解 CBT。

各章的翻译执笔情况如下：辅文、第 1 章和第 2 章由孙君完成；第 3 章和第 4 章由崔绮娜完成；第 5 章由杨凯迪完成；第 6 章由贺琦琦完成；第 7 章和第 8 章由左天然完成；第 9 章和第 10 章由杨再勇完成；第 11 章由黄晶菁完成；第 12

章由于心怡完成。初译稿完成后，孙君和崔绮娜完成了稿件的统一和再次校对，并由我进行最后的审校。他们在翻译本书的过程中付出了大量的心血。在此，我要对他们辛勤付出的努力表示深深的感谢。最后，我要感谢编辑柳小红和人民邮电出版社为本书的出版所做的努力。

尽管我们尽力做到最好，但由于能力和水平有限，译作中难免存在不当之处。对于这些可能的瑕疵，我们恳请专家和读者批评指正。另外，由于文化差异，当本书在中国进行实践应用时，可能需要使用者根据具体情况做出适当的调整。希望读者能将对本书的意见和使用体验反馈给我们，我的邮箱是 wjphh@bnu.edu.cn。在此，再次衷心感谢你们的支持和宝贵意见！

王建平

2023 年 9 月

　　本书依据胜任力框架，着重介绍了使用 CBT 与儿童和青少年群体开展工作的基本理念、工作程序与核心技术。这些理念、程序与技术可以用于心理问题的个案干预，亦可作为团体干预方案的一部分，以帮助儿童和青少年养成有益的"生活技巧"，从而提升其适应能力。

　　本书认为，CBT 是一种以儿童和青少年为中心（Child-centered）、聚焦于结果（Outcome-focused）、注重反思（Reflective）及为儿童和青少年赋能（Empowering）的方法，该核心理念用首字母缩写表示为 CORE。在与儿童、青少年工作的过程中，治疗师①需注重七大原则，即合作关系（Partnership）、与发展水平相匹配（pitched at the Right developmental level）、共情（Empathy）、创造性（Creativity）、探究发现（Investigation）、自我效能感（Self-efficacy）以及参与感和趣味性（Engaging and enjoyable），我们用首字母缩写表示为 PRECISE 原则。

　　最后，有关 CBT 核心技术的具体内容，即评估与目标（Assessment and goals）、行为技术（Behavioural technique）、认知技术（Cognitive technique）、自我发现（Discovery）、情绪技术（Emotional technique）、概念化（Formulation）、

①　在全书正文中，我们将可能作为实施干预工作主体的精神科医生、心理治疗师、心理咨询师、社会工作者等助人者统一译为治疗师，以方便阅读。治疗师与儿童和青少年工作的过程所指的含义可能涉及各种助人场景与设置，而非仅限于国内心理治疗所指代的助人过程。——译者注

通用技能（General skill）及家庭作业（Home assignment）等，我们用前三个词的英文首字母 ABC 来为其命名。本书对每项技术的介绍都佐以大量实用案例，方便读者将相关技术应用到与儿童和青少年的工作中。

目录

第 1 章

导言与概述

CBT 是对一系列聚焦于认知、情绪与行为的干预方法的总称。这些干预方法所遵循的共同前提是，情绪困扰是由我们对特定事件的看法引起的。一些功能不良、毫无益处的思维方式会引发心理问题。由于注意偏向、记忆偏差、情绪反应和非适应性行为（如回避）的作用，这些无益的模式被保留了下来。

传统的 CBT 干预强调识别、直接挑战和重新评估功能不良的认知，以减少情绪困扰和无益的行为。近年来，被称作第三次浪潮的理论模型则更关注改变个体与其认知之间的关系的本质，而非改变认知的具体内容。在这些疗法中，想法被理解为一种精神活动，而非对现实的定义。这些疗法通过正念、接纳、自我关怀、痛苦耐受等方式帮助儿童和青少年减轻由这些想法产生的情绪困扰。

作为一种干预方式的 CBT

在所有针对儿童和青少年的心理疗法中，CBT 广受好评，并且得到了广泛的研究（Graham，2005）。系统性的研究一致证明了使用 CBT 治疗儿童和青少年所面临的一系列情绪问题的有效性，这些情绪问题包括创伤后应激障碍（post-traumatic stress disorder，PTSD）（Gutermann et al.，2016；Morina et al.，2016；Smith et al.，2019）、焦虑（Bennett et al.，2016；James et al.，2015）、抑郁（Oud et al.，2019；Zhou et al.，2015），以及强迫症（obsessive-compulsive disorder，OCD）（Öst et al.，2016）。研究也开始为第三次浪潮下的 CBT 干预的效用提供证据，如正念认知疗法（mindfulness based cognitive therapy，MBCT）（Dunning et al.，2019；Klingbeil et al.，2017）、辩证行为疗法（dialectical behaviour therapy，DBT；McCauley et al.，2018）和接纳承诺疗法（acceptance and commitment therapy，ACT；Hancock et al.，2018）。

CBT 短程且高效，例如，用一次性暴露疗法（single-session exposure therapy）

这样简单的方案可用于治疗特定的恐怖症，并且被证实是极其有效的（Öst & Ollendick，2017）。另外，父母参与指导的短程 CBT 在治疗焦虑障碍（anxiety disorder）方面的有效性也已被证实（Cartwright-Hatton et al.，2011；Creswell et al.，2017）。最后，特定模型的干预效果同样喜人，例如，将认知疗法用于治疗社交焦虑（Leigh & Clark，2018），或者以一次性暴露疗法治疗特定的恐怖症（Davis et al.，2019）。

有了这些一致且可观的证据支持，英国国家卫生与临床优化研究所（UK National institute for Health and Clinical Excellence）及美国儿童和青少年精神病学会（American Academy of Child and Adolescent Psychiatry）等权威机构也推荐使用 CBT 治疗儿童和青少年的多种情绪障碍，包括抑郁障碍、强迫症、创伤后应激障碍和焦虑障碍等。越来越多的实证基础也促进了 CBT 国家培训项目的发展。在英国，成功开展的心理辅导普及计划（Improving Access to Psychological Therapies，IAPT）也将儿童和青少年纳入其中（Shafran et al.，2014）。

作为一种预防式干预的 CBT

CBT 不仅是一种有效的治疗方法，许多研究也证明了它在预防诸如焦虑和抑郁等精神健康问题方面的有效性（Calear & Christensen，2010；Neil & Christensen，2009）。预防计划既能帮助已出现问题者减轻其症状，也能帮助尚未出现症状者增强其心理弹性。预防计划的实施结果证实了在学校范围内以 CBT 为基础预防焦虑与抑郁的有效性，这令人鼓舞（Dray et al.，2017；Hetrick et al.，2015；Stockings et al.，2016；Werner-Seidler et al.，2017）。

通常，学校的预防计划通常有两种设置，即通用方法和定向方法。其中，通用方法适用于一般群体，而定向方法则适用于可能正面临问题的群体和问题高发群体。基于学校的预防计划更易于传达，将其纳入学校课程体系有助于减轻人们对精神健康问题的病耻感，从而使人们的忧虑与问题能够更加公开地被了解和探讨（Barrett & Pahl，2006）。研究证明，无论是采用通用方法还是定向方法，在班级内开展提升精神健康与福祉的活动都是有效的（Šouláková et al.，2019；Stockings et al.，2016）。

　　CBT 焦虑与抑郁预防计划有很多种，其中评价较高的有"生命之友"（FRIENDS for Life；Barrett，2010）项目、美国宾夕法尼亚大学韧性项目（Penn Resilience Programme；Jaycox et al.，1994）、压力应对课程（Coping with Stress Course；Clarke et al.，1990）、青少年应变力辅导计划（Resourceful Adolescent Program；Shochet et al.，1997）和澳大利亚乐观计划（Aussie Optimism Programme；Roberts，2006）。虽然这些计划的实施结果普遍来说是正向的，但对这些计划的评估并非全部指向积极的效果。对干预项目的领导者的选择必须慎重。尽管学校教职人员在执行计划方面自有其优势，但研究显示，与经过专业训练的精神健康项目的领导者相比，学校教职人员的工作很可能并不那么卓有成效（Stallard，Skrybina，et al.，2014；Werner-Seidler et al.，2017）。因此对于执行计划的人选而言，慎重考虑其所具备的知识、所需的支持与所接受的督导是必要的。

针对年幼儿童的 CBT

　　尽管 CBT 可被用于 7 岁及以上的儿童，但相比之下，目前针对 12 岁以下儿童使用 CBT 治疗的有效性的研究仍然较少（Ewing et al.，2015）。多数研究倾向于选择 12 ～ 17 岁的青少年作为研究对象，对 12 岁以下儿童使用 CBT 治疗其抑郁问题的随机对照试验（randomised controlled trial）较为罕见（Forti-Buratti et al.，2016）。例如，当扬等人（Yang et al.，2017）回顾并综合分析了运用 CBT 对儿童

（定义为 13 岁以下）的抑郁问题进行治疗的研究时，他们仅找到了 9 项相关研究，而且其中的 6 项完成于 20 世纪。

针对年幼儿童的焦虑问题已经开展了几个具体项目，包括"勇敢者"项目（Being Brave；Hirshfeld Becker et al.，2010），"驯服隐匿的恐惧"项目（Taming Sneaky Fears；Monga et al.，2015）和学校通用预防项目"趣味朋友"（Fun Friends；Pahl & Barrett，2010）。

一些研究者发展并探索了 CBT 用于治疗儿童创伤后应激障碍（PTSD）的有效性研究（Dalgleish et al.，2015；Salloum et al.，2016）。例如，希尔林加等人（Scheeringa et al.，2011）开展的研究报告了一项聚焦于创伤的 CBT 干预方案的可行性，其对象为 3 ~ 6 岁曾经历过危及生命的事件的儿童。研究发现，参与者的 PTSD 症状在六个月内大幅减少。针对强迫症的研究结果虽然亦是显著的，但数量同样很有限。在为数不多的几项研究中，弗里曼等人（Freeman et al.，2014）的研究发现，在参与研究的 5 ~ 8 岁强迫症儿童中，有 72% 的参与者在完成了一个为期 14 次的家庭 CBT 项目后被评估为"有较大改善"。

我们不能仅仅因为 CBT 对青少年有效，就假设其对年幼的儿童也同样有效。我们不但要考虑发展因素，还要对父母或照料者的作用进行密切关注。不过，尽管研究数量有限，研究结果依旧喜人，并且与使用大龄样本获得的结果一致。

针对有学习困难的儿童和青少年的 CBT

有证据表明，CBT 对于有学习困难的儿童和青少年，特别是患有高功能孤独症谱系障碍（autistic spectrum disorder，ASD）的儿童和青少年是有效的（Perihan et al.，2019）。例如，有研究发现，CBT 项目能有效减轻年轻的 ASD 患者的焦虑（Storch et al.，2013；Van Steensel & Bogels 2015；Wood et al.，2009）和强迫症状

（Vause et al.，2018）。

研究者强调，CBT 所用方案需要针对儿童和青少年的具体学习困难进行调整（Attwood & Scarpa 2013；Donoghue et al.，2011）。调整治疗需要考虑的因素有交流与语言能力、人际与社交能力、认知与行为的灵活性及感觉敏感性（Scarpa et al.，2017）。在沟通时，治疗师需要调整所用语言，使其简单、明确和具体，并且更多地使用非语言的视觉技术加以辅助，如图片、工作表、视觉提示（如在白板上写出每次会谈的目标与重点）。在干预过程中使用隐喻或设置奖励时，治疗师要考虑儿童和青少年的特殊兴趣，将其整合到干预中。ASD 儿童和青少年的人际技能非常有限，因此治疗师应当特别注意评估和培养像"读心术"这样的核心技能，以帮助他们理解人们如何思考、有何感受。同样，儿童和青少年可以通过角色扮演的方式将人际过程具体化。儿童和青少年的认知灵活性可以通过与自己对话的练习得到提升，也就是把不同的选择用语言描述出来，或者以多选题的形式呈现出来，从而鼓励儿童和青少年发现并考虑替代策略。针对儿童和青少年的行为缺乏灵活性的问题，两次治疗会谈之间的互动可能需要调整成更符合他们期待的形式。例如，多诺霍等人（Donoghue et al.，2011）的研究指出，治疗会谈之初的日常社交交流可能引发儿童和青少年的焦虑并建议治疗师可以采取更加侧重于任务的方式。与此类似，通过使用同一个房间会面、设置清晰的会谈步骤和结构、设置明确的会谈时长，也能把由变化引发的焦虑降到最低水平。至于儿童和青少年的感觉方面，如有必要，治疗师可以缩短会谈时长、调整光线、清除房间内的视觉材料或使用放松技巧来缓解他们感觉的超负荷状态。最后，治疗师可以通过邀请父母参与、用手机发送提醒与通知、用相机拍下困难情景等方法帮助儿童和青少年将会谈中的收获迁移到每天的日常环境中（Donoghue et al.，2011）。

针对患有其他障碍的儿童和青少年所开展的研究较少。对于视力受损的儿童和青少年，治疗师可以用触觉提示的方式提醒他们管理焦虑有哪些步骤（Visagie et al.，2017）。对于那些有中等程度学习困难的儿童和青少年，治疗师可以将问题解决等技巧拆分成简单的步骤（停下、计划、行动）和有限的决策选择（例如，"你可以这样做"或"你可以那样做"）。

通过技术手段实施 CBT

利用技术手段支持和实现 CBT 在儿童和青少年中的应用这一命题，所获得的关注与日俱增。技术的发展创造了许多新的可能性，包括联络异地群体、灵活实施治疗、提升便利性、减少专科诊所就诊次数、加强隐私与匿名保护、防止脱落、快速规模化、低成本实施治疗（Clarke et al.，2015；MacDonell & Prinz，2017）。技术手段不仅被广泛接受，还对儿童和青少年别具吸引力，毕竟他们通常是最先尝试和最常使用新技术的人（Johnson et al.，2015；Wozney et al.，2018）。

通过网络或技术手段实施的 CBT 项目大受关注并呈现出积极的结果（Grist et al.，2019；Pennant et al.，2015；Vigerland et al.，2016）。数字技术通过计算机、移动设备或智能手机这类硬件设备及网络平台这类软件的支撑来实施干预（Hollis et al.，2017）。CBT 具有高度结构化的特点，非常适合借助数字技术实施，因此一系列计算机化的 CBT 干预项目出现了。像"酷孩子"（Cool Teens）这类针对焦虑议题开发的面对面会谈式 CBT 项目，也可以通过使用数字内容（光盘）并辅以少量心理治疗师的支持而得以实现（Wuthrich et al.，2012）。像"勇敢"（BRAVE）这类针对焦虑问题开发的线上 CBT 项目受到儿童和青少年的欢迎，而且和线下会面形式的 CBT 一样有效（Spence et al.，2011）。就抑郁问题而言，名为"压力克星"（Stressbusters）的计算机化 CBT 项目（Smith et al.，2015；Wright et al.，2017）和一款电子游戏（SPARX）均被用于抑郁的预防和干预，并且呈现出喜人的结果（Merry，Hetrick，et al.，2012；Merry，Stasiak，et al.，2012；Perry et al.，2017）。

研究表明，借助技术手段实施的 CBT 是有效的（Grist et al.，2019）。如今，在英国，这些方法已经被作为一线疗法推荐给轻度和中度抑郁障碍患者（NICE，2019）。然而，诸如应用程序、虚拟现实、游戏等技术的发展却很有限，相关研究也甚少。

邀请父母参与

在为孩子提供支持方面，父母发挥着核心作用。当治疗师邀请父母加入干预时，关键父母行为的影响和情景因素能够得到更好的处理。因此，父母的参与可以促进儿童和青少年将新技能迁移到日常生活中加以练习和巩固。然而，父母参与可为 CBT 项目带来更好结果的假设尚缺少一致的证据支持（Breinholst et al.，2012）。例如，研究显示，针对焦虑问题的 CBT 不管是否有父母参与都能有效发挥作用（Higa-McMillan et al.，2016；Reynolds et al.，2012）。年龄和父母是否参与这两个因素与提升干预效果并无关联（Carnes et al.，2019；Manassis et al.，2014）。同样，学校 CBT 焦虑预防计划即使没有父母的参与，其有效性也不会受到影响（Stallard，Skryabina，et al.，2014）。不过，如何评估父母参与所带来的收益是一个复杂的问题，而参与过程对父母本人或其他家庭成员的潜在积极影响也鲜少有人研究（Breinholst et al.，2012）。此外，尽管父母参与带来的短期额外获益并不明显，但其对于长期治疗成果的巩固可能会有帮助（Manassis et al.，2014）。

关于父母参与的焦虑项目的研究相对较少。奥德等人（Oud et al.，2019）的一项研究发现，与孩子单独参与的 CBT 相比，有父母或照料者参与的 CBT 可能会取得更好的结果。然而，父母参与的方式这一问题得到的关注较有限，这也能够解释一些不同的研究之间的差异。斯托拉德（Stallard，2005）阐述了父母参与的四种类型：促进者、治疗辅助者、治疗者和治疗对象。其中，促进者的参与程度最低，这类角色类型的父母仅陪孩子参加一到两次回顾会谈。由于干预聚焦于孩子的问题，父母只会得到关于干预和孩子会发展出什么技能的信息。作为治疗辅助者的父母则会更活跃地参与治疗过程。他们会陪孩子参与每一次会谈，出席整场会谈或会谈的最后 15 分钟。虽然干预仍聚焦于孩子的问题，但每次出席会谈会让父母更好地了解孩子习得的新技能，并能激发与鼓励孩子将习得的技能迁移到日常生活中。这样的作用在父母作为治疗者参与时更显著。他们将获得干预中必要的信息和支持，这让他们能够亲自把 CBT 技能教给孩子。最后，父母也可能作为治疗对象参与其中。这种类型说明，父母的行为方式可能是导致孩子问题的原因之一。因此，治疗师在进行干预时不仅要帮助孩子发展和练习应对焦虑的技能，还要让父母学会用一些新的方式鼓励和奖励孩子直面自己的忧虑。

　　总而言之，父母是否参与视来访者的具体情况而定，治疗师需要权衡父母参与能否为治疗带来益处；如预测能够获益，治疗师再决定父母以何种方式参与。

儿童和青少年 CBT 的胜任力

　　许多材料和系统的练习册，为如何以儿童和青少年为对象进行 CBT 干预提供了有益参考。其中有详尽的操作手册，如为焦虑的儿童和青少年打造的"应对猫"（Coping Cat；Kendall，1990）项目，图书《如何把强迫症赶出我的地盘》（*How I Ran OCD Off My Land*；March & Mulle，1998），以及"青少年应对抑郁课程"（Adolescent Coping with Depression Course；Clark et al.，1990），还有旨在帮助有社交技能问题（Spence，1995）或慢性疲劳综合征（chronic fatigue syndrome，Spence，1995）的儿童和青少年的材料，以及像"生命之友"（Barrett，2010）这样的抑郁与焦虑预防计划。此外，也有相关图书介绍了如何对 CBT 做出调整，以便适用于儿童和青少年（Friedberg & McClure，2015；Fuggle et al.，2012；Stallard，2019a）。还有一些图书说明了如何根据儿童或青少年的反应将 CBT 作为模块化的方法灵活使用（Chorpita，2007）。最后，有些适合父母自行使用的自助类图书可以教会父母如何帮助孩子克服恐惧或担忧（Cartwright-Hatton et al.，2010；Creswell & Willetts，2018），或者指导他们如何帮助患有抑郁障碍的青少年子女（Reynolds & Parkinson，2015）。

在以儿童和青少年为对象的治疗工作中，这些优质的、适合儿童阅读的材料为治疗师提供了许多关于如何介绍和使用 CBT 策略的有益思路。然而，与技术的应用问题相比，人们对以儿童和青少年为对象的 CBT 的实施过程鲜有关注。安排好 CBT 的治疗进程，并始终遵循 CBT 的基础理论模型与核心原则是至关重要的。这样才能确保 CBT 的实施过程具有牢固的理论基础且前后一致，从而避免治疗师因割裂、盲目地使用个人策略而将过程过度简化。

本书的目的不是要求读者以全然规范性的方式使用 CBT，也并不提倡某一特定方式，而是试图提升读者对关键问题的认识。唯有对这些关键问题进行充分的考虑和整合，才能使儿童、青少年和他们的照料者更愿意参与并受益于 CBT，使干预的效果最大化。

胜任力评估

CBT 的一大显著优势就是其底层逻辑与理论模型。CBT 的底层逻辑决定了其能够通过协作过程帮助儿童和青少年进行自我发现。而 CBT 的理论模型则提示和指导了其具体技术的使用。因此，充分理解基础模型，掌握具体技术应该在什么样的框架和逻辑下使用、如何有效地执行，是至关重要的。

最广泛使用的测量针对成年人工作的 CBT 治疗师胜任力的工具是认知疗法量表（修订版）（Cognitive Therapy Scale-Revised，CTS-R）（Blackburn et al.，2001）。

该量表是由扬和贝克开发的认知疗法量表（Cognitive Therapy Scale；Young & Beck，1988）的修订版。CTS-R 包含 12 个条目，测量重要的 CBT 基本技术，包括 4 项一般技术（反馈、合作、掌控节奏并有效利用时间、人际效能）和 7 项具体技术（诱发恰当的情绪表达、诱发关键认知、诱发行为、引导式发现、概念整合、改变策略的应用、布置家庭作业）。另有"议程设置"条目因与上述两类条目均有重叠，故被相应纳入一般技术及具体技术的子量表中。

CTS-R 是否适用于测量针对儿童和青少年工作的 CBT 治疗师的胜任力呢？对此，有研究者曾提出疑问（Fuggle et al.，2012），认为 CTS-R 对此并不适用，具体原因有以下几点：

▶ 导致儿童和青少年问题形成与维持的重要系统性影响需得到说明，对于其照料者与家庭的作用，治疗师也应予以考虑；

▶ 儿童和青少年的认知、情绪、语言、推理能力仍在持续发展，治疗师需要相应地对 CBT 做出合理调整以适应其当前的能力水平；

▶ 治疗师有时必须通过富有创意的非言语方法将 CBT 概念清楚、通俗地传达给儿童和青少年；

▶ 在以儿童、青少年及其照料者为对象的治疗中，CBT 的使用方式需在执行过程中进一步具体和细化。

在这样的背景下，专门用于儿童和青少年的 CBT 胜任力量表也得到了开发和评估。大多数现有量表测量的都是实施某一具体的手册化项目或针对特定障碍施以治疗的胜任力。例如，麦克劳德等人（Mcleod et al.，2019）针对"应对猫"焦虑项目开发的胜任力量表、比亚斯塔德等人（Bjaastad et al.，2016）针对"生命之友"焦虑项目开发的胜任力量表、古特曼等人（Gutermann et al.，2015）针对创伤后应激障碍的治疗开发的胜任力量表。虽然不同的胜任力模型之间存在很大差异，但仍有一些维度是共通的。例如，斯布拉蒂等人（Sburlati et al.，2011）的一项德尔菲法研究（Delphi study）梳理了三类胜任力维度：其一，通用的胜任力维度，如执业的职业化程度、儿童和青少年相关知识、建立积极关系、实施全面评估；其二，CBT 专项胜任力，如 CBT 理论理解、CBT 概念化、协作；其三，CBT 具体技术的胜任力，如管理负面思维、改变非适应性行为、管理非适应性情绪。此外，麦克劳德等人（Mcleod et al.，2018）的一项研究确定了干预焦虑问题的四种胜任力类型，分别为 CBT 项目中共通的干预措施（如持续聚焦于 CBT 模型、家庭作业回顾等）、焦虑项目特定干预措施（如放松练习、恐惧梯度、暴露）、干预的实施方式（辅导、示范、演练），以及对技能娴熟度与反应灵敏度的总体评估。尽管不同的标准之间存在差异，但研究者一致认为，在对儿童和青少年实施CBT 时，治疗师既要具有实施治疗的胜任力（如治疗过程），也要具有应用 CBT 具体技术的胜任力。

儿童和青少年认知行为疗法量表

儿童和青少年认知行为疗法量表（Cognitive Behaviour Therapy Scale for Children and Young People，CBTS-CYP；Stallard，Myles，et al.，2014）是一款专门用于测量儿童和青少年一般 CBT 胜任力的量表，它弥补了该领域的空白。不过，该量表的应用目的是测量 CBT 实施的整体质量，而非测量具体技术（如暴露）的实施细节。

在 CBTS-CYP 的开发过程中，我们决定以认知疗法量表（修订版）（CTS-R）作为基础和参照。第一，CTS-R 应用广泛，可以全面地评估治疗师能否有效应用（针对成年人的）CBT 所需的通用技能（Fairburn & Cooper，2011；Kazantzis 2003；Keen & Freeston，2008）。第二，CTS-R 测量的范畴既包含 CBT 方法的具体使用能力，也包含促进治疗实施有效性的一般技能。因此，我们决定也在新量表中测量两类胜任力，一类为 CBT 具体方法的应用，另一类为儿童和青少年 CBT

的治疗实施过程。再次，在评估了 CTS-R 所含项目后，我们决定在新量表中保留其所有项目，但予以适当的修订，以反映儿童和青少年 CBT 的适用性。同时我们沿用了 CTS-R 的一些做法，以德雷弗斯（Dreyfus，1986）的框架定义胜任力。在此基础上，我们将量表改编为一个李克特七级量表。第三，CTS-R 在各类 CBT 培训课程中被广泛应用于测评胜任力。为了保持新量表与 CTS-R 的一致性，我们决定沿用其测量胜任力的阈值下限，即每项得分为 2 分或以上，整体得分为 50% 或以上。第四，我们决定新量表需要包含对言语与非言语行为的测量，这样它就能够像 CTS-R 一样可以用于评估治疗会谈资料的音频和视频记录。我们认为，具体的项目之间没有必要完全相互独立。例如，CBT 理论模型中的概念化，将重要的认知、情绪和行为联系在一起，形成共享的概念。因此，关键认知的诱发和识别将与概念化密切相关。同样，典型的 CBT 要求对认知、情绪和行为之间的联系形成理解，所以认知行为模型中的不同方面则不可避免地有所重叠。

除了应用核心方法的胜任力外，针对儿童和青少年的 CBT 对 CBT 实施方式的胜任力亦有要求。CBT 要求治疗师凭借协作经验做出预判，在与儿童和青少年工作的过程中，对这类能力的要求比一般的 CBT 更高。与治疗过程相关的胜任力可通过缩写为 PRECISE 的七大原则来定义（Stallard，2005）。

▶ P：合作关系，即在治疗过程中，儿童或青少年及其家人需要与治疗师形成合作关系。这种合作关系以协作经验为基础，强调儿童或青少年与父母或照料者在巩固变化中发挥积极作用。

▶ R：针对特定发展水平，即干预需与儿童或青少年的发展水平相匹配，以确保与儿童或青少年的认知、语言、记忆、切换视角和立场等能力的发展水平相符。

▶ E：共情，即建立一种充满温暖、关怀、尊重与理解的关系。

▶ C：创造性，即用与儿童或青少年的兴趣和理解能力相匹配的方式将 CBT 中的概念以创造性的、灵活的表达方式传递给他们。

▶ I：探究发现，即通过富于好奇心和自我反思的方式鼓励探索与自我发现。

▶ S：自我效能感，即随着儿童或青少年在帮助下发现和发展自己的优势、技能和想法，其自我效能感将得到提升。

▶ E：参与感和趣味性，即参与感强且趣味性高的会谈可维系儿童或青少年的动机与对改变的承诺。

CBTS-CYP 不仅被用于评估上述与治疗过程相关的 PRECISE 原则，也可被用于评估以下与治疗方法相关的八个项目，我们称之为 CBT 的 ABC。

▶ A：评估与目标，即建立清晰的目标，并适当使用问卷、评分量表、日记等工具进行评估。

▶ B：行为技术，即使用行为技术，如分级暴露、行为激活、活动计划表等技术促进儿童和青少年发生改变。

▶ C：认知技术，即使用认知技术帮助儿童和青少年提升自我觉知，识别功能不良的认知，挑战其正确性并对其进行重建，或者通过正念、接纳和慈悲等方式帮助儿童和青少年减轻由适应不良的认知产生的情绪困扰。

▶ D：自我发现，即通过苏格拉底式提问、行为实验和预期检验等技术帮助儿童和青少年获得更多的自我发现。

▶ E：情绪技术，即使用情绪技术帮助儿童和青少年识别和管理强烈的、不愉快的情绪。

▶ F：概念化，即形成个案概念化，从而厘清儿童和青少年个案中的事件、认知、情绪、生理反应与行为之间的关系。

▶ G：通用技能，即使用通用技能（如议程设置、会谈计划、管理挑战性的行为）有效地管理会谈。

▶ H：家庭作业，既带着清晰的目标和意图，适当地使用家庭作业。

CBTS-CYP 的第一版由 14 个项目组成。最初，家庭作业相关条目被归入胜任力中的"发现"这一项目之下。之后，经过回顾、研究与迭代，在最新的版本中，家庭作业被划分为一个独立的项目，包含一系列具体的相关条目。这样，CBTS-CYP 和 CTS-R 所包含的与家庭作业相关的量表结构也就一致了。表 1-1 将 CBTS-CYP 的 15 个项目与 CTS-R 的项目进行了比较和对应。

表 1-1　CBTS-CYP 和 CTS-R 的项目对比

CBTS-CYP 中与治疗过程相关的项目	CTS-R 中的对应项目
合作关系（P） 建立合作关系，让儿童或青少年（有些情况下，也包括他们的照料者）能够在治疗过程中发挥积极作用，为达成一系列共同目标与治疗师一起做出努力	合作
针对特定发展水平（R） 与儿童或青少年（及其家庭）开展工作的方式需要和他们所处的特定发展水平相匹配，以保证他们能够充分理解和有效参与	无
共情（E） 通过建立一种真诚、温暖、相互尊重的关系充分共情儿童或青少年、他们的家庭和他们的照料者	人际效能
创造性（C） 适当地调整 CBT 的概念与方法，帮助儿童或青少年及其父母（或照料者）更好地理解相关内容并参与治疗过程	无
探究发现（I） 抱着开放的、好奇的态度，引导儿童或青少年自我发现，自我反思	反馈
自我效能感（S） 通过引导儿童和青少年进行自我发现并为其赋能，提升其自我效能感，促进其为改变做出更多积极的尝试	无
参与感和趣味性（E） 使用有趣的会谈方式，让儿童和青少年更愿意参与其中	无
CBTS-CYP 中与治疗方法相关的项目	CTS-R 中的对应项目
评估与目标（A） 制定清晰的目标并适当使用问卷、评分量表、日记等工具进行评估	无

（续表）

CBTS-CYP 中与治疗方法相关的项目	CTS-R 中的对应项目
行为技术（B） 恰当地使用各种行为技术促进儿童和青少年发生改变	诱发行为 改变策略
认知技术（C） 恰当地使用各种认知技术促进儿童和青少年发生改变	诱发关键认知 改变策略
自我发现（D） 恰当地使用各种方法促进儿童和青少年的自我发现	引导式发现
情绪技术（E） 恰当地使用各种情绪技术促进儿童和青少年发生改变	诱发适当的情绪表达 改变策略
概念化（F） 形成个案概念化，从而厘清儿童和青少年个案中的事件、认知、情绪、生理反应与行为之间的关系	概念化
通用技能（G） 做好充分的会谈准备，冷静、有条不紊地开展会谈	议程 掌控节奏并有效利用时间
家庭作业（H） 使用家庭作业收集数据，帮助儿童和青少年将治疗会谈中习得的技能应用于日常生活中	家庭作业

为了评估 CBTS-CYP 的信效度，我们请独立的评分员根据治疗师实施 CBT 的视频录像，并用 CBTS-CYP 进行评分（Stallard，Myles，et al.，2014）。结果显示，CBTS-CYP 的表面效度和内部信度较高，与 CTS-R 的聚合效度良好。与 CTS-R 相比，CBTS-CYP 中测验项目的区分度相对良好，能够有效区分经过 CBT 训练后技能的提升情况。

CBTS-CYP 可用于临床工作的回顾与自评。将该量表用于自我评估时，治疗师需要秉持开放和真诚的态度，从而认清自己的强项、弱项与需要提升的能力。在治疗会谈后，使用该量表对自身胜任力进行测评和反思是一种很好的练习，有助于治疗师的发展与成长。

本书第 12 章提供了一份完整的 CBTS-CYP。在下文中，我们对每项胜任力都进行了详细的说明，并提供了具体的案例参考。

核心理念 CORE

针对儿童和青少年的 CBT 的实施过程与主要方法根植于 CBT 的核心理念。因此，对治疗师来说，除了把握实施过程和掌握具体方法外，充分理解和贯彻核心理念也尤为重要。

我们用 CORE 这一缩写词来表示儿童和青少年 CBT 的核心理念。

- ▶ C：以儿童和青少年为中心。
- ▶ O：聚焦于结果。
- ▶ R：注重反思。
- ▶ E：为儿童和青少年赋能。

图 1-1 以视觉形式呈现了针对儿童和青少年的 CBT 的核心理念、实施过程和方法。

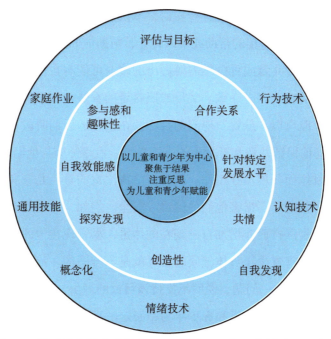

图 1-1　针对儿童和青少年的 CBT 的核心理念、实施过程和方法

以儿童和青少年为中心

核心理念 CORE 非常明确地将儿童和青少年放在干预的中心位置。儿童和青少年群体有其脆弱性，这就要求我们重视并确保他们的安全，将可能的风险降至最低，适当地保护他们免受可能的伤害。我们需要有意识地关注他们可能受到的身体、情绪或性方面的伤害或剥削。这些伤害或剥削可能来自成年人，也可能来自同龄人；可能来自面对面的情景，也可能来自网络环境。因此，我们需要采取恰当的行动，保护儿童和青少年免受伤害。

只有贯彻以儿童和青少年为中心的核心理念，我们才能确保干预聚焦在儿童或青少年及其面临的问题上。儿童或青少年的父母或照料者可能有其自身的问题和需求，而在治疗会谈中，这些问题和需求可能会喧宾夺主，成为治疗的焦点。因此，保持对儿童或青少年问题的聚焦是很重要的。当父母的问题严重影响儿童或青少年的问题和治疗进展时，治疗师可能需要直接予以回应和处理。我们可以与儿童或青少年的父母或照料者进行探讨，承认这些问题与需求的存在，并在合适的时机指导他们获取直接的帮助或予以转介，帮助他们解决其自身的问题。

父母或照料者对儿童或青少年需要做出的改变可能有自己的看法，这些看法与儿童或青少年的想法未必一致。父母或照料者的看法也很重要，治疗师需要予以倾听和承认，但可以"悬置"他们的目标，在治疗的后期阶段再加以处理。治疗最初应尽可能地保证儿童和青少年的直接参与，治疗师应与他们一同建立目标，为达成他们的目标而开展治疗工作。同时，值得注意的是，儿童和青少年的目标必须是积极、有益的，不损害他们的健康或安全。例如，一位患有进食障碍的青少年的目标可能是保持而非增加自己现在的体重，尽管现在他的体重已让他面临健康风险。这样损害青少年身体健康的目标就是不合适的。治疗师可以与这位青少年开诚布公地探讨这一问题，说明不支持该目标的理由，并重新建立目标。

就治疗过程而言，以儿童和青少年为中心这一理念的一个主要指标就是保证他们积极参与治疗会谈。为确保儿童和青少年最大限度地参与会谈，很重要的一点是治疗师要在会谈中为儿童和青少年提供充足的机会进行表达，让他们明确地体验到自己的表达是受欢迎、被倾听和被重视的。因此，会谈设置也要充分考虑儿童和青少年的发展水平，要符合他们当前的认知发展、社会发展、情绪发展所处的成熟度。对此，本书将在之后介绍合作关系及针对特定发展水平进行干预的部分详细展开说明。

总而言之，以儿童和青少年为中心就是要确保儿童和青少年的安全，确保将他们的问题作为干预的主要焦点，确保干预的过程与方式贴合他们的发展水平，最大限度地保证他们充分理解并积极参与。

聚焦于结果

核心理念 CORE 主张一种充满希望的、未来导向的方式，明确地强调结果、目标和客观的评估。从第一次会谈开始，我们就鼓励儿童和青少年对他们的未来和目标进行思考，鼓励他们设想如果不再受当前问题困扰，自己会变成什么样子。

很多时候，儿童和青少年是被其他人带来的，带他们来接受治疗的人对他们的担忧和期望未必是他们自己也认同的。一种常见的情形是，儿童和青少年因为学校缺勤的问题被带来接受治疗，父母和学校希望解决他们不去上学的问题，可这对他们而言未必是最紧要的、急需达成的目标。

有时，儿童和青少年可能无法设想当前的情况有何改变的可能，因此难以建立目标。这通常是因为，儿童和青少年可能对当前的情况习以为常，所以想不到应当如何做出改变。又或者，他们在过去的经历中，总有成年人替他们找出问题并告诉他们如何改变，他们只是被动地接受，无须为问题解决和改变过程负责。

我们将在第 3 章（评估与目标）详细介绍帮助儿童和青少年确立目标的技术。例如，我们可以使用奇迹问题为儿童和青少年提供一种未来导向的视角，请他们想象如果他们的问题在一夜之间奇迹般地消失，他们的生活会有怎样的变化。想象困扰在未来不复存在为儿童和青少年创造了一种可能性，帮助他们看到为达成想象中的情境，自己需要做出哪些改变。

在一些个案中，儿童和青少年所期望的结果可能太难以实现，这会令他们望而却步，失去动力。在这种情况下，我们可以将期望的结果细化为更小的、可实现的目标。成功完成每一个小目标，都会让儿童和青少年离总目标的达成更近一些。细化后的目标应当遵循 SMART 原则，即具体的（specific）、可衡量的（measurable）、可实现的（achievable）、相关的（relevant）、有时限的（timely）。这样梳理出的目标能够清晰、积极地指向儿童和青少年想要达成的结果。只有建立了清晰的目标，才能保证干预过程的聚焦，保证治疗师与儿童或青少年就目标达成一致，明确地朝着目标共同努力。

为了保持儿童和青少年的动机，我们需要定期用量表对他们取得的进展进行评估，促使结果评估成为治疗中的常规环节。这样，我们就能对改变进行量化，捕捉到看似微小却极其重要的变化，突显儿童和青少年取得的进步。而当评估结果显示改变并未发生时，我们可以抱着好奇的态度与儿童和青少年进行探讨，承认现状，分析可能导致改变无法发生的原因或阻碍，并共同制订计划。

总之，这种未来导向、聚焦于结果的方式是积极的，让我们能从治疗之初就营造一种充满希望的氛围，强调对改变的关注，并为儿童和青少年赋能。目标和常规化的进展评估的使用也有助于儿童和青少年看清并量化自己取得的成果，保持良好的动机。这种做法同时也保证了干预过程始终是聚焦的。

注重反思

在 CBT 治疗过程中，我们鼓励儿童和青少年以开放、好奇的方式洞察自己遇到的问题和困难，找到可能的解决方法和有效的应对策略。从这个意义上讲，

CBT 本身就是一个反思的过程。

CBT 的框架提供了一种简单的模型，使儿童和青少年能够把自己的经历中看似随机、无关联的部分整合起来。我们可以鼓励儿童和青少年关注他们的想法、感受和行为的过程，帮助他们理解 CBT 理论模型的基本假设——想法、感受和行为是相互联系、相互影响的。随着对这一假设的理解的深入，儿童和青少年会发现他们的思维方式与他们的感受和行为联系紧密，最终形成对自己问题的概念化。我们鼓励儿童和青少年及其父母从这种视角出发，思考如何改变当前的功能不良的模式，从而帮助儿童和青少年获得力量，提升自我效能感。

在反思的过程中，治疗师可以通过苏格拉底式提问来鼓励儿童和青少年自我发现。我们会以开放、好奇的方式，用问题引导儿童和青少年关注新的或被忽视的信息，关于这一技术，我们将在第 6 章进行详细介绍。我们要在对话中鼓励儿童和青少年进行反思：当一些想法和感受出现时，如果他们以不同的方式应对会发生什么？例如，我们可以对一个抑郁的女孩进行苏格拉底式提问，使她想到一些获得成功的经历，从而对她认为自己是失败者的信念进行挑战。又或者，在对一个有焦虑问题的男孩使用苏格拉底式提问时，我们可以使他想到他成功地处理自己焦虑的时刻和情境，从而引导他对自己可能采取的应对技巧进行反思。

我们可以通过反复鼓励儿童和青少年回想并总结他们的发现，并思考如何用这些新的发现应对现实问题，将反思的过程整合到治疗会谈中。除此之外，儿童和青少年还可以通过日记、家庭作业和行为实验等方法来进行反思。

▶ 你有什么发现？

▶ 你的发现有什么意义？

▶ 你的发现对你有什么帮助？

核心理念 CORE 强调反思和自我发现，鼓励儿童和青少年在这个过程中获得新的洞察与体会。

为儿童和青少年赋能

核心理念 CORE 的最后一部分是为儿童和青少年赋能，这一过程可以帮助儿童和青少年变得更加坚强和自信，引导他们探索并找到适合自己的解决问题的方法。在赋能的过程中，儿童和青少年将更加充分地理解自己的情况，意识到自己具备的技能和优势，意识到自己有能力改善自己的身心健康。实际上，我们可以为儿童和青少年赋能，让他们成为自己的治疗师，运用自己的能力和方法克服困难。

赋能是一种提升儿童和青少年能力的积极方式。赋能可以通过三种方法加以实现，这三种方法紧密相连，不可分割。第一种方法是提升儿童和青少年的自我觉察（self-awareness）能力，也就是帮助儿童和青少年更好地认识自我，认识自己的价值观、能力、思维方式、情绪感受和行为模式。通过提升自我觉察能力，儿童和青少年可以更早地认识到潜在的问题，并采取更积极的应对方式。我们可以通过心理教育（psycho-education）帮助儿童和青少年获得新的知识、产生新的见解，并做出新的诠释，从而提升他们的自我觉察能力。例如，概念化的过程就是一种心理教育的过程，我们可以通过梳理并整合儿童和青少年的想法、感受和行为，帮助他们理解自身的经历。最懂得儿童和青少年经历了什么的"专家"就是他们自己，而治疗师则为他们提供了一种梳理自身经历的框架。理解 CBT 模型中关键要素之间的关系能够帮助儿童和青少年明白当前的问题是如何产生的，以及为何反复出现（如何维持的）。一旦理解了这一点，儿童和青少年就能运用概念化的方法思考，做出什么样的改变才能打破功能不良的模式。这就是一个赋能的过程，即让儿童和青少年考虑他们是否需要重新看待自己与自己想法之间的关系，考虑如何处理或忍受负面感受，以及如何采取不一样的行动。

第二种方法是提升儿童和青少年的自我效能感。自我效能感与儿童和青少年如何有效利用自己的优势与资源积极地达成目标并解决困难直接相关。核心理念

CORE 强调自我效能感的提升，让儿童和青少年相信自己有能力积极地改善自己的身心健康。儿童和青少年自我效能感的提升还有助于提升他们的动机，让他们更好地参与治疗。自我效能感的一个重要方面是清楚地认识到自己具备的优势、拥有的技能与能力。我们可以通过苏格拉底式提问，帮助儿童和青少年回想他们成功处理自己问题的情景，找到自己在这些情境中采取了哪些有益的应对方式。我们还可以请儿童和青少年思考，如何在其他情境中应用这些方法，如何运用这些方法来解决其他问题。这样也可以帮助他们提升自我效能感。另外，儿童和青少年还可以通过自我监测，找出自己其实已经掌握的有用方法和有效策略。对儿童和青少年的能力及资源的重视与强调，可以加强他们的相关信念，让他们相信自己可以解决问题，改善身心健康。

最后一种方法是提升儿童和青少年的自我掌控感，也就是提升儿童和青少年掌控自己的行为、情绪、想法的能力。通过 CBT，儿童和青少年可以掌握一些有效的自我管理技能，这会让他们更加自信，更具有掌控感，也更有能力应对未来的挑战。在治疗过程中，我们通过让儿童和青少年学习各种技巧，帮助他们提升自我掌控感。主动应对技术包括情绪管理技术、思维挑战技术。使用主动应对技术时，儿童和青少年会对令他们痛苦的情绪和想法提出挑战，并尝试改变这些情绪和想法，从而提升自我掌控感。通过行为实验，儿童和青少年可以练习和使用新的技巧，从而更好地认识和提升自我掌控感。最后，自我掌控感还可以通过练习以正念、痛苦耐受、接纳、自我关怀为基础的各类技巧得以提升。这些技巧不要求儿童和青少年主动改变其感受或想法，而是靠学会接受当下的情况来获得掌控感。

总而言之，为儿童和青少年赋能，就是帮助他们增进对自我的了解、提高对自己能力和优势的认识，提升自我效能感和自我掌控感。核心理念 CORE 本身就是积极的、为儿童和青少年赋能的，它鼓励儿童和青少年运用自身具备的能力和优势来维护自己的身心健康，面对未来的挑战。

第 2 章

PRECISE 原则

治疗关系是协作的、对发展敏感的、共情的、创造性的，它会让儿童和青少年获得良好的参与感，为儿童和青少年赋能。

CBT 要在具备支持性、开放性和非评判性的关系背景下开展。这种关系的本质是治疗师、儿童或青少年，以及儿童或青少年的照料者（视情况而定）之间的合作关系。干预要在正确的发展水平上进行，以确保它与儿童或青少年的认知、语言、记忆和观点采择能力相一致。治疗关系要以共情为基础，能够更加温暖地传达出真诚的关心和充分的尊重。向儿童或青少年介绍 CBT 概念的方式，需要与其所处的发展水平、兴趣和优势相匹配。正因如此，这是一个具有创造性的过程。CBT 采用一种好奇、开放和注重反思的方式，鼓励儿童或青少年采取行动，进行现实检验，从而帮助他们获得更多经验。治疗师通过鼓励儿童或青少年进行反思和自我发现，帮助他们提升自我效能感。治疗过程中应注重儿童或青少年的参与感和兴趣度，以保持他们的积极性。

治疗联盟

麦克劳德和韦茨（McLeod & Weisz，2005）将儿童联盟（the child alliance）定义为治疗师发展温暖、关怀和共情的关系并让儿童和青少年参与治疗过程的能力。这一定义的基础假设是，治疗师需要在温暖和支持性的治疗关系的背景下施展特定的治疗技术。贝克也认识到了这一点，他将治疗关系视为"有效心理治疗的主要组成部分"（Beck，1976）。这些重要观点与发现让人们相信，治疗联盟的质量将影响干预的结果和治疗的有效性（Shirk & Karver 2003）。

尽管人们普遍认识到治疗联盟的重要性，但对此进行深入探索的研究是有限的，其结果也并不总是一致的。一些研究人员发现，治疗联盟与治疗结果之间有微弱的相关性（Karver et al.，2006；Liber et al.，2010；McLeod，2011；Shirk & Karver，2003），而其他研究人员未能找到二者之间的关联或发现二者仅部分相关（Chiu et al.，2009；Chu et al.，2014；Fjermestad et al.，2016；Kendall 1994；

Kendall et al.，1997；Marker et al.，2013）。评估治疗联盟的哪些具体方面更重要的针对性研究目前是缺失的，并且由于缺乏一致的术语和框架而难以获得更多进展（Elvins & Green 2008；Fjermestad et al.，2009）。此外，治疗联盟会随着时间的推移而出现波动，治疗师与儿童或青少年在干预的不同阶段对治疗联盟的看法也并不相同（Elvins & Green，2008）。总体而言，尽管相关研究仍有其局限性，但元分析仍表明，治疗联盟对治疗结果的影响效应为低到中等水平（Karver et al.，2018）。

朱和肯德尔（Chu & Kendall，2004）在研究中关注了治疗关系的一个特定方面，即儿童和青少年在 CBT 中的参与度（child involvement）。儿童和青少年参与治疗活动、进行自我表露、主动提出并在讨论中引入新信息的意愿与更好的治疗效果相关。因此，强大的治疗联盟可能有助于最大限度地保证儿童和青少年参与实际技能培养的练习或暴露任务（Chu & Kendall，2004；Kendall & Ollendick，2004）。与此类似，糟糕的治疗关系是导致治疗参与者脱落的一个关键原因（Garcia & Weisz，2002）。

克里德和肯德尔（Creed & Kendall，2005）将合作（collaboration）确定为儿童和青少年 CBT 治疗联盟的重要预测因素。合作是由能够彰显合作关系的行为来定义的。例如，治疗师与儿童或青少年确定共同的目标、作为一个团队来开展工作，或者治疗师积极地邀请儿童或青少年加入并参与治疗。当治疗过于正式或拘谨时，治疗师可能会用冷漠或傲慢的态度来对待儿童或青少年，迫使他们谈论令他们感到不舒服的情绪，这会对治疗关系产生负面影响。拉塞尔等人（Russell et al.，2008）发现，治疗师以热情、积极和共情的态度做出反应，将对治疗产生积极的影响。研究者指出了在第一次会谈中就采取这些有助于建立治疗联盟行为的重要性。同样，为了提升治疗会谈的灵活性或创造性，治疗师可以通过使会谈更加活跃、使用不同的方法（如游戏、角色扮演和让他人参与）来解释想法，以及尝试将概念与儿童或青少年的兴趣相匹配等方式。这种灵活性或创造性与儿童和青少年的参与度呈正相关（Chu & Kendall，2009）。而参与度和治疗后的积极结果也存在相关性，研究者由此建议，治疗师应当使会谈变得有趣和愉快，从而确保并维护儿童和青少年在治疗中的参与度。

儿童和青少年通常会因为其他人的担忧而被转介到心理服务机构，他们自己可能不承认或未认识到任何问题，也不认为自己需要做任何不同的事情（Mcleod & Weisz，2005）。因此，通过强调积极的治疗期望和挑战悲观主义的激励技术来发展自我效能是很重要的（Russell et al.，2008）。需要特别关注的治疗过程的另一个方面是协作探索，让儿童和青少年"成为他们自己思想的科学调查员"（Beck & Dozois 2011）。在与通常习惯于被提供信息和答案的儿童和青少年一起工作时，治疗师需要特别注意促进反思和调查的方法。最后，许多研究者都强调要使 CBT 适应儿童或青少年的发展水平（Friedberg & McClure，2015；Stallard，2002b），并反映在针对幼儿和青少年的不同版本的 CBT 项目中（FRIENDS；Barrett，2010）。这需要治疗师确保自己使用的 CBT 技术与儿童或青少年的发展水平相匹配，并适合他们的认知、情感、语言和推理能力。

合作关系

与儿童或青少年及其父母或照料者建立合作关系

CBT 在治疗双方的合作关系中开展，这种关系以协作经验和共同学习为基础，希望在干预过程中提升儿童和青少年的参与度与活跃度，为其赋能。这种合作关系包括以下四点：

▶ 儿童或青少年及其父母与治疗师一起工作，商讨出一系列多方认同的目标；

▶ 儿童或青少年积极参与临床会谈；

▶ 开诚布公，相互包容，多方共享信息，让所有参与者都能理解；

▶ 秉持好奇的态度，进行自我发现与反思。

这种积极合作关系的内涵是实施 CBT 的基础，需要在初次会谈期间予以讨论（TGFB，p.89）。在年长的权威人物面前，儿童和青少年往往习惯于陷入被动位置，他们等着这些成年人来告诉他们，他们有什么问题，需要做什么。因此，治疗师需要从一开始就清楚、明确地指出与他们之间的合作关系的内涵，向他们表达对合作的期望。治疗师要着重指出儿童或青少年及其父母或照料者的重要作用，并强调应抱着好奇的态度，逐步发现问题如何产生，并实验不同的应对策略。儿童或青少年及其父母或照料者与治疗师需要形成合作关系，同心协力地实验，从而发现问题是如何发生、发展的，并找到有用的应对方法。

成年人与儿童和青少年之间的权力差异需要被承认。这虽然是一个不可否认亦无法消除的现实情况，但是，鼓励儿童和青少年充分、积极地参与治疗过程，能够让他们认识到自己的重要性，充分调动他们的专长。儿童和青少年是他们自己人生的"专家"，对于自身的经历、想法、感受和所作所为，他们最清楚。他们可以在治疗中谈论自己的兴趣爱好，向治疗师介绍他们最喜欢的音乐、电影、运动队或爱好。这个过程能够加强合作关系，赋予儿童和青少年主导权，突出他们所掌握的可用信息可能发挥巨大的作用。

征求儿童或青少年及其父母或照料者的理解和意见

治疗师应从治疗一开始就明确指出，儿童和青少年与成年人同样重要，他们掌握的很多信息和想法都可能对治疗有重要贡献。所以，获得儿童和青少年的个人经验和理解，征求他们的意见和想法，鼓励他们为治疗贡献力量，都是至关重要的。因此，讨论需要具有包容性，应使用适合儿童或青少年发展水平的语言，不应使用太复杂的语言，也不应在讨论中夹杂太多专业术语。

最初，儿童和青少年可能看似不愿意参与讨论。过去的经历或许让他们认为自己的想法和观点不太会被重视，也会让他们担心自己要说的话恐怕"不对"。也正因如此，儿童和青少年对治疗的贡献需得到鼓励和肯定，他们那种非黑即白的思考方式（dichotomous thinking）则应当被质疑和挑战。治疗师应该明确指出，答案无"对错"，只是人们对某些事件的思考方式不同罢了。

治疗师需要明确父母的意见，了解他们是如何理解儿童或青少年面临的困难的。儿童或青少年与其父母或照料者对事情的理解和看法很有可能并不一样，承认这一点是很重要的。这并不意味着他们一方是"对的"，另一方是"错的"。每种观点都很重要，不同的观点是可以共存的，而且应该被欢迎和鼓励。

有时，儿童或青少年会期待父母或照料者向着他们说话。有时，父母或照料者可能会主导讨论，这时儿童或青少年直接表达自己观点的机会就变得非常有限。在遇到这些情况时，治疗师需要仔细处理，创造机会，直接听取儿童或青少年的意见。

> ▶ *"谢谢你告诉我这些。迈克，我很想听听你的看法。"*
> ▶ *"能听你说说，你认为发生了什么吗？这真的会很有帮助。迈克，接下来，我想听你聊聊那些让你感到焦虑的情境。"*

在某些情况下，治疗师需要分别与儿童或青少年、他们的父母或照料者进行会谈，以确保每个人都有机会充分表达和贡献自己的观点和见解。

鼓励并邀请儿童和青少年参与想办法、选方案和做决定的过程

在整个干预过程中，儿童和青少年应该始终在合作关系中发挥核心的、积极的作用。他们应当充分而积极地参与想法的形成、选项的评估和决策的制定，从

而提升他们对干预的掌控感，增强他们尝试新技能和新方法的决心与动力。

治疗师需要在治疗一开始就向儿童和青少年明确提出共同学习的模式。在这个过程中，儿童或青少年、他们的父母或照料者需要与治疗师共同寻找有效的应对方式。治疗师应强调儿童和青少年的想法和经验的重要性，并鼓励他们充分参与会谈，贡献自己的观点。

儿童和青少年有时候意识不到他们的想法是很有用的。对于"你觉得什么方法能让你感到放松"之类的问题，他们总是草草地回答"没什么"。这时，治疗师可以通过苏格拉底式对话帮助儿童和青少年发现有用的想法，这样也能鼓励他们对潜在的重要信息有所关注，有所反思。

- ▶ "你告诉过我，你和你哥哥在一起时很少感到焦虑。你们在一起时都会做些什么呢？"
- ▶ "你注意到，当你独处时，你的情绪会变得更糟。你独处时都会做什么呢？"

对问题进行概念化后，治疗便进入考虑各种可能的改变方式和发展新技能的阶段。在此阶段，儿童和青少年仍然要充分参与，发现潜在的选项，并对不同选项做出评估。如果口头讨论对儿童和青少年来说有些困难，治疗师可以用工作表帮助他们想出可能的办法并对不同的选项做出评估。治疗师应对儿童和青少年的参与和贡献进行鼓励和强化。

- ▶ "这太棒了。你还有什么别的想法吗？"
- ▶ "还有什么我们没讨论到的选项吗？"

最后，儿童和青少年需要充分参与决策。虽然在很多情况下，儿童或青少年与其父母或照料者会达成一致，但他们总会有意见不统一的时候。有时，儿童或青少年未必能口头表达出自己的观点，但他们的非言语行为会表明他们有不同意见。这时，治疗师需要敏锐地觉察，细腻地回应，指出双方可能存在的不确定、不一样的观点。

▶ "爸爸觉得这个想法不错，但你看起来好像不那么确定，对吗？"

▶ "你有些沉默。我想知道，你是不是对这一点不太确定？"

让儿童或青少年及其父母或照料者参与目标及干预方案的制定、家庭作业和实验

治疗目标的使用能够确保干预始终聚焦于儿童和青少年想要实现的结果。儿童和青少年才是干预方案的主人公，他们和治疗师是在为彼此认可的议题共同努力，这一点是非常关键的。知道要实现什么样的目标，才能确定干预的方向、家庭作业怎么布置、行为实验如何设计（Law & Jacob，2013）。

合作关系原则要求儿童和青少年充分参与目标制定的过程，他们要表达对于自己能做什么、不能做什么的看法，想出可能需要什么样的帮助或支持。对于这些问题的探讨和协商应当是开诚布公的。例如，青少年完成一整周的自我监测是比较理想的，但这对他们来说可能难度太大，这时治疗师就可以采取折中方案，让青少年完成三天的自我监测。

此外，对于行为实验和家庭作业，治疗双方也有必要进行协商。这将确保儿童和青少年成为任务的主人，对任务负责，并增加他们成功完成任务的可能性。治疗双方还需要就父母或照料者如何支持孩子完成家庭作业达成一致。年幼的儿童得在他人的帮助下才能完成作业，他们需要父母或照料者的支持和鼓励。对于年龄较大的青少年，父母或照料者的作用可能就没那么重要了，完成家庭作业的责任完全由青少年自己承担。

鼓励儿童和青少年开诚布公地反馈他们对治疗会谈的意见

为了确保儿童和青少年感到充分参与，治疗师可以邀请他们在每次会谈结束时提供反馈。儿童和青少年可以在 1 ～ 10 分的范围内对治疗联盟的核心维度进行评分，包括关系（感受到被尊重和被倾听）、会谈重点（说出自己想要的）、方法（非常合适）和总体满意度（会谈是合适的）（Duncan et al., 2003）。这样，治疗师就能追踪并掌握儿童和青少年的治疗体验——他们是否觉得治疗师能倾听、理解他们，是否给他们机会讨论他们想要什么，会谈是否给他们带来了启发（Law & Wolpert，2014）。

治疗师在使用这类会谈评分量表时，往往会得到很高的评分。儿童和青少年倾向于给出非常好的评价，因此，治疗师应该以一种好奇、开放的态度与儿童和青少年讨论这些量表的使用。

▶ "我们还能如何调整，让你下次觉得自己被更好地倾听了？"

▶ "我们如何确保你能说出所有你想说的话？"

▶ "我们怎么做能让你更容易理解听到的内容呢？"

▶ "我们如何确保我们捕捉到了你想要做出的改变？"

与发展水平相匹配

以对发展敏感的方式与儿童或青少年及其家庭互动

当我们以发展的视角来看待儿童和青少年时，需要考虑一系列问题，如儿童或青少年问题的表现形式与问题形成的社会背景，他们的语言、记忆和观点采择能力。

CBT 的设置应与儿童或青少年的发展水平相匹配。当 CBT 的设置远远高于儿童或青少年当前的发展水平时，他们可能无法充分参与；反过来，如果 CBT 的设置远远低于儿童或青少年的发展水平，那么他们可能会感到治疗师在居高临下地与他们谈话，觉得无聊，进而对治疗失去兴趣。儿童和青少年的认知能力、语言能力、兴趣等与其发展水平密切相关的因素，往往对干预结果有积极或消极的影响，治疗师务必仔细斟酌。

确保认知技术和行为技术之间的最佳平衡

儿童和青少年是否有足够的认知能力来接受 CBT，一直是一个备受关注的问题。皮亚杰（Piaget，1952）著名的认知发展理论认为，儿童要到具体运算阶段（7～12 岁）才能开始进行抽象思维。而在通常定义下，人们的元认知与反思能力要到形式运算阶段（青春期）才会发展起来。这也就意味着，青春期前的儿童将无法达到接受 CBT 所需的许多认知要求，也正因如此，他们可能从 CBT 中获得的收益也相对有限（Durlak et al.，1991）。

皮亚杰提出的认知发展的顺序阶段模型受到了挑战，现在人们认识到，如果仔细考虑儿童和青少年收到的任务指示，他们也可以从事要求苛刻的认知任务（Thornton，2002）。事实上，CBT 的许多认知需求是非常有限的，并且要求儿童和青少年对具体问题进行有效推理，而不是参与高度抽象的概念认知过程（Harrington et al.，1998）。现在公认的是，7 岁及以上的儿童可以有效参与以儿童为中心的 CBT。关于这个年龄以下的儿童是否有能力接受 CBT，目前仍然存在争议，正如皮亚琴蒂尼和伯格曼（Piacentini & Bergaman，2001）所强调的那样，无论治疗师如何适应，7 岁以下的儿童可能都无法从治疗的多数认知方面获益。因此，对 7 岁以下儿童的干预可能需要减少对认知的关注，转而更多地关注行为方法（Bolton，2004）。7～11 岁的儿童可能会从简单、明确且具体的认知技术（如应对性的自我对话）的使用中获益更多，而青少年可能能够使用更复杂的认知技术，例如，对主要的功能失调的认知假设和信念进行识别，并重新评估。

如果儿童和青少年发现他们难以围绕自己的认知进行工作，治疗师则应该更重视行为方法（Friedberg & McClure，2015；Stallard，2009）。因此，治疗师可以通过行为实验而不是口头讨论来帮助儿童和青少年了解他们的认知或发展新技能。

使用简单、清晰、无生涩术语的语言，持尊重而非居高临下的态度

谈话疗法依赖于语言作为治疗师与儿童和青少年交流内心想法和感受的媒介。口头交流被用来促进儿童和青少年的自我发现，提升其自我效能感，进而帮助其习得更多功能良好的能力与技巧。对儿童和青少年来说，他们的语言技能正在发展，治疗师不应该对其接受和表达语言的能力轻易做出假设。治疗师容易想当然地认为，自己与儿童或青少年的语言水平相当，实则不然。

当面对开放性的问题时，儿童和青少年自发、自愿地回应和提供信息的能力可能比较有限。这可能是因为他们的记忆能力还处在发展阶段，或者问题对他们来说太过复杂，他们不知如何作答。因此，治疗师应当避免使用复杂、冗长的问题。年幼的儿童或认知能力有限的儿童对具体和直接的问题回答得更好。若发现儿童或青少年在回忆之前的内容时存在困难，治疗师可以提供具体的提示，或者给出选项。例如，"有些孩子告诉我，他们感到害怕，有点儿生气，也有点儿悲伤。你会有这些感觉吗？"

治疗师应当在治疗中使用儿童或青少年的语言，参考他们在描述自己的问题、想法和感受时的用词。然而，这并不是说要机械地重复他们的话，而是要充分理解他们用来进行描述的语言到底有何含义。避免使用专业术语和理论术语是最基本的要求。治疗师应该使用孩子式的表达方式（如"脑子里的话"），而不是专业

语言（如"消极的自动思维"）。

另外，治疗师在说话时要以充分尊重和平等的态度对待儿童和青少年，不可以用高高在上、颐指气使的语气与他们讲话。

▶ 保持谨慎的态度，不轻易对儿童和青少年做出假设。

▶ 尊重儿童和青少年的意见，不评判。

▶ 与儿童和青少年充分对话，而不是谈论他们。

▶ 确保儿童和青少年有足够的空间表达他们的观点。

▶ 避免成为提供建议的"专家"，让儿童和青少年进行自我发现。

▶ 不要觉得有必要知道一切并获得所有答案，而是鼓励尝试和学习。

最后，治疗师在给出的解释不够充分，或者对所谈内容总结得不够准确时，要允许儿童和青少年提出异议。治疗师需要明确地说明这一原则，以便儿童和青少年将此视为治疗过程的一部分，并理解他们这样做并不是不尊重他人或粗鲁的表现。

▶ "有时我可能解释得不太清楚，或者可能没有完全理解你所说的话。如果发生这种情况，你能打断我，并向我指出来吗？"

使用直接、间接和非言语的表达技巧

很多儿童和青少年的语言技能已经发展充分，可以接受以谈话为主要方式的治疗。他们可以理解他人言语的含义，清晰地阐述和表达自己内心的想法和情绪，也能理解并进行一些推理与论证。然而，即便如此，治疗师仍需注意自己所用的语言要与儿童或青少年的发展水平及其理解能力相匹配，并持续地请他们对正在讨论的概念进行总结或解释，以确保他们理解无误。

有时，儿童或青少年看起来沉默寡言，但他们的语言能力是没有问题的。在这些情况下，治疗师可以转而使用非言语材料作为口头交流的补充，甚至彻底代替口头交流。视觉呈现的方法能够永久地留存信息，因此可以被用来帮助一些儿童或青少年解决言语记忆有限的问题。有很多实用的方法可供治疗师选择，如思维泡泡（thought bubble）、人物表达情绪的杂志图片、简单的认知三角概念化模型图、测验和绘画练习等。使用这些丰富的材料，能将 CBT 的关键任务变得客观、具体、可视化、充满趣味性。此外，对于一些复杂的信息，如多模块概念化（multiple-component formulations），治疗师可以将其拆解，化繁为简，从两个元素（如想法和感受）之间的联系入手，循序渐进，逐步构建形成。

儿童和青少年往往很熟悉计算机与信息技术，他们中的一些人会积极主动地设计自己的自我监测表和日记页。儿童和青少年还常常使用电子邮件和短信，因此，用"把脑子里的东西下载下来"这样的说法，可能是帮助儿童和青少年探索自己认知的一种不错的方式。除此之外，利用手机的摄像功能记录和评估一些引发儿童和青少年压力的情境，适合用在行为实验或暴露任务中。

父母或照料者的适当参与

父母或照料者是儿童和青少年的重要影响者，他们在儿童和青少年问题的发生和维持方面所起的作用需要被仔细评估。初次评估要了解多方面的内容，包括重要的家庭信念、系统结构和问题形成的背景，以及父母有哪些可能造成或加剧儿童和青少年困扰的行为，这样就能识别父母或照料者所缺失的技能，如养育能力、冲突解决能力不足，或者对儿童和青少年抱有扭曲的期待与信念，抑或对儿童和青少年做出积极改变的行为或能力持有功能不良的认知。换言之，对这些信息的了解可直接指明干预的重点（例如，直接与儿童或青少年一起工作，或者与其父母一起工作，又或者与双方一起工作）和干预的内容

（例如，帮助儿童或青少年、他们的父母培养新技能，或者帮助双方一同培养新技能）。

父母或照料者在参与以儿童和青少年为中心的 CBT 时有多种方式可以选择，这取决于他们参与的目的与初衷。

▶ **促进者**。这种模式下的父母或照料者的作用是最有限的，父母或照料者通常会参加两到三次平行会谈。在会谈中，治疗师会为父母或照料者进行心理教育，介绍使用 CBT 的基本原理，说明儿童和青少年将学到哪些技能和策略。在这种模式下，儿童和青少年是干预的直接焦点，CBT 计划旨在解决他们的问题。

▶ **治疗辅助者**。这种模式下的父母或照料者将更多地参与干预过程，并与儿童和青少年一起参加会谈。他们可能会参与整个会谈，也可能在会谈结束前加入。在这种模式下，治疗师将鼓励父母或照料者充分发挥治疗辅助者的作用，在面对面会谈之外，帮忙监督儿童和青少年练习、运用并强化新技能。儿童和青少年仍然是干预的焦点，而父母或照料者会鼓励、支持和强化儿童和青少年对新技能的使用。

▶ **治疗者**。有证据表明，父母或照料者可以成功地学习 CBT 技术，并运用这些技术来帮助他们的孩子（Cartwright-Hatton et al., 2011；Creswell et al., 2017）。这种模式最初用于解决 12 岁以下儿童的焦虑障碍。儿童和青少年的问题仍然是干预的重点，父母或照料者则在教授儿童和青少年 CBT 技能方面发挥着积极作用。

▶ **治疗对象**。这种模式的前提是，儿童和青少年及其父母都将从直接干预中获益。儿童和青少年将接受干预，以解决他们自己的问题。与此同时，他们的父母、照料者或家人会获得新技能，以解决导致问题形成与维持的家庭困难或个人困难。家长会谈与儿童或青少年的会谈会分别进行，家长会谈的目的是探索他们可以做些什么来改善状况。例如，治疗师可能会鼓励他们为孩子示范应对问题的方式，让他们鼓励孩子，从而提升孩子的动机，让孩子保持积极的态度并支持孩子做出改变，或者为孩子赋能，使孩子有力量面对自己的问题。

父母或照料者故意伤害孩子的情况比较罕见。当这种情况发生时，治疗师需要采取适当的行动，以确保儿童和青少年的安全。更常见的情况是，父母或照料者正在尽最大努力，却陷入了无益的互动或行为模式中。在这种情况下，治疗师应该采取"不责备"的方法，肯定父母或照料者为帮助孩子而付出的努力，同时鼓励他们试着寻找和使用新的替代策略。

学校是另一个重要的环境，在校内实施干预时，治疗师应该考虑并允许校方人员积极参与干预过程。有时，如果治疗师评估后发现与校方难以形成适当的配合（如评估他们对干预的看法、对干预的应允与配合程度及他们的目标），就很可能会导致负面结果。

案例研究：考特尼的愤怒爆发

考特尼（15 岁）因在学校持续出现粗鲁、蔑视的行为并有几次在学校爆发愤怒的情况，而被转介来接受治疗。如果他在学校再次爆发愤怒，就有被学校开除的危险，因此干预的重点就是帮助考特尼学会管理自己的愤怒情绪。考特尼乐于参与治疗，同时在学校成功实施了各种愤怒情绪管理策略。然而，治疗师对校方的情况关注不足，校方的目标不是支持考特尼控制他的脾气，而是让他离开学校。好几位老师都被他的愤怒爆发吓坏了，虽然他从未对任何教职人员进行人身攻击，但有些人还是会担心自己的安全。虽然考特尼没有再次爆发愤怒，但他之后却因持续迟到而被永久停学了。

共情

<u>通过建立真诚、热情和尊重的关系促进共情</u>

共情意味着治疗师真正了解儿童和青少年的想法、感受及其赋予事件的意义。共情需要治疗师持温暖、关怀、尊重的态度，表达对儿童和青少年的好奇、兴趣、真诚与接纳。共情是治疗合作关系的一个关键要素，它向儿童和青少年发出信号，以表明他们的经历是重要的、被承认的、被理解的。

通过积极倾听、反映和总结表达兴趣与关注

共情是通过积极倾听、反思和总结的核心治疗技巧来表达的。积极倾听是指将注意力完全集中在此时此地儿童或青少年所说的内容上，并通过眼神交流、适当的面部表情和肢体语言（如点头）将其传达出来。这会鼓励儿童或青少年进行言语表达，并让他们知道，治疗师对他们所说的话感兴趣。

积极倾听虽然听起来很简单，但可能并不容易做到。作为治疗师，我们总是要同时兼顾很多事，不仅要考虑各种工作，还要顾及个人需求，所以我们常常会发现我们的思绪在游离。如果你觉察到自己走神，请将注意力带回此时此地，真正地专注于儿童或青少年所说的话。

为了鼓励儿童和青少年说话，治疗师可以使用开放式而非封闭式的问题。开放式提问以"怎样""什么""哪里""谁""为什么"等来发问，鼓励儿童和青少年自发地提供信息，而不是以"是""否"或"不知道"进行简单作答。

▶ 不要问"你最近情绪低落吗"，而是问"你最近感觉怎么样"。

▶ 不要问"当你感到焦虑时，你注意到你的心跳了吗"，而是问"当你感到焦虑时，你注意到什么身体信号"。

▶ 不要问"你在学校的时候，情况会更糟吗"，而是问"你在什么地方会感觉特别糟糕"。

▶ 不要问"你的朋友了解你的感受吗"，而是问"谁了解你的感受"。

▶ 不要问"你是因为担心才不敢做出新的尝试吗"，而是问"为什么做出新的尝试对你来说很难"。

除了悉心倾听儿童和青少年所说的话，积极倾听还包括留意他们没有说出或无法谈论的内容。治疗师可以通过一种好奇的方式，引导儿童和青少年关注这些部分。

▶ "你跟我说了很多，包括情绪低落的感受，还有你感到恐惧、害怕自己失控时的感觉。我想知道，如果你真的失控了，你觉得会发生什么？"

治疗师通过总结能让儿童和青少年知道，他们被倾听了。治疗师在总结时要用儿童或青少年自己的话来重述他们所表达的内容。治疗师需要确定儿童或青少年所说的话有何含义。这很重要，因为治疗师有时未必熟悉儿童或青少年的一些非正式用语。治疗师只有确定了他们话语的含义，才能更好地对他们的反应做出解释。但有时，用儿童或青少年自己的话会更加便利，这能让他们停留在当下的对话中，不被打断。

治疗师通过总结可以确认自己是否正确地听到了儿童或青少年想说的内容，即时纠正可能存在的误解并突出讨论中的重要内容。

▶ "你说当你到新学校上学时，你第一次注意到自己感到焦虑。我这样理解对吗？"

反映，即向儿童或青少年重复他们说过的某个词或短语。这样做有助于将儿童或青少年的注意力集中在他们所说的话上，并鼓励他们澄清自己话语的含义，探索不同事件、想法和感受之间的模式或联系。

▶ "最近我常常会哭。"

　"最近？"

▶ "我不知道我还能应付多久。"

　"还能应付多久？"

▶ "和我的朋友在一起时，我总是会感觉更糟。"

　"和你的朋友在一起时？"

反映还为治疗师提供了机会，让治疗师与儿童或青少年建立情感联结，确认儿童或青少年所体会到的情绪。

▶ "听起来，你好像真的很害怕。"

▶ "你好像对那个老师很生气。"

▶ "你朋友这么做，似乎让你很失望。"

确认并恰当地回应儿童和青少年的言语、非言语表达及情绪反应

要做到共情，治疗师还需要与儿童或青少年建立情感联结，确认儿童或青少年当下的感受。这种共情，可以直接通过言语来表达。

▶ "你不得不多次搬家，所以我知道，你每到一所新学校上学时会有多么焦虑。"

▶ "你的朋友让你失望了很多次，所以再次信任他们一定很难。"

▶ "成功对你来说是如此重要，所以当你没有把事情做好时，你一定感到非常难过。"

有时，儿童和青少年的情绪会通过非言语的身体信号表现出来，以下是几个示例：

▶ 安静——停止说话、低下头或转身离开；

▶ 兴奋——语速快、转移话题、坐立不安、四处走动；

▶ 生气——大声说话、咒骂、扔东西或把东西摔在桌子上。

这些身体信号在治疗中同样需要被觉察和讨论。

▶ "你看起来很安静。你现在感觉怎么样？"

▶ "你变得兴奋起来了。发生了什么，让你如此兴奋？"

▶ "你看起来很生气。你能做些什么，让自己平静下来吗？"

　　有时，与儿童和青少年（如孤独症谱系障碍患者）建立共情关系可能比较困难。这些孩子可能无法识别或理解治疗师表达尊重和理解的非言语暗示（如眼神接触、面部表情和手势等）。在这种情况下，治疗的这些方面就变得不那么重要了，或者治疗师可以通过夸张的方式进行类似的表达。

展现开放、尊重、不评判和关怀的态度

　　儿童和青少年可能会因为谈论自己的问题而感到尴尬。他们可能会为自己的所作所为、想法或行为方式感到羞耻。他们可能担心自己会受到评判或指责，或者不确定与治疗师的讨论是否会被分享给治疗之外的人。这些担忧有时会让儿童和青少年守口如瓶，欲语还休。

　　重要的是，治疗师要对这种可能存在的困难保持觉察，意识到让儿童和青少年分享他们的经历或担忧可能有多么困难。治疗师需要打消儿童和青少年的疑虑，让他们知道，虽然要讲述和讨论这些事情很困难，但这么做可以帮助他们摆脱心中的困扰。鼓励的话能清楚地让儿童和青少年感觉到治疗师愿意倾听他们。像"继续""再多说一点"这样简单的表达，或者"虽然要聊这些对你来说很难，但你能像刚刚这样说出来，做得很好"这样的赞美，都可以鼓励儿童和青少年表达更多。

治疗师可能会担心儿童和青少年变得心烦意乱或感到痛苦，因而避免讨论重要的事件或经历。这样做实际上向儿童和青少年暗示并传达了一个信息，即这些事情太痛苦了，不应该被讨论。所以，在这样的情况下，治疗师可以直接要求儿童或青少年对所说的内容予以澄清，让他们知道这些事情是可以说出来的，以鼓励他们进行表达。

- ▶ "你能告诉我发生了什么让你感到如此糟糕吗？"
- ▶ "我明白要说这些事情可能挺难的，但多听听那些让你感到如此难受的想法，可能会很有帮助。"

同样重要的是，治疗师应开诚布公地与儿童或青少年探讨，问问他们，如果他们谈论这些内容，他们觉得会发生什么。

- ▶ "如果我们谈论这些事情，你认为会发生什么？"
- ▶ "如果你告诉我，你觉得我会说什么？"

如果儿童或青少年仍然觉得无法参与讨论，那他们的意见应该得到尊重，当然，治疗师应该在之后的会谈上重新寻找机会与其再进行讨论。

最后，治疗师需要与儿童或青少年明确地说明治疗保密的范围和界限，以便他们清楚地知道，会谈中的信息何时会被披露，何时不会。一般来说，除非涉及儿童或青少年自身的安全，否则治疗师不会在未经他们同意的情况下向他人披露会谈内容。如果治疗师发现儿童或青少年自身，或者他人的安全存在风险，则有可能突破保密设置，从而确保所有人的安全。良好的治疗实践经验告诉我们，儿童和青少年应该充分参与、充分了解保密与突破保密的相关设置。

共情父母或照料者的困境及其影响

父母或照料者常常对帮助自己的孩子感到无能为力，他们很困惑，不确定能为孩子做些什么。父母可能有其自身的问题，并且这些问题可能会影响孩子，这令父母或照料者感到自责，认为孩子出现问题都是他们的错。因此，在治疗中营造"不指责"的氛围非常重要。治疗干预不是为已经发生的事情批评、指责父母或照料者，而是应积极关注未来，探索他们可以做些什么，以促成积极的改变。

有时，父母或照料者会"用力过猛"，他们想保护孩子免受任何痛苦。在这类情况下，治疗师需要帮助他们澄清他们的角色，给予他们后退一步的"许可"。例如，治疗师可能需要帮助父母或照料者培养解决问题或管理焦虑情绪的技能，而不是试图保护孩子彻底免受焦虑的困扰。治疗师需要澄清，孩子仍然会感到焦虑，父母或照料者可能难以忍受这种情况。然而，父母或照料者可以放心，他们后退一步的做法会帮助孩子学会应对自己的焦虑情绪。

此外，治疗师需要共情父母或照料者的挫败与无助感。如果孩子明显缺乏自助的兴趣或动力，父母或照料者难免感到沮丧，这种情况对于他们来说尤其明显。父母或照料者应该明白，他们有这些感受是正常的，这是出于他们对孩子的关心。学会接受这些感受可以帮助父母或照料者减轻他们的痛苦，因为他们已经尽力在做他们能做的事了。父母或照料者应当保持积极的态度，怀抱希望，当孩子开始为自己的行为和反应承担责任时，情况会有所改善。

任何可能妨碍父母或照料者帮助孩子的困难都需要被识别并被细致、谨慎地处理。例如，对抑郁的父母或照料者来说，保持积极的态度或帮助孩子明白自己的优势可能非常困难。而对焦虑的父母或照料者来说，鼓励孩子面对引发焦虑的情境并不容易。治疗师需要评估父母或照料者存在的困难的程度，并在适当的情况下指导父母或照料者寻求帮助。治疗师可以探索为儿童和青少年提供支持的其他方式，例如，祖父母说不定可以帮助儿童和青少年找到自己的优势，或者学校的老师可以帮助儿童和青少年面对学校里让他们感到焦虑的情境。治疗师需要肯定父母或照料者帮助孩子的愿望，同时帮助他们了解他们的局限性。治疗师应该帮助父母或照料者积极地看待治疗的其他参与者（如替代他们的祖父母或老师），而不是将其视为自己失败的标志。治疗应强调父母或照料者正在做的事情，而不是他们无法做的事情。

创造性

调整 CBT 以促进儿童或青少年及其父母或照料者的理解和参与

创造性要求治疗师在呈现和调整 CBT 的过程中匹配儿童或青少年的兴趣、爱好与经历。要做到这一点，治疗师需要持开放的态度，将 CBT 的实施视为一个独特的过程。在这个过程中，治疗师会根据儿童或青少年当前的发展水平、技能和兴趣，运用不同的方法和媒介。这样做的目标是让儿童或青少年参与一个对发展敏感的治疗过程，其中的概念和任务是有意义的，并且是围绕他们的兴趣爱好设置的。

保持创造性颇具挑战，这要求治疗师具备跳出思维局限的能力。因此，治疗师应该持开放的态度，在解释一个想法或概念时探索并采取各种灵活的方式，避免下意识地追求"准确"的倾向。有些方式很有用，有些方式不那么有用。这不是治疗失败的标志，反而是将治疗过程与儿童或青少年进行匹配的必要尝试，也是 CBT 的内在要素。

根据儿童或青少年的兴趣量身定制 CBT 的概念和方法

CBT 可以被创造性地发展和调整，以满足儿童或青少年的需求和优势。治疗师需要确定他们的目标、优势、兴趣、爱好和价值观，并将其整合到干预中。

了解儿童或青少年的兴趣和爱好可以为干预提供信息，治疗师可以借由儿童或青少年的兴趣帮助他们理解 CBT 模型中的关键概念，发展应对策略。

▶ 如果儿童或青少年对足球感兴趣，治疗师可以用著名足球运动员或足球赛事的相关情境来说明积极想法或消极想法。

▶ 如果儿童或青少年对音乐感兴趣，治疗师可以让他们找到让他们感觉良好或能帮助他们放松的歌曲或歌词。

▶ 如果儿童或青少年喜欢绘画，治疗师可以邀请他们画一幅关于他们未来生活的图画，然后与他们一起讨论，找出他们为实现这一目标需要做出什么改变。

▶ 如果儿童或青少年喜欢摄影，治疗师可以建议，将让他们感到积极、振奋的照片保存到手机相册的单独文件夹中，在情绪低落时提醒自己，生活中也有如此多美好的时光。

儿童和青少年可能不愿意保留自我监测（self-monitoring）的记录，如果治疗师请他们用电脑设计自己的记录模板和内容，他们可能会更有动力。或者治疗师可以邀请他们，在情绪反应鲜明时（如觉察到强烈情绪反应的当下）把他们的所思所想"下载"到他们的手机里（可以用电子邮件或消息软件记录），而不必非要用纸质日记进行记录（TGFB, p.110）。

儿童和青少年的兴趣爱好可以作为重要依据被纳入治疗。哈利·波特系列故事的图书和电影可以为治疗师提供许多可以开发和利用的方法。例如，在《哈利·波特与阿兹卡班的囚徒》（*Harry Potter and the Prisoner of Azkaban*）一书中，哈利·波特学会了用幽默的方式对自己的恐惧进行联想，从而战胜了恐惧。这种将不愉快的情绪（如焦虑、愤怒）转变为更愉快、更舒适的情绪的方法，是 CBT 中常用的一种技术。又如，在电影《怪物史莱克》（*Shrek*）中，有一幕是史莱克从城堡中救出公主的场景。那一幕中接下来发生的对话，为治疗提供了一种有益的参考，可以用来讨论积极、有益的想法（公主相信史莱克是她梦寐以求的人）与批评、无益的想法（史莱克认为自己丑陋、可怕）之间的联系，以及它们如何影响个体的感受和行为。

使用适当的言语和非言语方法来促进理解和参与

创造性原则还包括使用各种技术和方法与儿童和青少年互动，并帮助他们达成治疗目标。为每次会谈提供一系列核心材料会很有帮助。例如，黑板、白板、活动挂图、绘图材料、工作表和平板电脑等可以保持儿童和青少年对治疗的兴趣。

黑板和白板提供了一种直观地捕捉和突出显示信息的有用方法，可以用来捕捉重要的想法，总结事件、想法和感受之间的联系，形成个案概念化。打印出来的材料也能为会谈提供辅助资料，并提供关键问题的书面记录以供儿童和青少年日后参考。此外，饼图可以用来帮助儿童和青少年客观地识别、量化关于事件发生的可能性的假设，并对这些假设发起挑战（TGFB，p.187）。视觉评分量表和"温度计"有助于促进并鼓励儿童和青少年拓展自己的视角，从而挑战僵化的分类思维的倾向。

治疗师在使用类似方法时应当从儿童和青少年的能力及其议题出发。例如，患有孤独症谱系障碍的儿童和青少年往往倾向于非常具体和直白地思考和理解对话内容。因此，治疗师在对他们进行提问时，采用描述性和事实性的说法会比用抽象和假设性的说法更有效。这一原则提示我们，CBT 的使用不该那么抽象、刻板，而应有更多实验性和创造性的部分。与其谈论如果儿童和青少年采取不同的行动时可能会发生什么，不如鼓励他们用角色扮演的方式呈现当时的情境，看看会发生什么。

创造性地使用各种方法

治疗师可以用儿童或青少年熟悉的图像和例子来帮助他们理解 CBT 的一些概念和理论，例如，用"良药苦口"来解释为什么要进行暴露练习（Freeman et al.，2008）。强迫思维可以被描述为一首卡在脑海里的歌曲。滚筒式烘干机的图像可以用来解释想法是如何卡在脑海中并不断翻滚的。DVD 播放器的图像可以用来解释反复出现的侵入性意象。一副让人只留意到消极信息的"消极眼镜"可以用来描述以偏概全（选择性概括）这一常见的认知歪曲。再如，患有孤独症谱系障碍的儿童和青少年可能会发现口头交流很困难，他们更愿意以文本或电子邮件作为主要的交流方式。

具体的、与儿童或青少年熟悉的事物相关的隐喻（metaphor）是可用和有效的。例如，治疗师可以向儿童或青少年说明，火山在喷发前会郁积、冒烟，并由此引导他们绘制他们的愤怒积聚终至爆发的过程。治疗师可以用红绿灯的比喻更简单、直白地让儿童或青少年理解和学习问题解决的过程。红灯是停下来，定义问题；黄灯是准备并制订计划；绿灯是采取行动，试试他们的解决方案。

治疗师需要化繁为简，将抽象的概念和复杂的过程转化为易于理解的隐喻和具体的步骤。例如，"抓住它（catch it）、检查它（check it）、挑战它（challenge it）、改变它（change it）"的 4C 口诀简单明了，可以用来帮助儿童和青少年记忆识别想法、评估想法和认知重评的步骤（TGFB，p.129）。又如，当治疗师想向儿童或青少年解释自动思维（automatic thought）的概念时，可以做个游戏，让他们用他们不习惯用的那只手画个房子或写下他们的名字。之后，治疗师可以询问他们，在完成这项任务时，他们的脑海中闪过了什么样的想法。

治疗师在解释以偏概全（选择性概括）这种认知偏差时，可以把它比作看电影。在看第一遍时，观众会注意到其中一些东西，但如果再看一遍，观众就会发现新的信息。或者，治疗师可以利用短视频向儿童或青少年证明，当我们选择性地关注某些信息时，就会忽视其他的一些非常明显的东西。在给那些对电脑感兴趣的人解释消极自动思维的概念时，可以用广告弹窗的比喻："当你打开个人计算机并连接到互联网（即儿童或青少年的大脑）时，宣传各种产品的窗口就会自动弹出（即自动出现），难以阻止（即无法将它们关闭），大部分弹窗你根本不会去看就直接关掉了（即不会被识别），但有些消息你会看一看（选择性地关注）。"这个隐喻直观地呈现了自动化思维的核心特征，非常易懂。

暴露任务也可以用有趣的方式进行调整。例如，治疗师可以鼓励有分离焦虑的儿童参加寻宝游戏，而在进行游戏时，他们必须离开父母才能完成挑战（Hirshfeld-Becker et al.，2008）。又如，治疗师可以给有社交焦虑的儿童布置问卷调查的任务，鼓励他们借此接近他人。

利用儿童和青少年喜欢的媒介

有些儿童或青少年很乐意坐下来聊天，但也有些儿童或青少年更喜欢用非言语的方式表达自己。例如，当被直接提问时，儿童或青少年可能不会主动表达他们的想法或感受，但治疗师可以用思维泡泡游戏来激发他们表达。又如，治疗师可以与儿童或青少年做游戏，请他们猜测其他人在担忧时可能会有什么样的想法和感受。再如，分类游戏（sorting game）可用于区分想法、行动和感受。补全句子的游戏可以引导儿童或青少年说出在特定情境下出现的想法或感受。此外，治疗师还可以鼓励儿童或青少年从杂志上收集表达不同情绪的照片或图片，创建情绪剪贴簿。如果儿童或青少年更喜欢画画，治疗师可以鼓励他们以他们所处困境为主题绘制连环画。画好后，治疗师可以引导儿童或青少年在画中加入他们可以识别的任何情绪或想法。

如今，越来越多的儿童和青少年能够熟练使用计算机、互联网和智能手机，这些都可被用在干预中。这些设备的便携性有助于儿童和青少年快速、准确地记录情绪、想法或积极事件的发生。利用这些技术设备，儿童和青少年得以在觉察到强烈的情绪反应或引发了这些反应的"热想法"（hot thought）时，"把脑海里的东西下载下来"（TGFB，p.110）。对儿童和青少年来说，由于发信息或使用移动设备是习以为常的事，因此当他们短暂记录此类信息时也并不会引起同伴的注意。

智能手机摄像提供了一种记录困难或具有挑战性的情境的方法。通过拍照和回看，治疗师可以帮助儿童或青少年检视，他们对当时正在发生的事情有何想法或假设，从而帮他们做出计划，应对困难的情况。儿童和青少年可以往照片库中存入一些令他们感到平静的照片，以便他们在需要时回忆或重建这些意象。

互联网则能让儿童和青少年通过搜索相关信息将自己的问题（如感到焦虑或情绪低落）正常化。儿童和青少年可以在网上找到同样遭遇过类似情况的知名人士的故事，并通过他们成功的示例，学到对自己有用的应对方法（TGFB，p.54）。有许多网站和应用程序会提供正念或放松等技术的指导和说明，儿童和青少年可以访问这些网站或运用这些应用程序来辅助和指导自己练习。此外，网上还有大量的视频资源，记录了一些儿童和青少年谈论自身遇到心理问题的个人经历，分享自己认为有用的策略。同龄人的故事可能是非常有说服力的素材，在会谈中，治疗师可以纳入视频故事，帮助儿童和青少年获得新的启示。

探究发现

以开放、好奇的立场，促进引导式发现与反思

探究发现的概念是 CBT 的关键特征之一。其前提是，如果改变的想法和动机出自儿童或青少年及其照料者自己的洞见，那么其想法和行为将更容易改变。治疗师应鼓励儿童和青少年尝试使用新的技能和思维方式，以检验实际上会发生什么。

创建一个协同探寻的过程，客观评估认知、信念与假设

基于探究发现的原则，治疗师已经开发出一些概念和方法，包括"私家侦探"（Private I；Friedberg & McClure，2002）、"社交侦探"（Social Detective；Spence，1995）和"想法追踪者"（Thought Tracker；Stallard，2002a）。其中，"社交侦探"用"发现、调查、解决"的三阶段模型来教授儿童和青少年解决社交问题。

应用探究发现原则的一个关键要素就是行为实验。它提供了一种客观地测试信念和假设，以及以不同方式对事件做出反应的有力方法。探究发现需要以开放的心态进行，儿童和青少年需要悬置对结果的先入为主的想法。事实上，行为实验并不是简单地佐证其他思维方式的正确性，推翻原本思维方式的无用性。行为实验应当是真正开放的，实验的结果也有可能会验证儿童和青少年原本的预想和信念。因此，由治疗师与儿童或青少年协作进行探究发现的过程，有助于儿童或青少年客观地检验他们的认知，并利用探究发现的结果来发现新的或被忽视的信息。这些信息也有助于儿童或青少年反过来认识到，不管其原本的信念或假设有多坚定，也可能有局限。

治疗师在引导儿童和青少年进行探究发现时，需要持开放的态度，例如，"我们试一试，看看会发生什么"这种方式将向对方传达许多重要的信息。

▶ 它建立在合作关系、协作过程的基础上，双方将一同努力、一同学习。

▶ 它传达了一种好奇和开放的感觉。

▶ 它强调，一个问题可以有许多可能的解决方法或思考方式，从而挑战儿童和青少年常有的非黑即白的二分法思维。

▶ 它提供了一个可以应用于其他问题的实验框架。

▶ 它鼓励儿童和青少年向他人学习："你告诉我，迈克从来没有这样的问题，那么你能看看他在这种情境下做了什么吗？"

这种客观、科学的方法，可能会吸引特定的儿童或青少年群体。例如，患有孤独症谱系障碍的儿童在智力和逻辑方面都有优势，他们对此类方法常有较好的回应，例如，识别证据以支持或挑战特定思维方式，绘制"责任饼图"（responsibility pie chart），将对情境造成影响的诸多不同因素可视化（TGFB，p.187）。

让儿童和青少年充分参与行为实验设计

如核心理念CORE所指出的，儿童和青少年在CBT中扮演着核心角色。因此，治疗师需要确保儿童和青少年积极参与行为实验的设计。在设计行为实验时，治疗师应持好奇的态度，邀请儿童或青少年找到问题的答案："我们可以做些什么，来检验这种预测或假设？"苏格拉底式对话可以用来制订实验计划。行为实验应该是安全的，同时设有一个清晰的目标和客观的评估方式。例如，迈克坚信人们不喜欢他。通过一番探索式的对话，迈克意识到如果人们喜欢他，他们就会给他发短信或发信息。于是治疗师和迈克设计了一个行为实验，迈克将记录在接下来的一周内，他收到了多少次短信或消息。

帮助儿童或青少年与其父母或照料者考虑有关事件的替代解释

行为实验带来了新的信息，儿童和青少年需要将这些信息纳入他们的认知框架内。这个过程是反思性的，治疗师应该引导儿童或青少年专注于其中重要的信息，为他们的发现找寻可能的解释。这种好奇的态度，能够激发儿童和青少年的好奇心，提升其认知灵活性，对其持有的僵化思维发起挑战。

许多无益的信念和假设往往是内在的、稳定的和普遍的。因为这些无益的内在解释方式，儿童和青少年常把责任揽在自己身上，为发生的事情自责不已，"我很愚蠢""我总是惹别人生气"，诸如此类的解释常被看作稳定而持久的，好像无法改变，从而助长了一种无助感。同时，儿童和青少年往往会将这些解释方式泛化地应用于生活的方方面面，无论是在学校、在家，还是和朋友在一起时，这也将带给他们一种难以承受的绝望感。

在发展替代解释时，治疗师应该鼓励儿童或青少年寻找那些外部的（而非个人的）、不稳定的（找到例外情况）和具体的（有所限制的）可能解释。在尝试着形成外部解释时，治疗师可以鼓励儿童或青少年考虑自身以外的因素。例如，治疗师可以引导儿童或青少年认识到，任务的性质（即，这是一项新的或非常困难的任务）也能作为一种解释，从而替代"我很愚蠢"的归因。发展不稳定的解释则需要儿童和青少年反思，他们现有的解释是不是也有不适用的时候。例如，他们在学校不同类型的作业中的成绩是不是并不相同，或者当熟悉了某类作业后，他们的成绩是不是就会有所提高。最后，发展具体的解释要求儿童和青少年给那些他们用来泛化于各种情境的解释施加限制。例如，某位青少年可能觉得数学很难，但他在地理、体育和艺术方面成绩良好，这就能够限制他认为自己"愚蠢"的信念。

发展外部的、不稳定的、具体的替代解释，能帮助儿童和青少年对抗自责、无助和绝望的感受。因此，治疗的目的是帮助儿童和青少年找到各种替代解释，而不是一味地批判他们原有的解释。儿童和青少年需要意识到，各种可能性同时存在，而他们可以收集信息以支持或挑战某种可能的解释。

鼓励反思

在回顾行为实验或家庭作业的结果时，最后一项任务往往是反思"我有什么收获"或"我有何发现"。儿童和青少年有时可能已经完成了一项任务，但不一定完成了反思，他们未必能意识到他们有何收获，以及他们如何将这些信息整合到自己的认知框架内。

　　这种对结果的反思，通常会帮助儿童和青少年发现新的信息和意义，掌握新的技能。例如，在检视自我监测任务的结果时，儿童和青少年可能会发现某种特定的情境会引发自己强烈的情绪、自己常出现的批判性想法，以及无益的应对方式。行为实验可以产生新的解释和意义。例如，某位青少年可以鼓励一位有社交焦虑的青少年在社交场合放弃一些安全行为。安全行为是他们为避免在他人面前感到尴尬而采取的行动（如小声说话或避免目光接触）。行为实验的结果可能会让他们发觉，当他们不做出安全行为时，他们并不会感到那么焦虑和尴尬。同样，行为实验或家庭作业还可以用于尝试新习得的技能，如正念或自我关怀。反思结果，想想完成任务的过程是否带来了帮助、是否影响了自己的感受，想想自己在过程中遇到了什么困难，这样的练习可以帮助儿童和青少年提高自身的洞察力，促进他们不断尝试和使用学到的方法。

自我效能感

<u>发展优势，促进达成改变的积极尝试</u>

　　自我效能感的概念，突出了以儿童和青少年为中心的 CBT 的积极、为儿童和青少年赋能的特征。这一原则的目的是帮助儿童和青少年发现并发挥他们所具备的优势，发展他们所掌握的技能。聚焦于积极、赋能的方式非常重要，因为任何治疗都存在危险，特别是当治疗中涉及识别功能失调的认知过程时，理论模型可能会变为由缺陷驱动的。治疗虽然要处理功能失调的过程，但仍需突出儿童和青少年的优势与技能，尽可能地在这一基础上促进儿童和青少年发展更具适应性和功能性的认知过程。

识别并突出优势和个人资源

找出我们不擅长的方面，往往比找到我们的优势更容易。儿童和青少年常常忽视自己所具备的优势，当这些优势被呈现在他们面前时，他们可能会显得犹豫不决、不以为然，甚至感到尴尬或难堪。这告诉我们，他们可能缺乏信心，觉得自己的技能并非在每种情境下都有用，所以它们就是全然无效的。或者，儿童和青少年可能会感到尴尬，在其自尊水平较低，或者有着强烈的批判性的核心信念时，此种情况尤甚。认可他们具有积极的优势和技能，有违他们的信念。

有些儿童和青少年很难发现或承认自己的优势（TGFB，p.52），或者认为世界总是和他们作对（TGFB，p.67），这时，写日记可能会很有用。写日记能鼓励儿童和青少年主动寻求和发现自己的优势和技能，以及那些常被他们忽略的富有善意的事情。这可以为他们赋能，并帮助他们挑战对自己、自己的表现和自己所生活的世界的批判性的信念。

在确定技能和优势时，治疗师应鼓励儿童和青少年考虑多个领域，包括：

▶ 学校——学术技能、积极参与课堂讨论、完成作业；

▶ 工作——可靠、勤奋、乐于助人；

▶ 休闲活动——演奏乐器、擅长游戏、照顾动物；

▶ 人际关系——忠于朋友、善于倾听、值得信赖、予人支持；

▶ 个人技能——有条理、周到、务实、关怀他人；

▶ 具体成就——参加运动队、参与戏剧表演、在比赛中表现出色。

如果儿童和青少年找不到自身的积极优势，治疗师可以鼓励他们询问他人或从第三方的角度进行思考。

✦ "如果我们问问你最好的朋友，或者对你来说很重要的人，他们会说什么呢？"

✦ "为什么你的朋友愿意花时间和你在一起？"

从第三方的角度思考，并寻找和识别优势，往往比从自身的视角出发更容易。

鼓励儿童和青少年识别有益的技能和策略

提升自我效能感的一个重要部分，是帮助儿童和青少年识别那些他们已经拥有的、让他们取得了一些成功的技能和优势。儿童和青少年可能会认为，一个策略只有每次用都成功才算是有用的，这样的信念应该被挑战。某个策略并不总是有效，但如果它在某些情况下成功发挥过作用，那么它就是有用、可用的。因此，我们不是要让儿童和青少年发展某一种"万用技能"，而是储备一个"技能工具箱"，让他们能在任何情境下都"有计可施"。

治疗师应该帮助儿童和青少年专注于过往成功的经验。治疗会谈中的讨论往往集中在儿童和青少年无法应对的问题或经历上，这导致他们的成功经验被忽视。针对这一情况，治疗师应该引导儿童和青少年看到其过往的积极经验，并反思他们当时是如何应对的，什么是有用的，以及他们当时做了什么。

▶ "你做了什么来帮助自己应对这种情况？"

▶ "你觉得哪些事情是有帮助的？"

▶ "有时，情况并没有那么糟糕。那时，你做了什么不一样的、可能有帮助的事情？"

采用这样积极的、应对导向的视角能赋予儿童和青少年很多力量，并清晰地提示他们，他们已经具备有用的技能和办法。

制定个人应对策略

一旦儿童和青少年确定了自己的优势和应对技能，治疗师就可以开始着手，引导他们学会在不同情境中发挥这些优势，使用这些技能。与上文所提及的类似，治疗师在帮助儿童和青少年思考如何使用特定的技能和优势时，应该以好奇的态度和开放的方式展开对话。

▶ 儿童和青少年提高游戏技术的方法，能用来帮助他们解决问题吗？他们是否需要练习、观察他人或寻求帮助？

▶ 儿童和青少年坚强的意志品质，能否帮助他们面对自己曾经回避的具有挑战性的情况？能否帮助他们学着进行积极的、应对性的自我对话？

▶ 儿童和青少年的个人组织能力能否帮助他们制作自我监测日记？

▶ 儿童和青少年的幽默感能否减少他们遭遇问题时受到的负面影响，让他们学会一笑而过，而不是陷入烦恼？

有时，儿童和青少年可以想到一些应对办法，这时治疗师可以辅助他们将这些办法发展成有用的应对策略。

▶ 如果儿童或青少年说，从 1 数到 10 有助于他们放松，治疗师就可以引导他们在数数时专注于呼吸，呼气时说出"放松"，并想象自己的紧张情绪得到释放。

此外，儿童和青少年还可以通过向他人学习、观察或询问有成功经验的人来找出应对策略，如询问或观察他人做了什么，以及如何应对困难的情况。

最后，在找出了有用的应对技能后，儿童和青少年要学着将这些技能融入他们的日常生活。例如，他们可以通过培养更友善的内心声音（TGFB，p.66）来增加自我关怀。青少年可以对着镜子说出内心富有关怀与慈悲的声音，并进行每日练习。对于年幼的儿童，治疗师可以鼓励他们识别和练习积极的、应对性的自我对话。这些简单的句子可以为儿童和青少年赋能，帮助他们面对和应对具有挑战性的情境。

强化对新技能的使用

治疗师要关注并认可儿童和青少年应用新技能、进行练习与实践的尝试，并与他们一同庆祝这些时刻。这是很重要的，可以抵消负面的、批判性的偏见，让儿童和青少年的积极、成功、应对性的行为与经验不再被忽视。

在治疗的早期阶段，当儿童和青少年使用技能时，治疗师应该给他们奖励，而无须计较他们尝试的结果。对于心境低落一类的问题，行为激活或正念等新技能可能需要一点时间才能发挥积极的作用。同理，当父母或照料者采用了新的、更有益的养育方式时，治疗师同样应该给予关注、认可和祝贺。治疗师可以鼓励父母或照料者在采用新方法时进行自我奖赏。

一些儿童或青少年不好意思接受表扬或承认他们做出了积极改变的尝试。他们觉得很为难，毕竟这与他们根深蒂固的消极、批判性的自我信念背道而驰。在这些时候，治疗师要避免成为儿童或青少年的"同谋"，一同忽视或平淡地对待他们对新技能的使用。治疗师应该让儿童或青少年知道，他们的不适是正常的，并强调尝试改变的重要性，让他们也认识到并认同这一点。

参与感和趣味性

确保会谈的趣味性和吸引力

儿童和青少年往往是由于身边人对他们的担心而开始接受治疗的。也正因如此，他们对改变的兴趣和决心可能比较有限。为了保证儿童和青少年的参与度和积极性，CBT 应当是富有趣味性的，这样才能抓住他们的兴趣并保持他们的治疗动机。

适当地选用和组织材料、活动，巧用幽默感

提升治疗趣味性和参与感的方式有很多种。如前所述，治疗师可以使用不同类型的材料来保持儿童和青少年的兴趣。例如，一次旨在探索想法与感受之间联系的会谈，可以从简短的口头介绍开始。之后，治疗师可以请儿童或青少年完成一张工作表，再做一个分类游戏，让儿童或青少年将想法、感受和行为卡片分成三堆。

治疗师应该邀请儿童和青少年参与议程和任务优先级的设置。会谈形式也可以更加灵活，例如，可以通过让他们在治疗室内走动来保持其活跃性，或者走出治疗室在其他环境中进行。儿童和青少年可以参与绘制个案概念化图或完成工作表包含的绘画和填写任务。此外，会谈时间不应过长。对很多孩子来说，50～60分钟的会谈时长，可能会让他们感到无聊甚至失去兴趣，因此治疗师可以更灵活地缩短会谈时长。

在治疗关系中，治疗师还可以发挥幽默感，以引起儿童和青少年对某些问题的关注。例如，当一位青少年感慨自己"总是出错"时，治疗师立刻冲出去拿来了相机，并说道："我还从没见过'总是'出错的人，我得跟你合张影。"这种临场发挥以幽默的方式让青少年留意到他们可能经常陷入的思维陷阱。

适当地平衡任务类活动与增进关系类活动

尽管 CBT 是一种结构化、重点突出的疗法，但治疗过程仍应细腻地贴合儿童

和青少年的实际需求，保持灵活。有时，儿童和青少年可能会出现激动、注意力不集中、心烦意乱或不感兴趣的情况。当出现上述情况时，治疗师与其按原来的计划将会谈硬生生地进行下去，不如灵活一些，注意在任务类活动与建立、增进融洽关系的活动之间保持一定的平衡。因此治疗师可能需要调整最初的会谈计划，将工作重点转向增进治疗关系的活动，从而确保儿童和青少年能够更好地参与当下和之后的治疗过程。

非任务类活动更关注儿童和青少年的兴趣、爱好和娱乐活动，有助于增进治疗关系。在治疗初期的会谈中，治疗师应更加注重非任务类活动。在这个阶段，儿童和青少年可能不确定要不要参加会谈，或者不愿意谈论个人问题。在后期的会谈中，治疗师也应纳入一些增进治疗关系的活动，尽管这时治疗师要悉心控制时间，以确保为任务导向、目标导向类的活动分配足够的时间。

根据儿童或青少年的具体年龄，增进治疗关系的非任务类活动可能包括以下几类。

▶ 游戏和问答。例如，在"我喜欢什么"（What I like）卡牌游戏中，儿童或青少年与治疗师从一堆提前写好题目的卡牌中，轮流选择卡片并回答相应的问题。卡片上的题目可以包括"我喜欢一个人做的事""我喜欢和朋友一起做的事""我喜欢和家人一起做的事""我在学校喜欢做什么""我喜欢在网上做什么""我喜欢听什么""我喜欢的电视节目"。

▶ 浏览网页，发现儿童或青少年感兴趣、喜爱的网站，如 YouTube 视频、博客、体育或音乐网站、搞笑视频剪辑，以及与他们感兴趣的议题相关的链接（如气候变化或动物福利）。

▶ 邀请儿童或青少年将他们喜欢的东西带来。喜欢艺术、写作、诗歌或音乐的儿童或青少年可以带来一些他们喜爱的作品。

▶ 与儿童或青少年分享他们参加过或喜爱的活动的照片。

▶ 离开会谈场地，去散步或到咖啡馆小坐。

关注儿童或青少年的兴趣并将其纳入干预过程

数字技术的进步为提升 CBT 的趣味性和参与度提供了新的空间。数字干预可能对更早接触、经常使用新技术的儿童和青少年特别有吸引力（Johnson et al.，2015）。然而，由于数字干预的开发成本较高，迄今为止被评估过的相关研究相对较少（Grist et al.，2017；Hollis et al.，2017）。

CBT 结构化的性质，使它更容易被转化为可通过计算机或互联网基础实施的形式。有研究者发现，尽管相关研究体量有限，但计算机化的 CBT 是有效的（Pennant et al.，2015；Richardson et al.，2010）。例如，计算机化 CBT 程序"压力克星"已被证实可有效治疗抑郁（Smith et al.，2015；Wright et al.，2017）。而针对焦虑类问题，"勇敢"（Spence et al.，2011）、"全能应对营地"（Camp Cope-A-Lot；Khanna & Kendall，2010）、"酷孩子"（Wuthrich et al.，2012）等计算机化 CBT 程序也获得了喜人的效果。此外，也有一些基于 CBT 的电脑游戏被开发出来，例如，计算机化的 CBT 游戏 SPARX 已被证实无论是作为抑郁干预还是预防程序都有效（Merry，Stasiak，et al.，2012；Perry et al.，2017）。

最后，智能手机技术的发展也为向儿童和青少年提供干预带来了新的契机。然而，尽管有数以千计相关的应用程序已被开发出来，但专门为有心理健康问题的儿童和青少年开发的应用程序少之又少，也未得到有效的评估（Grist et al.，2017）。

积极、充满希望的呈现方式

在以儿童和青少年为中心的 CBT 中，治疗师的呈现方式相当重要，好的呈现对激发儿童和青少年的动机至关重要。治疗师需要以诚实和开放的方式呈现，同时保持积极、自信、充满希望。治疗师需要承认，他们不确定 CBT 是否会帮到儿童和青少年，也不确定对儿童和青少年来说，具体哪些想法或技术会有用。但是，治疗师仍旧抱有积极、充满希望的态度，因为基于研究数据和自身经验，许多有类似问题的儿童和青少年都发现 CBT 很有帮助，使他们在生活中成功地做出了一些重要的改变。

这种积极而充满希望的态度，对于确保儿童和青少年的参与度、维护他们良好的动机至关重要，特别是在儿童和青少年要去完成必要但艰巨的任务（如暴露）时。

PRECISE 原则的实践

案例研究：艾拉的强迫思维

7 岁的艾拉有许多与家人的安全有关的强迫想法，并常有一系列与安全检查有关的强迫行为。睡觉前，她要检查公寓的窗户有没有关好，门有没有锁好。她会检查所有电器有没有拔掉电源，燃气有没有关好。上床躺下后，艾拉会继续出现这些强迫的想法，大约要用两个小时才能入睡。艾拉通常半夜会醒两三次。每次醒来，她都要在家里四处走动，完成各种强迫性的安全检查行为。

为了解决问题，艾拉接受了 CBT。在一次会谈中，艾拉对她的强迫想法感到特别困扰，她希望自己能让这些想法停下来。治疗师问艾拉，当她睡前又冒出这些想法时，她想怎么办。她回答："我想把它们锁起来，这样它们就无法接近我了。"治疗师与艾拉就此进行了更详细的讨论，当想到把东西安全地锁起来时，艾拉想到了监狱。她觉得监狱是坏人待的地方，坏人一旦被关进去，就不能出来。这似乎是一个有用的隐喻，把坏想法（担忧）关进一个安全的地方，让它们没办法跑出来，似乎是个办法。治疗师帮助艾拉构想出了更完整的意象，她将自己的担忧写在"囚犯"的胸前，每晚都将它们锁在一间"牢房"里。治疗师鼓励艾拉在描述意象时加入更多细节，用视觉化的方式想象自己写下担忧，然后把它们锁起来，这样它们就无法打扰她了。艾拉对这个办法感到非常兴奋，并迫不及待地想要回家试试看。

这个简短的总结突出了 PRECISE 过程的关键方面。治疗师与艾拉之间的合作关系，鼓励她表达自己的想法。艾拉创造了一个与其发展水平相匹配的隐喻，将她的担忧锁在安全的地方，这样它们就不会打扰她了。治疗师通过积极倾听、重述和总结艾拉所说的话表达了共情。这种帮助艾拉控制想法的方式颇具创造性，治疗师还鼓励艾拉探究发现，看看她的新办法是否奏效，能否带来改变。整个治疗过程都在为艾拉赋能。新的方法出自艾拉自己的建议，这提升了她的自我效能感。最后，这个过程对艾拉来说是愉快且有趣的，她非常有动力在晚上尝试她的新办法。

案例研究：约书亚的消极思维

9 岁的约书亚常有情绪低落、惊恐发作和广泛性焦虑等问题，这些问题在约书亚在校时特别突出。通过评估，治疗师发现约书亚有很多无益的认知。约书亚会将模糊的事件解读为具有威胁性的，常常预期会有坏事发生，只专注于负面事件，认识不到自己的成功。治疗的一个主要目的是帮助约书亚认识到他的负面偏见，并检验他是否忽略了一些信息。

约书亚是一个忠实的"哈利·波特迷"。有关哈利·波特的书，他读过很多遍，并对魔法的概念很感兴趣。在一次会谈中，我们探索了书中的一些办法，这些办法可以用来帮助约书亚测试他的想法，并检验他是看到了事情的全貌，还是只注意到了消极的部分。约书亚谈到了哈利·波特故事中出现过的厄里斯魔镜，哈利可以在镜子中看到他想要的一切。我们一起对这个想法进行了更深入的探索，并想出了一个主意，让约书亚可以通过一面魔镜看到他原本忽略的积极事物。约书亚对这个想法产生了浓厚的兴趣，于是他一回家就制作了自己的魔镜。放学回家后，他会告诉母亲当天发生了什么事，然后他要照照自己的魔镜，"再看一眼"。这一次，约书亚会发现他忽略的积极事物。这样的做法推翻了他原本的一些负性认知，让他能够更平衡地看待所发生的事。每天，约书亚都会用他的魔镜检查发生了什么。他开始认识到自己的偏见，挑战自己的想法，并发展出了一种更平衡的思维方式。

　　这一案例同样体现了 PRECISE 原则，治疗师与约书亚之间的合作关系让他得以表达自己的想法。使用魔镜"再看一眼"的方法，是一种与其发展水平相匹配的进行思维检测的方式。治疗师在鼓励约书亚表达他的想法和理解他对哈利·波特的兴趣时，向他表达了共情。而干预的方式是富有想象力和创造性的。治疗师鼓励约书亚去探究发现自己是否忽略了重要信息。魔镜的想法来自约书亚，体现了自我效能感的提升。这种干预方式既有效又令人愉快、富有乐趣，为约书亚和他的母亲提供了一种非常实用的方法，以挑战约书亚带有偏见的思维方式。

第 3 章

评估与目标

确立干预的明确目标，并适当地运用日记、问卷和评定量表进行评估。

初始评估的主要目的是确定儿童或青少年的困境的程度和性质，以及他们对改变的期望、准备程度、进行认知行为疗法干预的适宜性及目标。评估将根据需要通过临床访谈、直接观察、标准结果测量和个性化（基于目标）评估收集信息。必要时，评估内容也将涉及来自儿童或青少年、他们的父母或照料者，以及可能在不同环境中观察儿童或青少年的任何其他相关成年人（如教师）的信息。

对当前问题进行全面评估，并酌情考虑他人报告的相关信息

治疗师需要在评估过程中收集所需信息，以对儿童或青少年呈现的问题进行初步了解（Creed et al.，2011）。评估是动态性的，它不仅会指导整个干预计划，也会根据儿童或青少年在治疗过程中的变化进行相应调整，并确定何时结束治疗（Weisz et al.，2004）。此外，为了全面地了解儿童和青少年，评估需要涉及关于儿童或青少年、他们的家庭情况和背景的信息，以及有关特定问题的性质、发展和问题得以维持的信息。

在家庭和更广泛的背景方面，评估应提供以下方面的简要概述：

▶ 家庭结构、家庭关系，以及对家庭动力的基本理解；

▶ 教育情况，包括学习表现、人际关系、出勤和行为；

▶ 工作情况，包括工作表现、出勤和关系问题；

▶ 重大事件，如创伤、丧亲、健康问题或发育问题；

▶ 父母 / 家庭问题，如关系困难、财务担忧、精神和身体健康问题或工作问题；

▶ 儿童和青少年的兴趣、社交生活和个人优势。

评估的第二部分应重点关注儿童或青少年的现有问题，并应包括：

▶ 对每个问题的清晰描述，包括起始时间、频率、严重程度及对日常功能的影响；

▶ 儿童或青少年及其父母或照料者对这些问题出现的原因的理解；

▶ 对任何触发事件或情况的评估；

▶ 识别与问题有关的强烈、痛苦和显著的不愉快情绪，以及儿童或青少年应对它们的方式；

▶ 与问题相关的任何常见的思维模式；

▶ 儿童或青少年及其父母或照料者如何处理这些问题；

▶ 先前尝试过的解决方式及有益或无益的经验；

▶ 儿童或青少年及其父母或照料者希望通过 CBT 干预实现的效果和潜在的目标；

▶ 儿童或青少年及其父母或照料者对于改变的准备情况及参与 CBT 干预的动机。

儿童或青少年最初可能会显得焦虑、拘谨或不愿交谈，并通常会对评估会谈的目的感到困惑。因此，治疗师需要明确解释评估会谈的目的，并强调儿童或青少年积极参与的重要性。同样，儿童或青少年、他们的父母或照料者的观点都应该被鼓励，治疗师应该明确表明他们可能会有不同的看法。在询问问题时，治疗师要重点关注儿童或青少年，并且应该经常给予他们机会同意或不同意他人的报告和描述，以保证对儿童或青少年实际问题的准确评估。

而对于更年幼的儿童来说，口头交流也许并不是首选方式，因此，治疗师应提供各种非言语评估材料作为备选。例如，对于年幼的儿童，治疗师可以请他们画一幅画或拍摄一段电影，以描述他们感到担忧的情况。他们也可以画出在特别困难的情境出现之前、发生期间和之后会发生什么，并添加任何他们注意到的感受或想法。

同时，评估会谈需要被结构化和积极地管理，以确保每个人都有机会参与。这可能涉及在评估中为儿童或青少年、他们的父母或照料者单独安排时间，以讨论他们可能觉得难以一起谈论的任何事情。因此，保密规则需要在评估开始时就达成一致，这样儿童或青少年及其父母或照料者就能知晓哪些信息能分享或不能分享，以及关于这部分信息的保密情况或例外情况。

此外，在评估过程中，治疗师可能会发现儿童或青少年与其父母在理解问题的方式上存在差异。例如，父母可能会将孩子不愿意外出的原因归结为他们没有动力帮助自己。但是，真正的原因可能是孩子担心自己不知道如何应对社交场合，所以通过避免这些场合来处理这个问题。因此，评估将澄清不同的理解和含义，以便开发共同的表达方式，并确定目标。在上述情况下，这个孩子更需要有计划地参与社交活动，而不是通过待在家里来避免它们。

评估访谈通常是治疗师与儿童或青少年的第一次会面。这是与儿童或青少年建立密切关系并教育他们认识 CBT 模型（TGFB，p.89）的第一次机会。它提供了一个机会来展示以儿童和青少年为中心、注重成果、强调反思和授权的理念并建立 PRECISE 治疗过程。同时，评估访谈也有助于了解有关儿童和青少年的言语和非言语技能、认知能力和情绪识别能力（emotional literacy）的水平。最后，它将为治疗师提供一个机会观察家庭成员之间的交流方式，听取不同家庭成员对事件的看法和理解，并确认以 CBT 作为干预措施是否合适。

采用常规效果测量补充评估结果

评估会谈应结合常规效果测量（routine outcome measures，ROMs）。ROMs 是短小的标准化测量工具，用以评估干预过程中患者的症状和临床结果的变化，这些工具可以于不同时间点使用（Hall et al.，2013）。它为患者提供了汇报症状并监测进展的机会，并且这些信息可以帮助指导干预过程。ROMs 的使用已经被证明有助于促进更快的心理改善（Bickman et al.，2011；Knaup et al.，2009；Lambert & Archer，2006）、实现更好的医患沟通（Carlier et al.，2012），并提高对于那些没有预期反应的患者的识别准确度（Lambert & Shimokawa，2011）。

在英国，成功运行的"提高心理治疗可及性"（Improving Access to Psychological Therapies，IAPT）项目要求成年患者在每次预约时，都需填写 ROMs（Clark et al.，2018）。后来，此计划的对象扩展到了儿童和青少年群体（CYP-IAPT），并进一步推动了 ROMs 在英国的广泛使用。通过比较每次会谈之间的测量结果，治疗师可以从症状学角度展示患者的变化发展方向。此外，通过比较治疗前后的测量结果，治疗师可以确定患者发生改变和恢复的整体情况。ROMs 在儿童和青少年群体中尤其受欢迎，因为它很简短，所以在每次会谈开始时可以迅速完成。

有许多 ROMs 可用于评估临床结果，这取决于儿童和青少年的年龄和呈现出的问题的性质。

在英国，最常使用的 ROMs 有以下几种。

▶ 儿童焦虑和抑郁量表（修订版）（Revised Child Anxiety and Depression Scale，RCADS）。它是一个包含 47 个条目的自我报告问卷，有可供父母、儿童和青少年（8 ~ 18 岁）完成的不同版本。RCADS 是在 Spence 儿童焦虑量表（Spence Children's Anxiety Scale，1997）的基础上编制的，其中的条目对应于《精神障碍诊断与统计手册》（第四版）（*Diagnostic and Statistical Manual of Mental Disorders, Fourth Edition*，DSM-IV）中的社交恐怖症（social phobia）、分离焦虑障碍（separation anxiety disorder）、强迫症（obsessive-compulsive disorder）、惊恐障碍（panic disorder）、广泛性焦虑障碍（generalised anxiety disorder）和重性抑郁障碍（major depressive disorder）的焦虑症状标准。每个条目都是根据频率在李克特四级量表上进行评分的，之后治疗师会对这些分数进行总和运算，以产生总的分量表和总焦虑分数。相应的分量表可以在每次会谈中完成，以跟踪症状的变化（Chorpita et al.，2005）。

▶ **广泛性焦虑障碍量表**（Generalised Anxiety Disorder Assessment，GAD-7）。它是一个包含 7 个条目的自我报告问卷，用来评估年龄为 16 岁及以上的青少年的广泛性焦虑水平（Spitzer et al.，2006）。治疗师需要对过去一周内每个症状的严重程度以李克特四级量表进行评分，并将各项分数相加以计算总分。

▶ **情绪与感受问卷**（Mood and Feelings Questionnaire，MFQ）。它是一个包含 33 个条目的自我报告问卷，有 2 个版本分别适合 6～17 岁的儿童或青少年及其父母填写。每个条目都可以用"符合"（2 分）、"有时符合"（1 分）或"不符合"（0 分）进行评分，所有条目分数相加后即得出总分（Wood et al.，1995）。

▶ **患者健康问卷**（Patient Health Questionnaire，PHQ-9）。PHQ-9 包含 9 个条目，适用于 13 岁及以上的青少年（Kroenke et al.，2001）。它评估了《精神障碍诊断和统计手册》（第四版）（DSM-IV）中的九条抑郁障碍的症状标准，评分范围从 0（完全没有）到 3（几乎每天都有），目前该量表已被广泛使用。

▶ **优势与困难问卷**（Strengths and Difficulties Questionnaire，SDQ）。这是一种被广泛使用的行为筛查问卷，由 25 个条目组成，主要用于评估情绪症状、行为问题、多动及 / 或注意缺陷问题、同伴关系问题及亲社会行为。可供选择的版本有供青少年（11～17 岁）使用的自我报告版本及由 3～17 岁儿童和青少年的父母或教师使用的版本（Goodman，1997）。

▶ **儿童事件影响量表（修订版）**（Child Revised Impact of Events Scale，

CRITICAL: 这个简要的量表被广泛用于筛查 8 岁及以上儿童的创伤后应激障碍（Perrin et al., 2005）。8 个条目的版本用来评估与创伤相关的反复闯入性体验和回避症状。13 个条目的版本中另包含一个亚细分量表，用来评估与创伤相关的唤醒反应。每个项目根据李克特四级量表进行评分，评分范围从 0（完全没有）到 5（经常有）。

　　ROMs 的定期使用有助于展现个人随着时间的推移发生的变化，并确保评估儿童和青少年对进展的看法得到考虑。

协商制定目标及评估进展的日期

　　个体化的、基于目标的量表（TGFB，p.91）可以补充标准化的 ROMs，并为形成治疗决策提供有用的信息。量表所基于的目标是儿童和青少年想要实现的个人目标。治疗师会在每次会谈中使用 1 ～ 10 或 1 ～ 100 的评分标准来评估目标的进展情况。基于目标的结果的使用确保了干预的焦点能够始终放在儿童和青少年想要实现的目标上，治疗师可以据此制定治疗议程（Weisz et al., 2011）。此外，每次会谈中的评估也能提供关于儿童和青少年最新的信息，以判断何时需要调整干预技术及何时完成干预。

　　对儿童和青少年来说，个体化的量表或许会更合适（Bromley & Westwood, 2013；Edbrooke-Childs et al., 2015）。它们为年轻人提供了思考未来和确定自己想要实现的目标的机会。它们可以衡量诸如问题解决、问题对日常生活的影响，或者个人成长等一些不能通过标准症状聚焦的量表来捕捉的领域。例如，一位青少年可能在症状测量（通过 ROMs 测量）方面表现出类似的水平，但通过具体化的测量后，治疗师会发现他实际上还是可以很好地应对和参与日常生活和活动的。

因此，治疗师应该与儿童或青少年协商达成一组目标，并定期回顾目标实现的进展情况。要注意，在设定目标时，治疗师与儿童或青少年应避免设定像"感到不那么难过"或"不那么担心"这样模糊的、使用否定措辞的宽泛目标。这些目标难以被衡量，也难以被预测何时可以实现，并且不能积极地描述儿童或青少年需要做什么。要想设定合适的目标，我建议遵循 SMART 原则：

- ▶ 具体的——目标必须明确而积极地描述患者需要采取的行动；
- ▶ 可衡量的——目标要确保进展易于评估；
- ▶ 可实现的——目标符合实际且可实现；
- ▶ 相关的——目标对患者来说很重要且有激励性；
- ▶ 有时限的——目标可以在合理的时间范围内实现。

过于宏伟的目标可能很难实现，而且会降低儿童和青少年的积极性，并强化与失败和低自我效能感相关的不良信念。因此，过大的目标应当被拆分为一系列小步骤，这样可以增加成功的可能性，增强信心，提升自我效能感，从而创造积极的动力感。

目标的确定

儿童和青少年可能会发现确定目标并不是一件容易的事。他们的思维可能会聚焦在问题上，因此无法想象没有这些问题时他们的生活会有何不同。在这种情况下，治疗师可以尝试使用奇迹问题（Miracle Question；TGFB，p.90），它源于由史蒂夫·德·沙泽尔（Steve de Shazer）开创的焦点解决治疗。

奇迹问题是未来导向的，这样可以帮助儿童和青少年改变思考的方式。通过未来导向的问题，儿童和青少年的注意力可以从过去和当前的问题转向一个没有问题的未来。在奇迹问题中，他们会被邀请想象，如果在一夜之间发生了一个奇迹，这个奇迹会是什么。

▶ "想象一下，就在你睡觉的时候，发生了一个奇迹。第二天早上，你突然
发现你所有的问题都消失了。"

接下来，奇迹问题后面会跟随一系列提示，帮助儿童和青少年专注于不同
之处。

▶ "你会有什么感觉？例如，你注意到你那时会变得更冷静，更快乐或更放
松吗？"

▶ "你那时会做些什么？你会做一些不同的事情吗？你会去一个新的地方或
采取不同的行动吗？"

▶ "你的想法会不同吗？例如，你会注意到自己的想法，但不去参与其中
吗？或者你会对自己的想法更友善吗？"

如果儿童和青少年仍然难以确定会有哪些不同，治疗师可以鼓励他们从第三
方的视角来看待。

▶ "其他人，例如你的妈妈或你最好的朋友，怎样才能知道你的问题解决
了？他们会注意到什么？"

目标的优先顺序

儿童和青少年可能会确定几个明确的可操作的目标（SMART 目标），之后治
疗师需要对这些目标按照优先程度排序。儿童和青少年与其同时尝试完成太多目
标，不如集中精力优先关注最重要的三个目标（TGFB，p.91）。这些应该是对儿
童和青少年来说最重要的目标（Weisz et al.，2011），可以通过让儿童和青少年考

虑每个目标对他们生活的影响来确定。

> ▶ "你已经确定了一些想要实现的目标。如果我们只能选择专注于其中一个目标，你觉得哪一个可能会给你的生活带来最大的影响？"

最重要的目标可能是最难实现的。最初，为了确保成功的可能性并激励儿童或青少年，治疗师最好选择一个可以快速实现的、要求不高的目标。这可以让儿童或青少年感到有能力和自信，并证明他们是可以成功的。

谁的目标

儿童或青少年、他们的父母或照料者，以及教师等其他成年人，难免会对干预的关注点有不同的目标和期望。虽然他们通常可以达成共识，但有时也会存在优先级和实现方式上的差异。

> ▶ 一个未曾上过学的青少年可能会将"结交一个新朋友"的目标放在首位。因为与一个朋友一起走路上学可能有助于减轻焦虑，从而使自己更容易适应学校生活。
> ▶ 这个青少年的父母可能会优先考虑"全日制学校"，认为让青少年尽快入学以确保其不会在学业上落后是最重要的。
> ▶ 这个青少年的老师可能会优先关注特定学科，如"赶上数学课的进度"，认为这是当前急需关注的重要学科。

在这个例子中，所有人都共享了一个总体目标（如定期上学），但每个人对如何实现此目标有不同的想法。

> ▶ 青少年想通过建立友谊来支持自己上学。
> ▶ 父母希望青少年尽快进入全日制学校。

▶ 教师希望通过赶上一门课程的进度来减轻学生的学业压力。

讨论每个选项，并强调如何成功地实现共同目标，可以让所有人放心。不同的目标都需要得到关注并被记下来，以便在以后的会谈中进行回顾。但是，为了最大限度地提高儿童和青少年的参与度并确保他们的热情和动力，首先选择一项他们的目标来实现通常是有帮助的。家长和教师的目标也并不会被忽视或丢弃，只是被暂时"搁置"。一旦儿童和青少年成功完成了他们的目标，被"搁置"的目标就会被重新回顾、讨论，下一个目标就会通过协商被选定。

不恰当的目标

有时，儿童和青少年的目标可能是不恰当或不切实际的。
例如：

▶ 一个有进食障碍（eating disorder）的青少年可能想优先考虑保持目前危险的低体重。

▶ 一个遭到霸凌的儿童可能会以强健身体作为目标，以便反过来攻击霸凌者。

▶ 一个沮丧的青少年可能会选择"每天都感到快乐"作为目标。

治疗师需要倾听儿童和青少年的这些目标，但也要明确告知这样的目标是不恰当或不现实的。治疗师需要看到青少年在改变饮食行为上存在的困难，同时明确表示没有变化不是选项之一。治疗师需要听到儿童遭受霸凌的沮丧之声，同时强调报复霸凌者的潜在危险并探索其他目标。同样，每天都感到快乐不太可能，因此治疗师需要鼓励青少年设定一个更现实的目标。

使用日记、打钩表、思维泡泡和评定量表，以识别和评估症状、情绪、思维和行为

作为评估的一部分，日记可以被用于收集许多出于不同目的的数据。它们可以捕捉信息，以澄清常见的情绪和身体症状（TGFB，p.151，p.152）、思维方式（TGFG，p.87，p.88；TGFB，p.108；p.109，p.110）、特定的反应模式、优势（TGFB，p.52）、积极事件（TGFG，p.143；TGFB，p.53）或友善行为（TGFG，p.48；TGFB，p.67）。在任何情况下，治疗师都需要向儿童或青少年明确解释日记的目的，确定要收集的具体信息，并就日记的篇幅或监测的事件数量达成一致。有效的实践表明，日记不应过于烦琐以至于无法完成，而应捕捉最必要的信息即可。这个过程也是协作式的，治疗师需与儿童或青少年就日记内容、方法、记录时间进行讨论、协商并达成一致。就记录方法而言，一些儿童或青少年偏好写纸质日记，另一些儿童或青少年可能偏好使用电子日记或在手机上记录。记录周期将取决于目标行为的频率，但也将由儿童或青少年可以真实控制的因素决定。

案例研究：萨拉的眩晕

萨拉（16 岁）经常感到一阵眩晕，但之前她从没考虑过这些症状的模式或诱发因素。她对这些难以解释的眩晕感到担忧，并同意找出更多信息会有所帮助。萨拉想到她一周至少有两次这样的发作，并同意进行为期一周的日记记录。她同意记录下眩晕发生的时间和地点，以查看是否有任何触发眩晕的共同事件（见表 3-1）。她也同意记下感到眩晕时的想法和行为。

在回顾萨拉的日记时，我们看到日记中记录了三次事件。这些发作的日期和时间各异，尽管它们是由不同的事件触发的，却有一个共同的主题。它们都发生在萨拉身处于人群中的时候。萨拉回忆起当她感到眩晕时，她会有

无法应对并需要离开当下环境的想法。这本简单的日记帮助萨拉发现了其中的规律，也让她意识到了这些症状的发生并不像她最初认为的那样随机。

表 3-1 萨拉的日记

日期 / 时间	什么情境	什么感觉	什么想法	什么行为
周一早上	学校大会	头晕、紧张	我不能呼吸了，我需要赶紧离开这里	离开人群前往医务室
周六下午	与朋友在市中心	颤抖、头晕、燥热	周围有好多人，我需要回家，我应付不了	打电话给妈妈，然后她把我接走了
周二下午	舞蹈课	出汗、头晕	我感觉不太好，我一会儿必须先离开这里赶紧回家	告诉指导员我感觉不太舒服，然后给妈妈打了电话

打钩表

打钩表是用来记录特定行为、情绪或想法的出现频率的一种简单便捷的方法。一旦确定了记录目标，儿童、青少年或其父母只需要在每次事件发生时打钩或做个记号即可。打钩表的记录要求很少（打个钩），因此，打钩表提供了一种方便、快速的方法来量化高频率的行为。

▶ 丹经常会有侵入性的想法，担心会伤害某人，因此他在手机上用打钩表记录这些想法发生的频率。

▶ 休患有广泛性焦虑障碍，经常需要从其父母那里获得安抚。休的父母使用打钩表来量化休向他们寻求安抚的频率，并将其作为监测休的寻求安抚行为是否在发生改变的方法。

▶ 阿布迪尔不太善于察觉善良行为的出现，因此每当他注意到某人做出善良的行为，他就会在手机上用打钩表记录下来，并借此方法更好地关注和珍惜这些善良的行为。

思维泡泡

评估工作需初步了解儿童和青少年是否能够了解和表达自己的思想，以及这些思想的类型和内容是否会对他们造成困扰。直接询问他们的想法，如"你当时在想什么"或"当时你的脑海中快速闪过了什么想法"有时会有所帮助。如果儿童和青少年愿意参与这样的对话，直接交谈将会是一种识别他们的常见想法和思维陷阱的有效方式。

有时，像这样的直接尝试可能得到的回应是对方的耸肩，或者短短几个字，诸如"不知道"或"没什么"。当这种情况发生时，治疗师应该考虑采用其他可替代的、非言语的评估认知的方式。漫画和思维泡泡就是有效的非言语替代方式。3 岁大的儿童在经过一些初步培训后就能理解思维泡泡代表的是一个人的想法（Wellman et al.，1996）。同样，有研究表明，7 岁以下的儿童能够区分想法、感受和行为，并能意识到想法是主观的，两个人可以对同一件事有不同的想法（Quakley et al.，2004；Wellman et al.，1996）。在自我意识方面，弗拉维尔等人（Flavell et al.，2001）认为，6 岁大的孩子就可以认识到自己的内部语言。因此，使用自我对话的概念，以及采用积极的自我对话方式（很多干预中的关键部分），对于年幼的儿童来说既易于理解，也很熟悉。

因此，在评估过程中，治疗师可以尝试使用涉及漫画人物和思维泡泡的工作表。例如，治疗师可以要求儿童或青少年通过填写某个角色或漫画人物的思维泡泡（TGFG，p.94）来表达想法。就思维泡泡的使用而言，治疗师可以邀请他们在工作表上用绘制或书写的方式表达关于自己（TGFG，p.91）、未来（TGFG，p.92）及行为表现（TGFG，p.93）方面经常出现的想法，也可以让他们表达在问题情境中的想法。

> ▶ "当你不得不与一个新认识的人交谈时，你会在思维泡泡里放什么呢？可以尝试将它写下来或画出来。"
>
> ▶ "当你的朋友忘记邀请你一起出去玩时，你会在思维泡泡里补充什么呢？"
>
> ▶ "当父亲责备你时，你会在思维泡泡里写下什么呢？"

视觉化

视觉化是评估儿童和青少年是否能够识别感受和认知的另一种方法。例如，治疗师可以利用一个重要的或备受关注的体育赛事为儿童和青少年提供想象的素材，从而辅助其对感受和认知的识别。

> ▶ 如果儿童或青少年对足球感兴趣，治疗师可以引导他想象一个自己最喜欢的足球运动员在点球时的画面。他们可以想象足球运动员站在球门前面，面对着守门员。球在点球点上，而足球运动员则看向球门。接着，治疗师可以邀请儿童或青少年描述当足球运动员奔向球并踢球之前可能会感受到或思考的事情。画面可以继续下去，治疗师可以进一步要求儿童或青少年思考在进球或失球后，足球运动员可能会有何种想法和情绪。

故事

围绕儿童或青少年的问题创作故事也是一种评估方法。共同创作故事提供了一个可以直接针对他们的潜在想法、感受或行为进行提问的机会。例如，扎拉是一个经常在学校被欺负的孩子，她很不快乐，治疗师可以尝试邀请她讲述一个很害怕上学的小熊的故事。

> 治疗师：你能给我讲一个关于一只刚进入新学校上学的小熊的故事吗？
>
> 扎　拉：可以。
>
> 治疗师：你准备怎么称呼这只小熊呢？
>
> 扎　拉：布。
>
> 治疗师：那布住在哪里？它长什么样呢？
>
> 扎　拉：布和她的妈妈、哥哥一起住在一棵小树下的洞穴里。布不太擅长运动和游戏，也不太和其他熊说话。
>
> 治疗师：那么布有没有朋友呢？
>
> 扎　拉：没有，它是新到这儿的，所以还没交到什么朋友。
>
> 治疗师：布开始上学了吗？
>
> 扎　拉：是的，今天是它上学的第一天。
>
> 治疗师：哇哦，它的第一天，我十分好奇接下来会发生什么呢。
>
> 扎　拉：嗯……布的妈妈将送布去上学。它很害怕，然后会开始哭，不让它的妈妈离开。
>
> 治疗师：我很好奇布在害怕什么。
>
> 扎　拉：我说过的。它不认识学校里的任何人，它不太擅长交朋友。
>
> 治疗师：那布觉得到学校后会发生什么呢？
>
> 扎　拉：哦，无非就是那些事儿。
>
> 治疗师：那些事儿？
>
> 扎　拉：对，其他小熊想知道它从哪里来，为什么它没有爸爸，然后会因为它说话声音很小而嘲笑它。

这个故事凸显出扎拉过去的经历和烦恼。扎拉的父亲是一个吸毒成瘾者，经常闯入附近邻居的房子，并且时常恐吓她的妈妈以资助他的毒瘾。为了躲避父亲，她们需要不停地搬家，因此扎拉也不得不去适应不同的学校。每一次她都会被其他孩子问到关于她的家庭和父亲的事，对于这些问题，扎拉感觉很难回答。她变得越来越不愿意上学，每天早上离开家去学校时，她都会感到不安。

评定量表

量化是 CBT 的一个核心特点。评估中使用评定量表（rating scale）可以让儿童和青少年对自己的行为、情绪强度或信念等各个方面进行评分。

量化是评估中的重要组成部分，原因如下：

▶ 提供了一种客观的方式来评估认知和情绪的内在过程；

▶ 通过突出两个锚点之间的渐变，挑战了青春期常见的二分法思维；

▶ 突出了在单次会谈中的变化（如在暴露干预过程中）；

▶ 演示了特定技术（如放松技术）的潜在治疗效果；

▶ 突显了长期进展。

许多情绪，如悲伤、愤怒或焦虑，都是 CBT 干预的重点，也都属于正常的情绪。问题在于这些情绪往往已经变得非常强烈或严重，以至于对儿童和青少年参与日常生活的能力产生了不利影响。CBT 的目标并不是完全消除这些情绪，而是降低它们的强度以最小化它们对儿童和青少年的负面影响。无益的认知仍然会继续出现。认知挑战和重构可能会减少这些无益认知的出现频率，但它们仍然会出现。然而，对于正念干预，这个目标则会变为减轻这些无益认知所带来的痛苦，而不是减少这些想法出现的频率。

简单的评定量表提供了一种有益的方法来量化严重程度，并记录微小但重要的变化。量表可以是 1 ～ 10 分或 1 ～ 100 分的评分体系，并可以评估不同的维度，如频率、情绪强度或信念。

饼图

治疗师在评估的过程中也可以使用饼图。它可以在视觉上量化各种因素的具体贡献。

案例研究：西奥的强迫行为——洗手

西奥曾有许多强迫行为，频繁地洗手就是其中一项。他觉得需要洗手四次才能确定自己的手是干净的。图 3-1 的饼图是为西奥的洗手行为设计的，用以评估和量化每次洗手对手的干净程度有多大的贡献。

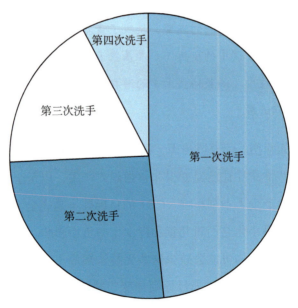

图 3-1　西奥的洗手行为

这个练习帮助西奥认识到第四次洗手对他感觉手更干净的影响并不大。这启发他进行了一个实验。在实验中，他限制了洗手的次数，阻止了自己的第四次洗手行为。

评估改变的动机与准备情况

为了参与积极的改变过程，儿童和青少年需要了解以下几点：

▶ 问题或困难确实存在；

▶ 这些问题是可以被改变的；

▶ 提供帮助的形式可以带来改变；

▶ 治疗师可以帮助儿童和青少年发展必要的技能以促进这种改变。

评估应考虑儿童和青少年改变的动机与准备情况。在这方面，一个有用的框架是"改变阶段模型"（Stages of Change model；Prochaska et al.，1992），该模型在毒品和酒精领域得到了广泛应用。该模型强调，准备改变是一个逐渐发展、随时间变化的过程，而不是一个简单的二元决定过程。因此，治疗师的行为应该反映儿童和青少年在变化周期内所处的位置，在最适当的水平上引导和调整治疗过程的重心。

该框架认为，个体从无意愿或缺乏动力开始，逐渐转变为考虑可能的目标，进而决定并做好准备实现一些小的改变。之后，随着这些新技能被融入日常生活并被保持，个体将进行更有决心和更具重要性的改变。随之而来的是不可避免的某种程度的倒退。在这个阶段，治疗师需要帮助个体重建信心，积极鼓励他们反思之前的经历并采用有益的策略。

了解儿童和青少年改变的准备情况及他们在循环中的阶段有助于确定干预的类型和重点。正如图 3-2 中所强调的，在最初的阶段，焦点是使用动机式访谈技术来巩固并增加儿童和青少年对改变的承诺。只有在儿童和青少年确定了他们想要实现的变化后，治疗师才能开始积极的认知行为治疗过程。

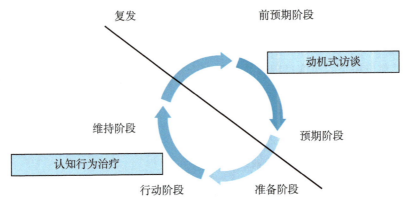

图 3-2　行为的改变阶段模型与主要的治疗焦点

前预期阶段

　　这是许多儿童和青少年第一次与治疗师接触的阶段。在通常情况下，他们之所以会前往就诊，是因为受到他人的压力，并没有真正意识到自己存在的问题。他们通常不会考虑到自己需要改变，甚至不认为这是可能的。

　　儿童和青少年可能会表现出愤怒或否认自己有问题。他们可能看起来毫不关心，"我不需要来这儿"，或者对当前的情况感到无奈，"我总是有这样的感觉"。另外，他们可能会感到没有动力，觉得自己无法控制所发生的事情，"对此我无能为力"。这些都表明他们没有意识到问题的存在，没有关于改变的意图，或者不相信当前的情况可以有所不同。

　　在这种情况下，治疗师的任务是引导儿童和青少年表达他们对潜在目标和改变的可能性的看法。这可能需要仔细评估儿童和青少年的知识水平，以确定他们表现出的消极被动是否由缺乏信息所致。将儿童和青少年的困境放在更广泛的背景下，并突出情况可能将变得不同，会为他们提供新的信息，帮助他们考虑可能的目标和改变的需要。

> ▶ 许多儿童和青少年会在书面作业方面遇到困难，但有时使用计算机可以帮助他们把想法记录下来。

> ▶ 许多儿童和青少年会经常担心父母，但治疗师可以帮助他们控制这些担忧，这样他们就可以去做一些事情，如在朋友家过夜。

> ▶ 某位青少年认为他的老师在针对他，但他也提到自己是班里唯一被老师挑剔的人。治疗师询问他是否做了什么事让他比其他人更被老师关注。

通过提供新信息以识别儿童和青少年在知识上可能的欠缺，治疗师或许能帮助他们重新考虑改变的必要性和可能性。在前预期阶段，治疗师提出的问题应该旨在发现儿童和青少年当前所处的位置与他们未来所期望的位置之间的差距，并澄清他们的观点。

以下是一些提问示例：

> ▶ "你希望你的家或学校发生一些改变吗？如果答案是肯定的，那么你希望是什么样的改变呢？"

> ▶ "你当下最大的困扰是什么？"

> ▶ "它是在什么时候成为你的一个苦恼或难题的？"

> ▶ "在什么情况下，你会希望事情发生改变并有所不同？"

一些儿童和青少年很难考虑未来的变化，他们更注重当下而非未来。他们可能难以想象不同的未来或参与任何干预活动所带来的潜在好处，因为这需要时间来验证（Piacentini & Bergman，2001）。

如果儿童和青少年始终无法确认任何潜在的目标，那么治疗师就应接受这一情况。治疗师要对改变的可能性保持乐观，但也要承认现在或许还不是进行积极改变的合适时机。

预期阶段

在这个阶段，儿童和青少年已经开始确定哪些领域是他们想改变的了，但可能对能否实现这些变化感到不确定。他们可能存在矛盾的情绪，并经常在提出积极的想法后列举许多障碍和原因，解释为什么改变无法实现。

- ▶ "我认为那会很好……但是……那需要太多时间。"
- ▶ "如果有转变会很好……但是……我懒得去做。"
- ▶ "这样会少一些麻烦……但是……这行不通。"

在决定进行任何行为实验之前，治疗师与儿童或青少年应该对改变的潜在益处和障碍进行全面探讨。深入分析这些问题可以突出和明确其中的不确定性，及时发现任何可能的矛盾，并为随后可能出现的问题做好充分的准备，从而提高实现改变的可能性。

以下是一些可能帮助儿童和青少年表达他们的矛盾情绪并确定潜在解决方案的问题。

- ▶ "什么会阻止你尝试呢？"
- ▶ "可能会出现哪些问题？"
- ▶ "有什么能帮助你尝试一下呢？"
- ▶ "过去你尝试过什么有用的方法吗？"

准备阶段

在这个阶段，儿童和青少年已经准备好做出一些小的改变。他们已经确定了潜在目标，克服了矛盾情绪，讨论了可能的障碍，并为行为实验做好了准备。然而，儿童和青少年可能依然不确信他们能成功，会集中精力讲述之前尝试过但失败的经历。

这个阶段的目标是继续建立儿童和青少年日益增加的动力和自信心，最大限度地提高成功的可能性。这需要借鉴儿童和青少年以往的成功经验，并将他们的关注点转移到一些曾在过去发挥过重要作用的有用的技能、想法和行为上。这种方法是积极的，在注重儿童和青少年的优势的同时，也强调了他们需要解决的潜在障碍。

行动阶段

在这个阶段，儿童和青少年已经准备好全面投入治疗，以实现重大的改变。他们现在已经做好积极参与 CBT 治疗，并在先前的成功经验的基础上不断进步的准备。

维持阶段

在维持阶段，治疗师可以鼓励儿童或青少年将学到的新技能应用到不同的场景中，并监测和反思自己的实践过程。这个过程的目的是鼓励儿童或青少年将这些技能整合到日常生活中，以维持积极的效果。此外，治疗师也会鼓励儿童或青少年思考并预测未来可能要面对的困难，并培养他们解决问题的技能，这样他们就可以制订计划并采取措施以应对潜在的复发情况。

复发阶段

儿童和青少年会在未来不可避免地遇到困难和挫折，面对旧的模式和困扰的再次出现，他们也许会质疑所学技能的实用性和有效性。在这种情况下，治疗师的目标就是维持儿童和青少年的信心，鼓励他们反思以前自己是如何处理类似情况的，并考虑哪些方法是可行的。同时，治疗师需要挑战任何关于挫败永久存在的信念，并强调虽然情况很困难，但儿童和青少年过去已经成功地做出了积极的改变，并且很可能会再次做到。此外，治疗师应鼓励儿童和青少年充满希望并保持乐观，关注那些已被证明有用的信息和技能。

改变阶段模型为治疗师提供了理解儿童和青少年准备改变的方式，并且这种理解在治疗过程中扮演着关键角色。在准备阶段、行动阶段和维持阶段，儿童和青少年往往更容易感受到 CBT 的益处。在这些阶段，儿童和青少年通常已经确认了可能的目标，得到了充分的激励，并且有足够的动力来实现这些目标。然而，在复发阶段、前预期阶段和预期阶段，治疗的重点将主要集中在通过使用动机式访谈技术来提高儿童和青少年的动机上。

第 4 章

行为技术

能够促进治疗改变的多种行为技术的运用。

行为领域是认知行为疗法核心体系中的一个重要组成部分。它提供了一系列基于经典条件反射和操作性条件反射理论的技术，以促进和支持积极且有益的行为。其中，系统脱敏疗法（systematic desensitisation）可以帮助儿童和青少年面对并应对引起恐惧的事件和情境。它通过构建恐惧等级表，使儿童和青少年逐渐暴露于自己害怕的事件中。暴露（exposure）与反应阻止（response prevention）技术则可以帮助患有强迫症的儿童和青少年克服重复的强迫行为，使他们在面对引起恐惧情绪的情境时不再采取强迫习惯。另外，活动日程安排（activity scheduling）涉及在一天中增加一些改善情绪的活动，特别是在儿童和青少年情绪低落或感到焦虑时。行为激活（behavioural activation）技术则可以帮助儿童和青少年变得更加积极，并参与更具有奖励性的活动。奖励图表和应变计划（reward charts and contingency）可以帮助儿童和青少年关注那些需要发展、鼓励和庆祝的积极行为。同时，问题解决技能（problem-solving skill）有助于儿童和青少年克服困难和提高人际关系的有效性。

行为技术——制定等级、逐级暴露与反应阻止

制定等级

CBT 采用逐级暴露的方式，帮助儿童和青少年克服他们一直回避的情境或事件，逐渐提升他们面对和应对挑战的技能水平。为了增加成功的可能性，挑战和恐惧会被分解成小步骤。如果挑战的难度过高，失败的风险就会增加，消极的信念或不相信改变会实现的可能性也会增加。

为了应对挑战或战胜恐惧，治疗师需要将其分解为小步骤，并制定对应的清单，以帮助儿童或青少年逐步朝着应对挑战或战胜恐惧的目标前进（TGFB， p.195）。当儿童或青少年感到害怕时，治疗师可以鼓励他们识别所有因恐惧而避免的情境、地点或物品（TGFB，p.194）。

▶ 如果一个儿童或青少年在人群中感到焦虑，那么他可能会避免去市区、当地商店、电影院、学校集会，或者乘坐交通工具出行。

▶ 如果一个儿童或青少年担心细菌，那么他可能会避免使用公共卫生间、触摸门把手、使用公用计算机或饮用别人杯子里的水。

▶ 如果一个儿童或青少年很担心去陌生的地方，那么前往新的大学继续学习对他来说就是个挑战。

一旦识别出挑战或回避的事件、情境，治疗师就会鼓励儿童和青少年选择一个具体的目标，并为之努力。

▶ 如果儿童或青少年因人群而困扰，那么他的目标可能就是和朋友去喝咖啡。

▶ 如果儿童或青少年因细菌而困扰，那么他的目标可能就是去看电影并在需要时使用公共卫生间。

▶ 如果儿童或青少年因上大学而困扰，那么他的目标可能就是前往大学并进行选课。

接下来，治疗师会鼓励儿童或青少年制定一系列小步骤来帮助他们直面恐惧并实现目标。在制定这些步骤时，将每一个步骤写在一个便利贴上可能会很有帮助。之后，儿童或青少年会按照步骤将它们进行排列，搭建通往成功的计划阶梯，并在过程中随时添加新步骤。在阶梯的顶端，治疗师要鼓励儿童或青少年写下他们的目标，如"与朋友一起去喝咖啡""前往电影院"或"在大学选课"。随后，儿童或青少年要将这些步骤排成一个困难程度逐渐提高的序列，从最容易实现的步骤开始，一步步向难度更高的步骤攀升（TGFB，p.175）。为了让这个过程更容易实现，儿童或青少年可以根据每个步骤的难度或焦虑程度在 1 ～ 100 的等级范围内进行评分。

例如，实现"与朋友一起去喝咖啡"这个目标可能包括以下步骤。

目标：某个周一的早上与好友索菲去喝咖啡		
步骤	周一早上与姐姐一起喝咖啡	焦虑程度 90
步骤	周一早上与妈妈一起喝咖啡	焦虑程度 80
步骤	周六早上去咖啡厅买杯外带咖啡	焦虑程度 70
步骤	周一去咖啡厅买杯外带咖啡	焦虑程度 60
步骤	周一早上趁街上人少时走到咖啡厅	焦虑程度 30

实现"在电影院时使用公共卫生间"这个目标可能包括以下步骤。

目标：前往电影院并使用那里的卫生间		
步骤	在学校使用卫生间	焦虑程度 90
步骤	在商场使用卫生间	焦虑程度 75
步骤	在朋友家使用卫生间	焦虑程度 48
步骤	在阿姨家使用卫生间	焦虑程度 35
步骤	在爷爷奶奶家使用卫生间	焦虑程度 15

实现"在大学选课"这个目标可能包括以下步骤。

目标：见教务主管并选课		
步骤	前往学校，拿到地图并找到指定办公室	焦虑程度 90
步骤	前往学校并拿到申请表	焦虑程度 65
步骤	打电话与教务主管约见	焦虑程度 25
步骤	找到通往学校的大巴和时间表	焦虑程度 10

一个恐惧等级所包含的步骤的数量并不固定。所需的数量通常取决于儿童或青少年、他们的父母及每个步骤所对应的困难程度。为了维持儿童或青少年的动力和自我效能感，很重要的一点是每个步骤都应该让人感觉是可实现的。如果一

个步骤的任务量过大，治疗师则可以考虑添加一个中间步骤。

制定等级的过程对患有强迫症的儿童和青少年同样适用。在强迫症中，重复的行为或习惯能让儿童和青少年从不愉悦的感受中暂时脱离出来，如焦虑情绪就是由有关负性事件的强迫思维带来的。这些思维通常包含着灾难性的内容，儿童和青少年会认为自己对他人受伤或死亡负有责任，于是，他们通过养成习惯来预防这种情况的发生。治疗方法之一是暴露与反应阻止。这使得儿童和青少年可以直面自己的恐惧和强迫思维，而不再养成相关习惯。该过程涉及识别儿童和青少年的所有习惯，然后按困难程度将其排列在习惯阶梯上（TGFG，p.197），那些相对较难停止的习惯会被置于阶梯的顶端，而那些容易停止的习惯会被置于底端。

逐级暴露

一旦恐惧等级或习惯等级制定完成，接下来就是暴露。在这个阶段中，儿童或青少年会直面他们的恐惧（TGFB，p.196）。首先是选定恐惧等级或习惯阶梯上的第一步，并制订计划以确定儿童或青少年将何时面对他们的恐惧。对于强迫症，治疗师可以鼓励儿童或青少年关注他们的思维（暴露）而不采取他们的习惯性行为（反应阻止）。这种暴露为儿童或青少年提供了新的信息，即他们可以应对焦虑和担忧的想法，而不需要回避相关情况或养成习惯。一旦成功完成这一步，儿童或青少年就可以迈向下一步，直到他们完成全部的步骤，并重获新生。

在规划关于暴露的计划时，让儿童或青少年理解面对恐惧的原因非常重要。因此，治疗师应向儿童或青少年强调如下几点。

▶ 当提及强迫思维或强迫行为的形成机制时，强调他们是通过回避引起焦虑的事物或采取重复性行为来应对焦虑的。

▶ 虽然回避可能会带来短暂的宽慰，但它并不利于应对焦虑情绪。那些焦虑的感受最终还会回来。

▶ 他们需要尝试另一种方式，即直面他们的恐惧，这样他们才能重新掌控自己的生活。

▶ 他们在面对恐惧时将会感受到焦虑。然而，与其让焦虑的感受阻止自己做事，不如允许自己带着焦虑一起做事。

▶ 在这个过程中，儿童或青少年将会发现他们能够耐受不愉悦的感受，也会发现焦虑感逐渐减少。

治疗师可以使用以下陈述向儿童或青少年解释暴露计划。

▶ "因为你一直感到焦虑，所以你选择回避做那些会引起不愉悦感受的事。这些不愉悦的感受阻止了你去做想做的事。在短时间内，回避可能会让感觉更好，但你将没有机会发现你其实拥有应对这些感受的能力。所以我们将一起直面你的恐惧。或许你依然会感觉到焦虑，但你会发现，即使与焦虑相伴，你依然可以成功。"

儿童或青少年有时可能希望在感觉良好时灵活地面对自己的恐惧，但这可能意味着他们感到担忧。因此，解释暴露计划的原因并探索应对的方法可能会有所帮助。同样，这种做法也可能表示他们认为这一个步骤太过艰难，因此他们担心自己会失败。这时，治疗师应该重新审视这一步骤，如有需要，可以与儿童或青少年商定一个更小的步骤。最后，治疗师需要让儿童或青少年知道，在面对恐惧时感到焦虑是正常的。等到他们觉得自己已经完全放松下来再去面对恐惧可能是不太现实的。因此，儿童或青少年应该在指定的日期和时间暴露自己的恐惧，并且无论感觉如何都要勇敢面对，这有助于儿童或青少年逐渐学会把焦虑带在身边并成功克服恐惧。

在暴露过程中，等级评分可能是一种定量评估焦虑程度及其随时间变化的有效方法。儿童或青少年可以在面对恐惧之前、期间和之后用 1 ~ 10 或 1 ~ 100 的等级来评估他们的焦虑程度。这些评分对于暴露计划的进行非常重要，因为儿童或青少年要在情境中停留足够长的时间以使自己的焦虑得以缓解。以前，他们可能会在意识到自己的焦虑加剧时就放弃或回避情境。而暴露帮助他们发现，如果他们在情境中停留，那么他们的焦虑程度就会降低，因此暴露的时长对于这种变化的出现非常重要。

暴露结束后，治疗师应鼓励儿童和青少年反思自己的收获。他们可能会发现尽管感到焦虑，但焦虑感后来减轻了，或者发现他们实际上有能力应对这些情绪。这一成功需要得到认可和庆祝，并且需要治疗师与儿童或青少年商定下一步行动计划。

在儿童或青少年的焦虑感减轻之前，他们需要多次进行暴露训练。例如，一个有社交焦虑障碍的青少年可能需要多次练习说"你好"才会感到不那么焦虑。

反应阻止

反应阻止是一种治疗强迫症的技术。患有强迫症的儿童和青少年往往会通过重复的和强迫性的行为来预防坏事发生，这些行为也被称为"安全行为"，包括：

▶ 清洁，如洗手、洗杯子和盘子、换洗衣服；

▶ 检查，如确认门是否被锁上、电线插头是否被拔下、水龙头是否关闭；

▶ 计数，如将特定事情重复一定次数，按特定顺序整理物品等。

通常，这些方式会短暂地缓解焦虑，但效果并不持久。这些担忧思维会再次出现，重复性的行为会一次又一次地发生。所以，强迫症的治疗方式是面对恐惧（暴露）而不采取任何强迫行为（反应阻止）。

▶ 儿童或青少年可能会反复洗手，因为他们担心如果接触物品，就会被细菌污染。反应阻止可能涉及触摸马桶座圈，同时不洗手。

▶ 儿童或青少年可能会担心浴室水龙头开着，导致房子被淹，除非他们反复检查水龙头是否关闭。反应阻止可能包括洗手，但只关闭一次水龙头。

▶ 儿童或青少年可能会担心如果不按照特定顺序排列书本，会发生不好的事情。反应阻止可能包括打乱这个顺序，把书放回去，但不按照正确的顺序放。

和暴露一样，反应阻止会让儿童或青少年产生焦虑，因此治疗师需要向他们清晰地说明为什么这种方法对他们有益，并强调以下内容：

▶ "你会使用习惯来消减不安感，以及预防或避免不好的事情发生。这些习惯可能会让你在一小段时间内感觉好一些，但是你的那些担忧思维最终会再次出现，你不得不一次又一次地重复你的习惯。我们的目的是帮助你摆脱这些习惯，并帮助你了解当你注意到自己的担忧思维时，你并不需要采取这些习惯性的行为。"

案例研究：约翰关于细菌的担忧

约翰（13 岁）很担心他会将细菌传染给他所爱的家人，导致他们生病甚至死亡。这种情况始于他的祖母接受化疗时。医生告诉约翰，由于祖母的免疫系统和抵抗感染的能力变弱，因此他在探视祖母时必须保持清洁。于是，为了最小化可能导致感染的风险，约翰开始从事多种行为（如勤洗手、不接触门或门把手、更换衣服等）。后来，约翰决定不再沉迷于这些习惯。

◆ 约翰制定了一个习惯阶梯，将"触碰浴室的门把手后不洗手"作为第一步。

◆ 约翰计划好了如何面对阻止自己洗手时的焦虑。他进行了应对性的自我对话，重新定义了自己对细菌的看法。他告诉自己，"我的手并不

脏，我只是因为担心才想洗它们"；并且，他把"我以为我的手很脏"这种想法归因于他的强迫症。约翰将自己的想法外部化为"强迫症在指使他"，他计划不再听从这个欺负他的"家伙"（也就是他自己的想法），并开始练习正念（TGFB，p.78）。

◆ 之后，约翰在触碰了浴室的门把手后阻止了自己洗手。他测量了自己的焦虑水平，发现自己的焦虑水平并没有因没洗手而升高，相反，它逐渐降低了。

进行暴露时可能出现的问题

儿童和青少年的回避表现

暴露旨在帮助儿童和青少年面对他们的恐惧，从而引起他们的焦虑。这对儿童和青少年来说无疑是痛苦的，他们可能会变得犹豫或不愿意完成暴露任务。实际上，他们在继续自己的回避模式。

在这种情况下，治疗师需要采取坚定、鼓励和支持的方法。治疗师应该回顾暴露的理由，并强调回避的代价。这将令儿童和青少年意识到，要想实现目标并重获新生，他们必须改变目前的行为。治疗师应该强调儿童或青少年的优点和已经掌握的技能，并让他们关注过去的成就，以帮助他们完成当前的任务。

如果治疗师无法解决儿童或青少年的犹豫不决，那么他们可能需要放弃原定的任务。不过，与其完全回避任何暴露，不如商定一项替代的暴露任务。

▶ "重要的是勇敢面对你的恐惧，并向你自己证明你能应对这份焦虑。也许这个任务在当前看来很难完成，那么你觉得什么样的任务是你今天能够完成的？"

治疗师的回避表现

对治疗师来说，暴露并不容易，因为它需要治疗师鼓励儿童或青少年去做一些让他们感觉并不舒服的事情。因此，治疗师需要保持积极的态度，展现出令人放心的面貌，并有信心忍受儿童或青少年的痛苦。因为不确定感可能会使治疗师被无意识地卷入儿童或青少年焦虑的漩涡，在不经意间与他们一同回避暴露。这种情况可能发生在因想象暴露（imaginal exposure）被反复练习而导致现实暴露（real-life exposure）被回避时。尽管想象暴露很有帮助，但这个过程更多是强调可预期的担忧或信念，而现实暴露所提供的场景是真实生活，它有利于儿童或青少年从实际情况中学习。要想应对这个问题，治疗师必须始终关注恐惧等级和向更高难度的现实暴露迈进的必要性。

治疗师可能存在回避问题的第二个迹象是拖延，即讨论了暴露任务，但从未实施过。对于儿童或青少年的任何犹豫不决，治疗师可能都会认为这是他们还没有准备好进行暴露的证据，而不是他们在进行暴露时自然会产生的焦虑。当这种情况发生时，治疗师与督导师探讨这种担忧并制订相应的计划，可能会有所帮助。

焦虑感没有减轻

当治疗师实施暴露任务时，很重要的一点是儿童和青少年需要从中了解他们的焦虑感最终会减轻，并意识到他们是有能力应对焦虑的。如果焦虑没有得到缓解，那么儿童和青少年关于"焦虑是令人无法忍受的""我无法应对焦虑"的信念就会被强化。因此，暴露任务的持续时间必须足够长，才能降低儿童和青少年的焦虑水平。如果在一次会谈中开展暴露任务，那么治疗师可能需要额外的时间来确保焦虑感有所减轻，之后方能结束会谈。治疗师可以在过程中使用评定量表来监测效果，直到焦虑水平降低后再结束暴露。

儿童和青少年是否将注意力集中在他们的焦虑上

一些技巧如分散注意力（distraction）或心智游戏（mind game）可以帮助儿童和青少年暂时缓解焦虑、应对预期焦虑，使他们能够面对恐惧的情境。

▶ 例如，如果一个儿童或青少年对上学感到担忧，家长可以鼓励他在上学的路上完成一系列计数游戏，如"找三辆红色的汽车""找一辆带购物篮的自行车""找一只棕色的狗""找一个邮筒"，以分散他的注意力，直到他成功抵达学校。

然而，在暴露过程中，儿童和青少年的注意力应该避免被分散。儿童和青少年需要完全体验并忍耐自己的焦虑，而不是分散自己对这些感受和想法的注意力。相反，治疗师可以鼓励儿童或青少年积极地应对焦虑，或者使用有效应对焦虑的自我对话。

父母或照料者是否适当地参与进来

在进行暴露任务时，治疗师需要考虑谁应该参与并可以支持儿童和青少年。例如，父母或照料者可能会无意识地与孩子一起回避，或者无法忍受孩子在面对恐惧时产生的痛苦。在这种情况下，治疗师需要确保父母或照料者充分理解暴露的原理，只有这样，他们才能帮助儿童或青少年回归生活。父母或照料者应认识到孩子在面对恐惧时必然会感到痛苦，这是他们在习得应对技能过程中的正常反应。

此外，治疗师与父母或照料者公开讨论谁最适合支持儿童或青少年也是有帮助的。如果父母一方意识到自己很难应对孩子的痛苦，那么治疗师可以再与其探讨是否还有其他有能力应对的人选，如父母的另一方、舅舅或祖父母。

行为技术——活动日程安排和行为激活

活动日程安排

这项简单的技术是指当儿童和青少年感到情绪低落或紧张时，在日程安排中加入一些改善情绪的活动。其原理是通过做一些能引起相反的情绪反应（如愉悦感或放松感）的活动，来抵消不愉悦的感受。

该过程始于情绪监测，以识别有问题的时刻。儿童和青少年可以通过写日记的方式记录具体事件、感受和情绪的强度（TGFB，p.204）。他们可能更喜欢每隔一小时记录一次，持续几天，或者在较长的时间内不那么频繁地记录。记录的目的是识别与强烈的不愉悦感受相关的时间或事件。一旦它们被识别出来，儿童和青少年就会被鼓励探索是否可以在这些时间内改变自己当时所做的事情，以帮助自己感觉更好。

案例研究：艾莉森的低落情绪

艾莉森（17 岁）一直感到情绪低落，并同意记录一周的日记，以查看这些情绪中是否存在任何模式（见表 4-1）。她并不认为她能做到每隔 1 小时监

控自己的情绪，但同意将一天分成 6 个时间段，并评估每个时间段的情绪低落的强度。之后，艾莉森发现自己难以坚持记录。随着一周的尾声到来，她记录的次数也越来越少，并说道："没有意义，情绪一直都那样。"

表 4-1　艾莉森的日记

单位：分

日期	醒来时	早晨时段	午饭时段	放学后	休息时段	上床时段
周一	10	8	9	9	7	9
周二	10	7		9		9
周三	10		7	10	7	10
周四	10		9	10	7	10
周五	10	8	8	8	8	
周六	9	7	7		8	
周日	9		7		8	
周一						9
周二	10			9		

日记印证了艾莉森的情绪低落，这些感觉很强烈，从未低于 7 分（1～10 分）。然而，日记也显示了一些轻微的变化。她的情绪在一天之内会有所波动，通常在早上醒来和放学后最强烈。这就引发了关于"是否可以在这些时间点做些不同的事情"的讨论。

◆ 艾莉森倾向于在早上醒来后立刻开始担忧当天可能发生的事，并将关注点放在所有可能出错的事上。治疗师使用活动日程安排技术，引导她在醒来后开展一个不同于以往的活动，这样她就不用听从脑中那些无益的想法了。艾莉森很喜欢音乐，所以她答应一醒来就打开收音机。这帮助她将注意力从那些担忧思维转移到一些更令人愉悦的事物上。

◆ 另一个让艾莉森感到很难受的时间段是放学后。这时她会回到空旷的房子里，开始反思当天发生的事及她的情况有多么糟糕。艾莉森喜欢跑步，但自从变得抑郁后，她就不再跑步了。我们讨论了她是否可以重新开始跑步，以及是否可以在放学后跑一小会儿，而不是呆坐在空无一人的房子里，倾听脑中那些无益的想法。

行为激活

行为激活是帮助儿童和青少年应对情绪低落和抑郁的有效方法的第一步。它基于一个观察结果，即当人们变得沮丧时，他们会做得更少，花更多时间独处并倾听自己的消极想法。他们更少参与曾经喜爱的事情，更少参加社交活动，也更少从事有目标性和成就感的活动。行为激活则能帮助他们变得忙碌起来，参与有益的活动。

很重要的一点是，治疗师需要向儿童或青少年解释行为激活的原理，帮助他们意识到，行为激活的初始目标不是让他们感觉更好，而是让他们变得更加积极。情绪上的变化通常晚一点才会出现。因此，儿童和青少年需要促使自己变得更加忙碌，并奖励自己的努力，不要因为情绪最初没得到什么改善而感到沮丧。

在向儿童或青少年解释清楚原理后，治疗师就可以帮助他们确定做些什么来增加乐趣。这可能包括识别让他们感觉良好的活动、曾经喜欢但后来停止的活动、虽然喜欢但很少做的活动，或者想要尝试的活动（TGFB，p.205）。

对儿童和青少年来说，这个看似简单的任务往往是具有挑战性的，因此引导他们参加不同的活动是很有帮助的。这些活动可以分为以下四类。

▶ **社交活动**。这些活动是与他人一起进行的，如和姐姐一起购物、和家人一起吃饭，或者和朋友一起做作业。

▶ **身体活动**。这些活动包括不同形式的体力活动，如跑步、参加舞蹈班或骑行。

▶ **娱乐活动**。这些活动能带来独处的快乐，如烘焙饼干、玩游戏、画画或听音乐。

▶ **成就活动**。这些活动能让个体有自豪感或成就感，如修理自行车、绘画、整理衣物或帮他人干家务。

拟定一份活动列表后，接下来就是在每周日程中加入 1 项或 2 项列表中的活动以体验更多的乐趣（TGFB，p.206）。在选择活动时，挑选那些重要的、有意义的、富有价值的活动会更有帮助。例如，一位青少年可能：

▶ 关注环境议题，所以每周清理回收物对他来说非常重要并具有激励性；

▶ 具有强烈的健康生活观，所以与强身健体相关的任务会与他的价值观联系更紧密，也更相符；

▶ 认为帮助和关心他人非常重要，所以在疗养院做志愿者对他来说会更有意义。

在选择活动时，重要的是不要过于雄心勃勃，要慢慢来。儿童和青少年可能已经有一段时间没有忙碌起来了，因此选择一些小任务可以最大限度地增加成功的可能性。治疗师也应鼓励他们尽快开始，因为拖延只会让开始变得更加困难。不要等到他们说感觉好些时才开始行动，因为忙碌起来最终会帮助他们逐步改善情绪，但是在开始前就让情绪先好起来是不太可能的。最后，治疗师需要鼓励他们，认可他们所取得的成就并祝贺他们。回顾他们参与的活动不仅可以激励他们，也是一种客观地识别他们所取得的进步的方式。

行为激活阶段常出现的问题

"我不想做这件事"

关于行为激活最常见的问题是动力问题。通常，当儿童和青少年情绪低落时，他们可能会表示"我不想做这件事"或"等我感觉好点后再做"。这种缺乏动力的现象正是他们问题的一部分，也是他们感到情绪低落的核心原因。当他们的活动量较少时，他们会花更多的时间倾听自己脑中那些批判性的、无用的想法，这会使他们的情况变得更糟糕。

治疗师在给予儿童或青少年激励和鼓励的同时，也要认可他们的感受。但是，治疗师也需要与他们探讨这种怠惰的状态会导致的结果，并强调他们需要克服这个问题。治疗师应鼓励儿童或青少年不要将感受作为进行行为激活的标准。事实上，要想感觉更好，他们需要变得更活跃，无论自己的感觉如何，他们都要努力向前。这时，治疗师可以使用结构化的工作表（TGFB，p.206）规划一些能让儿童或青少年产生兴趣的活动，帮助他们做好每日的活动日程安排。

"我完成了任务，但感觉并没有好转"

治疗师需要向儿童或青少年清楚地指出，行为激活的初始目标是帮助他们变得更加积极，而不是感觉更好。因此，它涉及克服缺乏动力的障碍，并且无论他们心情如何都要完成任务。在这之后，他们的心情才会逐步得到改善。

承担任务这一举动会传递出重要的信息。它挑战了儿童和青少年的无望感，并提升了他们的自我力量感，使他们感觉自己能够采取行动来帮助自己。同时，它也挑战了儿童和青少年关于无助感的信念，即他们可以通过做一些事情让自己感觉更好。

"我曾做到过，但那又怎样呢"

当人们情绪低落时，常出现的情况是，他们要么忽视自己已经取得的成就，要么认为这些成就不值一提。儿童和青少年常常因为与过去的自己进行比较，而无法认可自己所取得的成就。他们可能会说"我只读了一页书，但我曾经可以在一周内读完一本书"或"我在院子里踢了一会儿足球，但这没什么大不了的，我以前一直为足球队比赛"。当这些情况出现时，治疗师应鼓励儿童或青少年专注于现在，而不是与过去的自己作比较。

▶ 他们也许曾经可以在一周内读完一本书，但在过去的半年里，他们甚至连书都没看过。

▶ 他们也许曾经为当地的足球队比赛过，但在过去的一年里，他们甚至没有出门踢过一次足球。

"这些活动对我而言不重要"

行为激活的目的是增加儿童和青少年参与令人愉悦且有益的活动的数量。因此，重要的是这些活动对他们而言应该是有意义、有价值的。儿童和青少年应该尽量避免那些被他们视为"应当做的"或其他人"期望他们做的"活动，因为这些活动不会成为儿童和青少年的动机或奖励，并将导致成就被视为不重要的。相反，治疗师需帮助儿童或青少年找到他们自己想要做的事情，这些事情最好符合他们的个人价值观，能够激发他们的内在动力。

提供使用行为策略的明确理由

向儿童或青少年及其父母清晰地解释哪些方法可以帮助他们解决问题是 CBT 的基本要素。这不仅加强了潜在的协作方法，还激发了儿童和青少年尝试新想法的积极性和自我力量感，推动他们逐渐成为自己的治疗师或人生指导者。

如前所述，一种特别需要明确理由的行为技术是暴露，其中儿童和青少年需要积极地面对恐惧。暴露是处理焦虑情绪的一个核心元素，与儿童和青少年处理恐惧或不愉悦情绪的习惯性回避完全相反。然而，就暴露的本质而言，它的过程可能会非常可怕。儿童和青少年会被要求停止避开让他们感到恐惧的事物并直面它们。因此，需要再三强调的是，这种行为技术的使用需要经双方协商达成一致，以使儿童和青少年放心，他们可以掌控所发生的事情。这种行为技术可以坚定且温和地挑战儿童和青少年的犹豫不决或拖延倾向。

最后，保持开放和诚实是非常重要的。当儿童和青少年面对恐惧时，他们一定会感到焦虑，这是正常的。但治疗师需要让他们知道，他们将借此培养新的认知和情绪技能，这些技能在往后的时间里可以被他们用来容忍焦虑情绪。

奖励和权变计划的确认和实施

对遭遇心理困扰的儿童和青少年而言，忽视或忽略自己的成就是很常见的现象。他们通常只关注自己的失败和自认为的不足，对于自己的成功和努力，他们并不会给予认可。这种忽略努力的做法会降低动力，因为一些虽然看起来微不足道但实际上很重要的改变和成就被忽略或无视了。

权变管理的基本原理是"行为是由行为之后的结果塑造的"。积极的结果会增加某一行为出现的可能性，消极的结果则会降低它出现的可能性。

▶ 一个焦虑的孩子可能会花费大量的时间与他们的父母谈论他们的担忧和他们无法做到的事情。来自父母的时间和关注可能会强化这种关于焦虑的谈话，而不是帮助孩子应对焦虑。

▶ 父母可能会决定对孩子的勇敢进行强化。他们可能会将时间和注意力多放在孩子的应对行为上，并称赞孩子勇敢。这时，孩子关于如何应对焦虑的谈话被强化了，而关于焦虑的抱怨则被无视或消除了。

奖励图是用来强化需要鼓励的行为和如何强化这些行为的有用方法。在选择奖励时，治疗师需要考虑到儿童或青少年的发展水平。年幼的儿童可能喜欢有形或具体的奖励，如贴纸、证书或小礼物，而青少年可能更喜欢内在奖励，如对自己说"做得好"。让父母参与进来也很重要，这样他们就可以一起为孩子庆祝，并奖励孩子为改变做出的努力。奖励可以有许多种形式，它不一定涉及金钱或特别的礼物，也可以包括很小的、很自然的奖励。

例如：

▶ 自我赞美和积极的自我陈述；

▶ 来自他人的赞扬，包括积极的点评、关注或拥抱；

▶ 一些额外的时间，让他们做自己喜欢的事情，如晚点睡觉或多玩半小时的游戏；

▶ 特殊待遇，例如，奖励他们看一集最喜欢的电视剧，为他们烘焙一个蛋糕，让他们决定下午茶时间吃什么；

▶ 犒劳自己的小活动，例如，点个香薰好好泡个澡，给自己涂指甲油，或者为自己做一杯热巧克力。

▶ 社交活动，例如，和爸爸一起去骑行，和喜爱的阿姨去逛街，和妈妈一起玩游戏，或者和朋友出去溜达。

对于年幼的儿童，结构化的方式有助于清楚地标明哪些目标行为会得到奖励及得到什么奖励。父母可以将目标行为和奖励内容放在同一张图中，让孩子随时可以看到，激励他们做出不同的行为。

下面列出了关于构建一张奖励图需要包含的步骤。

▶ 明确目标行为

第一步是明确目标行为，这一目标行为应该是具体而积极的。父母在为孩子明确目标时，应避免那些模棱两可的目标，如"好好表现"，或是那些不能强调被鼓励的行为的消极定义的目标，如"不再和弟弟打架"。相反，目标的设定要精确化，如"用餐时在座位上坐好"，并进行正面表述，如"和弟弟分享你的玩具"。

▶ 选定奖励

父母要选定奖励内容，这样孩子就清楚地知道他们在朝着什么方向努力。如前所述，奖励不一定是有形的。重要的是，奖励对孩子来说是有激励性的、有意义的。不过，无论父母最终能否提供有形的奖励，表扬对孩子来说都是很重要的。

▶ 决定目标需要被实现的次数

如果使用有形的奖励，父母就需要确定奖励的获得时间是现实的。如果间隔时间过长，孩子可能会觉得这个奖励很难获得，从而失去动力。同样，父母也需要说明目标行为的奖励频率。例如，"按时上床睡觉"这一目标每天只能获得一次奖励，而"分享玩具"这一目标可以每天获得多次奖励。

▶ 保持一致

父母和孩子一旦就奖励方案达成共识，就要坚定不移地将其执行下去。只有父母保持积极、热情的态度，持续地表扬和奖励孩子的目标行为，才能保证奖励系统的动力作用。如果父母忘记给予孩子奖励或行为不一致，那么孩子的积极性也会相应地降低。

保持一致还意味着遵守规则。奖励只能在孩子做出目标行为后给予。一旦做出约定的目标行为，孩子就会获得相应的奖励，并且奖励不能因其他不当行为而被没收。

▶ 让它看起来很重要

奖励图有助于将关注点聚焦在目标行为上，这样所有参与者都能对孩子的进步进行观察和表扬。当孩子做出目标行为时，父母应给予足够的表扬和关注，以确保目标行为的价值。

如果孩子遇到了困难，难以展示他们的目标行为，父母就要确保在第二天开始时提醒他们努力尝试，看看他们能做到什么程度。

父母可能会发现孩子拒绝他们的表扬，并且会因为觉得"它不起作用"而想要放弃。如果他们停止表扬孩子，孩子就会觉得积极的行为并不重要，会被忽略。其实，重要的不是孩子说了什么，而是父母做了什么，所以即使孩子拒绝了表扬，父母仍然应该继续下去。不过表扬的表述方式可能需要调整一下，父母可以尝试缩减它的内容，如"你又获得了一颗星星"，或者在夸奖后附加一句，如"我知道你不喜欢我说这些话，但我想让你知道，当你实现目标时，我很高兴。"

榜样示范、角色扮演、结构化的解决方案或技能训练

树立积极应对的榜样

在培养新的应对技能的过程中，父母的示范、指导和强化起着重要作用。儿童和青少年通常是通过观察他人来学习的，因此他们会留意父母的情绪和行为方式。如果父母经常谈论他们的恐惧、担忧或焦虑情绪，他们可能就会无意识地教

育孩子，这个世界是可怕的，他们将无法应对。

父母也会有他们自己的恐惧和担忧，有时也会遇到一些觉得难以应对的情形。这些都不可否认。然而，父母与其展示自己是如何无法应对和逃离这些困难的，不如借此使用一些孩子正在学习的技能来示范如何面对、处理和缓解相应的焦虑。这样，父母就为孩子树立了积极的榜样，并向他们表明，即使很难，但他们仍然可以做一些有益的事情。

当孩子直面挑战时，给予奖励

没有父母愿意看到自己的孩子难过，他们会想尽一切办法来减少这种情况的发生。有时，这可能会导致一些意外的结果。

▶ "没必要为生日派对心烦。留在这里，我们可以找些有趣的事情做。"

尽管这句话可能会让孩子感觉好些，但它并没有帮助孩子学会如何应对消极情绪，而只是鼓励他们回避让他们感到不愉悦的事物。相反，父母可以奖励孩子的应对行为，或者自己做出应对的示范，这样可以鼓励孩子面对挑战并学会与消极情绪共处。

积极地鼓励孩子

父母总是热衷于帮助他们的孩子。为了帮助孩子取得进步，父母可能会指导和鼓励他们多加练习直至表现完美。这样做的一个意想不到的后果是，父母可能会变得过于挑剔，只能看到孩子的不足之处，而忽略孩子做得好的地方。这将证实孩子的想法，即他们不可能成功，也无法应对。

父母应关注并奖励孩子可以做的事情，聚焦在他们的技能和优势上。孩子是否表现完美并不重要。关注积极的一面会鼓励孩子去尝试并帮助他们树立自信心。

学会容忍消极情绪

父母不希望孩子经历任何痛苦，并且可能会采取措施来防止这种情况发生。如果一个孩子在公共场所感到焦虑，那么避免带他们购物可能会更容易，这样他们就不会在人群中感到不安。虽然这将减少孩子潜在的压力，但他们永远无法学会如何应对和忍受自己强烈的情绪。父母需要鼓励孩子勇敢面对恐惧和挑战，学会容忍自己的情绪，而不是试图保护他们免受情绪的困扰。

鼓励和奖励独立性

比起教会孩子自己做事，父母直接帮他们做好似乎更容易。例如，一个孩子想参加学校组织的出游活动，但不敢向老师提问题。因此孩子的父母便联系老师要到了问题的标准答案。但如果父母一直这样做，孩子可能就会依赖父母帮助他们解决一切问题。

为了鼓励独立性，父母可以帮助孩子找到解决问题的方法。例如，父母可以鼓励孩子解决问题并写下他希望老师回答的问题。然后，父母可以用角色扮演的方式，向孩子演示如何向老师提问。

向他人学习

除了从父母那里学习外，儿童和青少年还可以通过观察其他成功的榜样来学习。治疗师可以帮助儿童和青少年找到其生活中的榜样。然后，他们可以与这个榜样讨论问题，或者观察榜样的应对方式。

▶ 一个有社交焦虑的青少年或许不知道在社交场合该聊些什么，这时他可以请教他的能言善道的阿姨，或者观察阿姨的社交行为并进行总结。

▶ 一个担心自己在课堂上答错问题的儿童可以试着观察其他人如果答错会有什么结果。

角色扮演

角色扮演是一种非常有效的技术，可以用于将过去的事件带入临床会话（"告诉我发生了什么事"）或将儿童和青少年安全地暴露在困境中，以练习新的应对技巧（"向我展示你会怎么做"）。虽然与儿童或青少年直接讨论问题可能也会有所帮助，但角色扮演提供了积极学习的机会，让他们可以展示具体的情境或可能采取的行动。

通过表演过去发生的事件，儿童和青少年可以重现当时发生了什么，以及与此相关的想法和感受，这为他们提供了可以反思（"如果下次再遇到相同的情境，你会怎么做"）或挑战（"你说每个人都在笑，但似乎只有雅拉一个人在笑"）的机会。

角色扮演是围绕特定事件构建的（例如，在全班面前做演讲、向餐厅的女服务员询问他们对食物的选择或打电话给朋友约见面等）。角色扮演的难度视情况而定，它能帮助儿童和青少年树立自信心，让他们为不同的情况做好准备。该方法的目的不是提供一种完美或固定的应对方式，而是帮助儿童和青少年练习并展示他们可以应对不同结果的能力。

> ▶ 如果要做演讲，他们将如何应对预期的焦虑，或者如果他们忘记自己想要说什么，他们该怎么做？
> ▶ 如果他们在点餐时，服务员没理他们，他们该怎么做，如果服务员没听到他们点餐的内容，他们该怎么做？
> ▶ 如果他们的朋友没有接电话或今天很忙，他们该怎么做？

角色扮演为儿童和青少年提供了体验和应对不同难度的困境的机会。治疗师可以对角色扮演的过程进行录像和回顾，鼓励儿童或青少年找出他们做得好的地方和他们不够满意的地方，并再次进行角色扮演。

如果儿童和青少年在角色扮演中不知所措或备感挣扎，治疗师应立即停止。此时是治疗师了解他们内心真实想法的好机会。之后，儿童和青少年可以积极地接受指导，学习如何挑战或回避这些无益的想法，并再次进行角色扮演的练习。

问题解决

儿童和青少年有时缺乏思考和解决问题的技能。这可能是因为问题本身很复杂，没有简单的解决方案，从而导致决策被推迟或回避。儿童和青少年也可能会因情绪的影响而做出不理性的决策，或者因想不出好的解决方案而再次使用以前不成功的方法。

问题解决提供了一种结构化的方法来帮助儿童和青少年应对挑战，其中包括设计和评估备选方案，以及对结果进行反思。年幼的儿童可以采用简单的"三步交通灯法"。

▶ 红灯意味着停下、退后并清楚地定义问题所在。

▶ 黄灯意味着思考和探索可能的解决方案。这个简单的过程包括用"或者"这个词不断促成新的建议，以用作替代方案，以及对每个方案进行评估，即分别评估积极结果和消极结果，再决定尝试哪一个。

▶ 绿灯是执行所选择的解决方案。在这个过程中应确定所需要的任何帮助或支持，并鼓励儿童在执行后反思，看看这是不是一个好的解决方案，他们是否会再次使用。

青少年和成年早期者则可以使用"五步法"（TGFB，p.174）。

▶ 第一步：清晰地定义需要解决的问题或做出的决定。多花些时间思考这一点不仅可以让青少年避免在情绪化时做出草率的决定，也有助于他们真正地思考自己的问题。例如，青少年可能会抱怨他们的社交生活很有限，如

"我参加不了周六的足球比赛""我明天不能去城里见我的朋友""我周末不能出去"。然而，真正的问题可能是他们没有钱。因此，他们需要解决的问题是如何"赚钱"，有了钱，他们就能进行各项社交活动。

▶ 第二步：保持开放的心态并列出选择。在这一步，青少年需要更多创造性思维。判断应该先被暂时搁置，因为这一步的目的是尽可能多地想出不同的解决方案。如果青少年难以想出更多方案，治疗师可以鼓励他们向朋友或家人寻求帮助。

▶ 第三步：评估方案及其结果。这一步尤其适用于那些没有直接或明确的解决方案的复杂问题。治疗师应协助青少年评估每个方案在短期和长期对他们及其他可能涉及的人的影响。例如，对霸凌者进行反击虽然可能会让青少年在短期内感觉良好，但也可能导致他们被学校开除。同样，加入新的同伴群体虽然可能会帮助青少年扩大他们的社交圈，但也会对当前的朋友产生影响。

▶ 第四步：评估各种方案并做出最优选择。在通常情况下，明确或理想的解决方案并不存在，所以青少年需要对方案进行权衡并做出决策，而不是推迟或回避。决策一旦被做出，就必须得到执行。

▶ 第五步：反思和评估。一是考虑所选择的方案是否有效，二是考虑青少年下次可以如何调整行动以更好地解决问题。

技能训练

一些儿童或青少年的困扰是由缺乏有效的人际交往技能造成的。

▶ 社交能力差，包括缺乏眼神交流、说话声音小、做出不合时宜的面部表情，这些都可能会导致儿童和青少年交友困难。

▶ 难以清晰、有效地表达想法，这可能会导致儿童和青少年的观点易被无视，也不利于与他人的谈判。

▶ 缺乏自信和果断的社交技能，这会导致儿童和青少年遭到胁迫或欺负。

因此，会谈也将专注于儿童和青少年人际交往能力的提升，目的是帮助他们更有效地与他人沟通和表达自己的想法，以最大限度地减少由交流引发的潜在误解或不快。这可能涉及通过录像和回顾困难情境的角色扮演来实现以下目的：

▶ 识别和发展特定的社交技巧以提高社交能力，如眼神交流、说话音量或提问等技巧；

▶ 培养更有效的谈判技巧以减少冲突，听取并认可他人的观点，在此基础上寻求一个能反映儿童和青少年想法的折中观点；

▶ 学习冷静、礼貌且坚定地表达自己的观点以增强自信心。

第 5 章

认知技术

使用各种认知技术，促进治疗改变。

在认知领域，治疗师将帮助儿童和青少年识别并理解他们的想法，帮助他们认识想法是如何影响感受和行为的。由此，儿童和青少年可以辨别出自己无益的思维方式，识别有偏差的和带有评判性的认知歪曲或思维陷阱。按照传统 CBT（通常被称为第二浪潮 CBT）的工作思路，一旦这些认知歪曲被识别，治疗师将对其直接进行挑战，并尝试改变这些有偏差的、带有评判性的思维方式，帮助儿童和青少年发展出更有益、更平衡的认知。治疗师将会鼓励儿童和青少年去发现、检查、挑战和改变自己无益的思维方式。在治疗师的协助下，儿童和青少年可以将自己的想法付诸实践，以此来检验支持或反对他们想法的证据，并采取不同的观点来发展替代性的、更平衡的思维方式。或者，他们可以使用第三次浪潮 CBT 的技术与自己的想法建立一种新的关系。也就是说，儿童和青少年不必直接改变这些认知，而是通过正念和自我慈悲的方式，学会觉察并接受这些想法，把它们作为思维活动的一部分，而非现实活动的证据。无论采取何种方式，治疗的总体目标都是提升儿童和青少年的认知觉察（cognitive awareness）能力，帮助他们减少情绪困扰，增强功能。

提升认知觉察能力

认知内容

CBT 假设功能失调的、带有评判性的、有偏差的思维方式与强烈的消极情绪和无益的行为有关。

▶ 好斗的儿童和青少年倾向于具有攻击意图的思维方式：他们更有可能将模棱两可的情况视为威胁、敌意和挑衅，并选择激进的解决方式（Lansford et al.，2006；Yaros et al.，2014）。

▶ 焦虑的儿童和青少年倾向于具有威胁感的思维方式：他们更多地关注威胁线索，将模棱两可的情况解释为威胁，并预计自己将无法应对（Barrett, Rapee, et al., 1996；Bögels & Zigterman, 2000；Waite et al., 2015）。

▶ 抑郁的儿童和青少年倾向于个人失败的思维方式：他们对自己有消极的看法和期望，无视或忽视任何积极的方面，将一个领域的失败扩大到其他领域，并将积极事件归因于外部原因而非内部原因（Curry & Craighead, 1990；Kendall et al., 1990；Shirk et al., 2003）。

认知层次

贝克提出的认知模型确定了三种不同类型的认知（Beck，1976）：

▶ 核心信念 / 认知图式；

▶ 预测（关于生活的假设）；

▶ 自动思维。

核心信念 / 认知图式

核心信念和认知图式是根深蒂固的、固定的和僵化的思维方式。以成年人样本构建的模型假设，这些无益的核心信念或起到一定自我保护作用却功能失调的认知图式，是在儿童时期发展起来的，并被认为是导致许多心理问题的根源（Beck，1976；Young，1990）。目前针对儿童和青少年的研究仍然有限，尽管有证据表明儿童也存在强烈、僵化的信念和图式（Rijkeboer & de Boo，2010；Stallard & Rayner，2005）。此外，这些适应不良的图式被证明与心理问题有关（Stallard，2007；van Vlierberghe et al.，2010），包括抑郁（Lumley & Harkness，2007）、肥胖（van Vlierberghe & Brate，2007）和攻击性（Rijkeboer & de Boo，

2010）。但这些信念和图式在童年时期的发展阶段，以及它们变得固定和持久的过程尚不清楚。

识别核心信念 / 认知图式：箭头向下技术

核心信念 / 认知图式往往是一些绝对的陈述，如"我是个失败者""没有人爱我""我是个糟糕的人"，但儿童和青少年在访谈中往往不会直接表达出来。箭头向下技术（Burns，1981）可能是识别它们的有用方法（TGFB，p.139）。治疗师在确定了儿童或青少年的一个常见的或强烈的想法后，会反复向他提问，如"那又怎样呢""（如果这是真的）这意味着什么"，直到其潜在的核心信念展现出来。

案例研究：弗蕾娅对出丑的担忧

弗蕾娅有社交焦虑障碍，经常描述她如何担心自己会在社交场合出丑。治疗师可以使用箭头向下技术（图 5-1）来确定这个想法背后的核心信念。

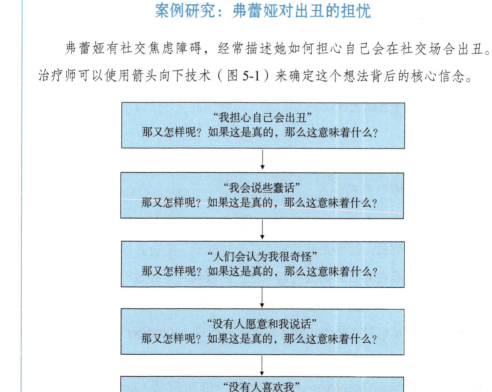

图 5-1　弗蕾娅运用箭头向下技术识别自己的核心信念 / 认知图式

> 识别这种信念有助于弗蕾娅理解自己的行为及她为什么回避社交场合。在人群中，她总是沉默寡言，还会仔细检查自己所说的话，以免被他人拒绝。

识别核心信念 / 认知图式：问卷

识别核心信念 / 认知图式的另一种方法是在临床访谈中使用问卷获得补充信息。这为识别儿童和青少年潜在的重要信念和图式提供了线索，让治疗师可以在之后的讨论中进一步探索。

儿童图式问卷（The Schema Questionnaire for Children；Stallard & Rayner，2005）旨在评估扬（Young，1990）确定的 15 种早期适应不良的图式（TGFB，p.141）。每个图式都对应一个陈述，例如，"没有人理解我"（社会孤立）、"坏事总是发生在我身上"（脆弱性）、"我不能向别人表达我的感受"（情绪抑制）。每个陈述都采用可视化的 10 点量表进行评分，范围从"我完全不相信"（1）到"我非常相信"（10）。

儿童图式清单（The Schema Inventory for Children；Rijkeboer & de Boo，2010）也是基于扬提出的原始模式设计的。它由 40 个项目组成，这 40 个项目分别对应 11 个图式，例如，"我认为我应该始终按照自己的方式行事"（权利）、"你永远不能相信别人"（不信任 / 虐待）、"我总是试图取悦别人"（自我牺牲）。每个项目都按照李克特四级量表进行评分，范围从"不同意"到"完全同意"。

预测

预测或假设是我们的生活规则。它们让认知框架变得可操作，并描述了我们的想法与行为之间的关系。对弗蕾娅来说，她认为没有人喜欢她，这使她预测人们会对她不友善，最终导致她回避社交场合或与人交谈。

预测通常被称为"如果 / 那么"或"应该 / 必须"陈述（Greenberger &

Padesky，1995）。这些认知通常并不明显，并且不会以直接的方式被表达。

"我想知道会发生什么"

对于如何引出儿童和青少年的假设，一个有用的方式是使用"我想知道……"这个问题。通过这个问题，治疗师可以鼓励儿童和青少年探索核心信念是如何引导他们行动的。以下内容重点介绍了凯特的假设是如何变得清晰的。

> 治疗师：凯特，你告诉过我，你认为自己所做的一切都必须是正确的，这对你来说非常重要。所以我想知道，当你必须做家庭作业时会发生什么？
>
> 凯　特：我很担心，我似乎需要花很长的时间才能完成它。
>
> 治疗师：是因为你做得很慢吗？
>
> 凯　特：不，并不是。
>
> 治疗师：那为什么会花费这么长的时间？
>
> 凯　特：因为我似乎永远都做得不够好，我必须不断检查和修改，这需要很长的时间。
>
> 治疗师：你有没有试过花一晚上的时间完成它，在第二天就交上去呢？
>
> 凯　特：不，不行。我还没改好。
>
> 治疗师：那会有什么问题？
>
> 凯　特：那说明我可能没有做足工作。
>
> 治疗师：这是否意味着，如果你花费很长的时间在你的作业上，你就会得到更好的成绩？
>
> 凯　特：是的。这就是为什么我必须一次又一次地这样做。

凯特的假设现在变得清晰起来。对她而言，把一切都做好很重要。这使她认为，如果她在工作上花费大量时间，那么她更有可能取得成功。

如果 / 那么测验

另一个识别儿童和青少年的假设或预测的方式是使用测验。儿童和青少年会被要求玩一个游戏，在这个游戏中，治疗师会向儿童和青少年提供一个带"如果"一词的陈述，并要求他们说出自己预期会发生的事情以完成句子。一些具体的问题可以被用于评估儿童和青少年潜在的重要假设。

▶ 如果我做错了，那么……"人们会很生气"。

▶ 如果我成功了，那么……"那是因为我很幸运"。

▶ 如果人们喜欢我，那么……"他们只是善良而已"。

如果假设不清晰怎么办

有时，治疗师无法确定儿童或青少年的假设或信念，在这些时候，承认这一点也是有治疗价值的。治疗师可以在概念化中使用问号来标记，以表明有些关于儿童或青少年的事情还没有完全得到理解，治疗师可以在之后的会谈中再次检查，看看到时候假设是否变得更加清晰。

自动思维

自动思维是最容易意识到的认知层次。它们时常在我们的脑海中翻滚，并持续评论着正在发生的事情。这些想法是：

▶ 自动的——它们是自然而然产生的，并不需要我们主动生成；

▶ 持续的——它们一直存在着，只是有时我们更能意识到它们的存在；

▶ 合理的——我们经常听到它们，它们看上去很合理、真实，我们不会质疑或怀疑它们；

▶ 私人的——我们很少与他人分享这些想法，它们是私密的，并且一直在我们的脑海中翻滚。

自动思维可能是积极的、有益的，也可能是消极的、无益的。在临床工作中，治疗师的主要兴趣点是那些伴随着不舒服的感觉（例如，使儿童或青少年感到悲伤、焦虑或愤怒）并对儿童或青少年的行为产生不利影响（例如，使儿童或青少年失去动力，出现回避行为或不当行为）的无益的自动思维。

使用思维记录和思维泡泡

直接提问

治疗师可以通过提问的方式来尝试引发儿童或青少年的自动思维，例如，"这件事情发生的时候，你在想什么"。如果这样的直接提问取得了成功，治疗师则应该继续追问。弗里德伯格和麦克卢尔（Friedberg & McClure，2002）提出了一些关于这个问题的替代性表达。

▶ "你的脑海里闪过了什么？"

▶ "你对自己说了什么？"

▶ "有什么想法出现在你的脑海里吗？"

间接方法

思维捕捉者

在某些情况下，面对直接的问题，儿童和青少年可能会耸耸肩，或者简单地回答"没事儿""我不知道"。当发现直接的问题可能会让儿童和青少年感到不舒服或无法获得任何想法时，治疗师应该采用间接方法。

在会谈中，儿童和青少年通常会自动提供大量有关自己想法的信息。在扮演"思想捕捉者"这一角色的过程中，治疗师在捕捉到任何儿童或青少年主动提供的想法时，鼓励他们多谈论相关的信息，可能会很有帮助。为了避免会谈的流程被打断，治疗师可以在更合适的时间记录并反馈儿童或青少年的想法。

▶ "我们上次见面的时候，我听你说……"

▶ "你告诉过我，当那件事情发生的时候，你在想……"

治疗师在捕捉儿童或青少年的想法时，需要着重记录他们所说的话，而不是解释或总结。使用儿童或青少年自己的话，可以确保治疗师准确地捕捉到儿童或青少年赋予事件的含义，也可以强化咨访关系，并有助于治疗师最大限度地理解儿童或青少年。

治疗师可以邀请儿童或青少年在会谈之外通过"低下他们的头"（TGFB，p.110）等练习来开始这个过程。治疗师可以鼓励儿童或青少年，当他们注意到强烈的情绪反应时，他们要尽可能详细地将发生的事情、哪些人在场、这些人说了些什么，以及他们的感受都记录下来。治疗师可以在下次会谈时讨论这些内容，以便确定任何重要的想法。

思维泡泡

思维泡泡对年幼的儿童特别有用，治疗师可以把它们用作评估特定认知和认知过程的趣味方式。思维泡泡提供了一种交流思想的可视化方式，并且展示了思考事件的方式可以有不止一种。治疗师可将一系列工作表用于：

- ▶ 向儿童介绍一种描述他们想法的方式；
- ▶ 帮助儿童识别关于他们自己、他们的表现及他们的未来的常见想法；
- ▶ 强调同一事件有不同的思考方式；
- ▶ 强调思想如何与情绪相关联（TGFB，p.109）。

7 岁的儿童已经可以迅速地理解思维泡泡代表了一个人的想法。如此一来，思维泡泡的概念就可以被应用到他们的问题情境中，从而为他们提供一种可以交流想法的方式。

思维日记

思维日记提供了一种识别常见想法的方法。这些方式可以帮助儿童和青少年专注于识别"热点思维"——当儿童和青少年注意到强烈的情绪反应时，这些想法会在他们的脑海中飞速掠过（TGFB，p.108）。

自我监测和写日记通常并不受儿童和青少年欢迎。因此，治疗师需要向他们提供明确的理由，说明为什么记录思维日记可能是有帮助的。

▶ "我不能 24 小时与你在一起，所以如果你能写日记的话会很有帮助，这样我们就能了解发生了什么及你的日常想法是什么。"

治疗师需要与儿童或青少年就日记的性质和范围达成一致。

▶ 写日记的目的是否明确？

▶ 他们是更愿意自己写日记还是更喜欢完成工作表？

▶ 他们是想使用一些标题来构建思维框架，还是想用更加非正式的方法，如"全盘记录他们的思绪"？

▶ 他们希望如何保存记录——纸张、笔记本电脑还是手机等？

▶ 他们实际上可以坚持写日记多久？

▶ 记录多少事件是有用的？

有些儿童和青少年更喜欢在计算机上设计自己的记录表，或是在手机上记录自己的想法，又或者在遇到任何困难的情况时向治疗师发送电子邮件。如果儿童和青少年不愿意或无法坚持以任何形式写日记或做记录，他们的想法仍然可以在下一次会谈期间被评估。治疗师可以与他们详细讨论困难的情况，并确定任何可能伴随的强烈想法。

识别有益的功能性认知及无益的功能失调认知

一旦儿童和青少年能够识别自己的认知，治疗师就可以帮助他们发现这些认知是如何影响他们的情绪和行为的，这就引入了有益的想法和无益的想法等概念。

无益的想法

无益的想法通常会使我们失去动力和力量，并阻止我们做真正想做的事情。这些想法是消极的，常常是对自己的评判，聚焦于出错的事情，并暗示我们将无法应对或取得成功。

▶ "镇上会有很多人，我无法应付。"

▶ "我会把这份工作搞砸，所以我没有必要尝试。"

▶ "在朋友家过夜的时候，我总是生病。我还不如跟朋友说我不去。"

以这些无益的方式思考会增加儿童和青少年不愉快的感觉，并减少他们直面挑战的可能性。

对于年幼的儿童，红绿灯的类比可以解释这些想法对他们行为的影响。这些无益的想法是"红色的"或"应该停止"的想法，它们妨碍或阻止了儿童做他们真正想做的事情。

有益的想法

有益的想法通常对我们有激励、赋能的作用，并鼓励我们直面挑战。这些想法更加平衡和积极，它们帮助我们认识到自己的优势和成功，聚焦于我们的成就，并告诉我们有能力应对困难并取得成功。

▶ "镇上会有很多人，但我以前做过类似的事情。"

▶ "这项工作很辛苦，但我可以尽力而为。"

▶ "在外面过夜是个好主意，在必要的时候我可以给家里打电话。"

以这些有益的方式思考会增加儿童和青少年愉快的感觉，并增加他们直面挑战的可能性。这些有用的想法是"绿色的"或"可通行"的想法，它们激励并鼓励我们面对挑战。

识别重要的功能失调认知和常见的认知偏差（"思维陷阱"）

无益的思维方式是功能失调且存在偏差的，对儿童和青少年来说，它们可以被描述为"思维陷阱"。学习理解自己的思维方式，可以帮助儿童和青少年避免陷入思维陷阱，并挑战无益的、批判性的、存在偏差的思维方式。以下是思维陷阱的 5 种主要类型，其中包括 11 种常见的认知偏差（TGFB，p.117）。

消极心理过滤

在这类思维陷阱中，任何积极的东西都会被我们的消极过滤器过滤掉，并且被忽略或始终无法被识别。这主要通过两种方式发生。第一种是戴上"消极眼镜"或选择性提取，即儿童和青少年通过一副消极的有色眼镜来看待他们的世界，这让他们只能看到正在发生的消极事件。

> ▶ 穆罕默德在学校度过了愉快的一天；他的作业完成得很好并获得了高分，他在足球训练中进了球，并且与朋友共度了午餐时光，但他忘了把自己的运动装备带回家。当他专注于这一事件时，他发现自己戴上了消极眼镜："这太糟糕了。要不是史密斯女士想见我，我会记得带上包的。"

第二种是认为"积极性并不重要"或否定积极的一面，即任何积极的事情都被认为是不重要或与自己无关的。

▶ 查理认为自己不擅长艺术，但他最近在学业上表现优异。他认为这并不重要，因为"每个人都取得了好成绩"，并继续说服自己，他不擅长艺术。

夸大事实

在这类思维陷阱中，儿童和青少年往往会夸大实际发生的消极事件。这主要通过以下三种方式发生。

"夸大消极面"（夸大），就是将一些小事件的重要性夸大。

▶ 米娅舞蹈课迟到了。当她走进健身房时，她注意到一个人在看她，因此她认为"每个人都在盯着我看，认为我很愚蠢"。

"全或无"（两极化）思维，是指思维被两极化为两个极端，而两者之间没有中间地带，即它要么是充满能量的，要么是毫无生机的。

▶ 莉莉和她最好的朋友吵架了，并且莉莉发现自己在想"她再也不会跟我说话了"。

"灾难化思维"（灾难化），是指一些小事件也可能会导致人们预期最坏的结果。

▶ 弗雷迪感到非常焦虑，并注意到自己心跳加速。他意识到自己在想"我要心脏病发作了"。

预测失败

我们时常会尝试预测未来会发生什么，但这些预测往往缺乏相应的证据（武断推论）。这种预测通常会指向最坏的假设，并且主要通过以下两种方式发生。

第一种方式是"读心术"。儿童和青少年可能会认为自己知道别人对自己的看法，而这些看法往往是最糟糕的。

▶ "玛莎和乔茜看着我笑了。我敢打赌，她们认为我的头发一团糟。"

第二种方式是"预言家"，指的是儿童和青少年似乎知道未来会发生什么，并经常预测自己会出现失误或面临失败。

▶ "我再努力也没有用，我肯定会搞砸明天的考试。"

自我贬低

我们可能会过度批评自己，并认为自己需要为事件出现错误承担责任。

"垃圾标签"（贴标签），即儿童和青少年可能会为自己生活的方方面面贴上负性的个人标签。

▶ "我是个失败者"或"我总是失败"。

"自我责备"（个人化），即儿童和青少年可能会认为自己需要为事件出现错误承担责任。

▶ 当你最好的朋友摔伤了膝盖后，你可能会想："如果我当时和她在一起，这件事情可能就不会发生了。"

好高骛远

最后一个思维陷阱是"好高骛远"。我们可能对自己的期望太高，进而形成了过高的标准，而这些标准实际上无法被达成。

有时，我们可能难以意识到或承认自己已经取得的成就，而是过多地关注那些我们没能取得的成就。当我们认为自己"应该或必须"做什么的时候，这种思维可能会进一步让我们注意到自己的失败和想法。

▶ "我应该做更多工作。"

▶ "我必须拿到 A。"

▶ "我应该有能力应对。"

除此之外，我们可能还会持有"完美期待"，这意味着我们可能会给自己设置永远不可能达成的标准。

▶ 西恩娜想把作业做好，但当她没有得到 A 时，她会感到沮丧和愤怒。

通过思维挑战和替代性思维，促进新的认知平衡

一旦识别出无益且功能失调的思维模式，治疗师就可以鼓励儿童和青少年质疑和挑战它们。在这个过程中，治疗师可以帮助儿童和青少年注意到那些因为思维陷阱而被驳斥或忽视的信息，并帮助他们从中发现新的信息和含义。通过这种方式，儿童和青少年可以发展出替代性的、更平衡的、更符合事实的思维方式。

平衡的思维方式并不是让所有事情都变得积极。坏事可能会发生，人们会有不友善的一面，我们也无法一直取得成功。平衡的思维方式是让我们能够审视全局，让我们能够识别出那些曾经被驳斥或忽略的、重要的、积极且有益的信息。

证据是什么

这里呈现了一系列步骤来帮助儿童和青少年检查他们是否考虑了所有支持或反对他们的思维方式的证据。通过这些步骤，儿童和青少年可以审视自己无益的想法，以便在进行权衡后做出判断。

▶ 有什么证据支持这种思维方式？

▶ 有什么证据可以反对这种思维方式？

▶ 如果你最好的朋友（第一见证者）知道你这么想，那么他会说什么？

▶ 如果你的父母、老师、兄弟姐妹等（第二见证者）知道你这么想，那么他们会说什么？

▶ 检查证据——你是否掉入了思维陷阱？

▶ 你的判断是什么？还有没有更符合证据的、更平衡的想法？

4C 技术

4C 技术是引导儿童和青少年完成思维识别和挑战，以及最后的认知重组的方法，具体分为以下四个步骤。

▶ 第一步："抓住"（catch）那些让儿童和青少年感到不开心，或者妨碍他们行动的无益想法。

▶ 第二步："检查"（check）他们是否掉入了思维陷阱，以至于感觉事情比现实本身更糟糕。这个步骤中包含检查"夸大事实""预测失败""自我贬低"等思维陷阱。

▶ 第三步：通过积极寻找反对的证据，来"挑战"（challenge）无益的思维方式。找出"消极心理过滤"和"好高骛远"等思维陷阱，将有助于儿童和青少年识别那些曾经被忽略的重要信息。

▶ 第四步：反思自己在整个过程中的发现，"改变"（change）原有的想法，使其更加平衡、有益，也更符合现实证据。

其他人会怎么说

儿童和青少年可能会发现挑战自己的负性自动思维很难。他们可能经常听到这些内心的想法，以至于他们只是简单接受了这些想法，并认为它们是真实的。在这种情况下，采用另一种视角可以更好地帮助儿童和青少年挑战这些思维。这种视角在"证据是什么"这一节中有所介绍，其中重要他人也被称为"见证者"。这种第三方视角也可以用于其他场合，以帮助儿童和青少年发展出可供替代的思维和意义（TGFB，p.130）。例如，儿童和青少年可以试着思考一下，当听闻他们的想法时，某个对他们而言很重要的人会说些什么，或者如果儿童和青少年了解他们最好的朋友或他们关心的人这样想，他们将作何反应。

案例研究：贾兹与朋友发生争执

贾兹与她的朋友鲁比发生了争执，她发现自己的脑海中充满了消极的想法："我总是会跟人闹翻，没有人喜欢我。"随后，她决定换个角度思考，并想象如果她最好的朋友索菲知道她这样想，会说些什么。她可能会说："鲁比看起来很敏感，她总是跟人吵架。"这有助于贾兹正确看待这件事。事实上，贾兹陷入了自我责备的思维陷阱，并认为自己需要为这次冲突负责。同时，她还戴着消极眼镜，忽略了鲁比与其他朋友也发生过争吵的事实。

使用评分表促进连续性认知

核心信念是强大且持久的，并且经常能抵抗住挑战和变化。其中许多都是"全或无"的信念，如"我是个失败者"。在这些情况下，采用认知连续体技术来突出和量化微小但重要的变化是很有帮助的。

当儿童和青少年识别出功能失调的核心信念（如"我一文不值"）时，治疗师可以让他们对核心信念的相信程度进行评分（1～100 分）。在核心信念层面发展出与消极信念共存的一种替代性的、更具功能性的信念（如"我很重要"）对儿童和青少年会很有帮助。这种信念难免与他们功能失调的信念不一致，他们可能不会相信，并给予较低评分。

评定量表可以用来探索事件可能对他们的信念产生的影响。

- ▶ "对于你认为自己一文不值这一信念，你认为发生什么事情可以让你对它的评分从 96 分降到 90 分？"
- ▶ "朋友做什么会表明你很重要？"
- ▶ "父母怎样做能表明他们是关心你的？"

经验可以被用来重新评估这些信念的强度。

- ▶ "你的老师主动帮助你学习数学，这对你认为自己一文不值有什么影响？"
- ▶ "上周有三个人给你发了短信。这对你认为自己一文不值或认为自己不重要的信念有什么影响？

认知连续性技术允许两个或多个信念共存。它挑战了这样一种两极化倾向，即认为功能失调的信念（"我毫无价值"）不能与功能完好的信念（"我很重要"）共存。评定量表的使用提供了一种量化变化的方式，但功能失调的信念还将继续存在。随着时间的推移，功能失调的信念的强度可能会减弱，而功能完好的信念的强度可能会增加。

使用正念、接纳和自我关怀等技术

正念

　　一些儿童和青少年可能会发现积极挑战和认知重评的过程并不容易。他们也许能遵循步骤进行这一过程，但这可能会使它变成一个独立的、理论上的过程，而无法引发任何重要或持久的变化。

　　挑战无益的认知内容的另一种方法是改变我们与想法之间的关系的性质，这也激发了人们使用正念的兴趣。正念，即"以专注的、聚焦当下的、不加评判的方式集中注意力"（Kabat-Zinn，2005），它培养的是一种开放、接纳和好奇的态度（Bishop et al.，2004）。有关正念的研究一直在不断发展，一项元分析研究表明，正念可以给注意力和心理功能带来积极影响，帮助个体应对焦虑和抑郁情绪（Dunning et al.，2019；Klingbeil et al.，2017；Maynard et al.，2017；Zenner et al.，2014；Zoogman et al.，2015），并促进自我关怀与亲社会行为（Cheang et al.，2019）。

　　正念提供了一种重新与此时此地，以及个体当下所体验的思想和情感进行联结的方式。我们时常会花费大量的时间进行思维活动、觉察我们的担忧、与我们的想法进行争论、反复重演已经发生过的事情，并担心未来可能发生的事情。这些对过往的关注，使我们不断地反刍负面事件，并沉浸其中。与此同时，对未来的关注又使我们开始担忧和预期最坏的情况，让我们感到沮丧、愤怒、压力重重。

　　通过正念技术，认知和情绪能够作为短暂的心理活动被我们接纳，而不是被我们当作必须密切关注或尝试改变现实的证据。相反，我们会以一种好奇的、不带评判的方式接纳并观察认知和情绪。通过这种方式，我们学会了如何注意自己的想法和感受，并后退一步，与它们保持一定的距离。

　　对儿童和青少年而言，让解释变得简单易懂很重要。治疗师可以跟他们解释，正念即专注于当下、此时此地。

> ► "我们可能会花费大量的时间回顾已经发生的事情，或者担心将要发生的
> 事情，而很少注意到此时此地正在发生的事情。通过将我们的注意力集中
> 在此时此地，我们可以更少地被头脑中负面的纷杂思绪烦扰。

使用正念的目的是帮助人们注意并带着好奇心去观察正在发生的事情，而不
是停止或改变原有的思维方式。治疗师应鼓励儿童和青少年腾出空间来观察和理
解正在发生的事情，而不是对过去的想法或情绪做出反应。

正念的步骤

为了帮助儿童和青少年理解正念所涉及的步骤，治疗师可以使用"FOCUS"
（所有步骤的首字母大写）来进行解释。

> ► F：集中（focus）注意力。
> ► O：观察（observe）正在发生的事情。
> ► C：保持好奇（curious）。
> ► U：使用（use）你所有的感官。
> ► S：坚持下去，放下（suspend）评判。

第一步是帮助儿童和青少年学会把注意力集中在此时此地。我们之所以常常
无法把注意力放在当下发生的事情上，是因为我们的思绪总是飘忽不定，甚至不
可避免地在脑海中寻找并不断演练、担忧一些消极的事情。当我们的注意力分散
时，我们需要意识到当下发生了什么，并将其拉回此时此地。

第二步是帮助儿童和青少年更好地关注当下。儿童和青少年可以想象他们正
通过一个能变换焦距的镜头观察事物。一开始，他们可以看到许多东西，而随着
焦距进一步放大，他们的注意力也会变得更集中。他们观察的事物可能会更少，
但注意到的事物的细节会更多。

第三步是鼓励儿童和青少年保持好奇心。为了帮助儿童和青少年提升观察能力，治疗师可以鼓励他们每次寻找一个从未注意过的事物，并向他人描述自己的所见。

第四步是鼓励儿童和青少年用他们所有的感官去观察。我们以正念进食为例来说明这一步骤。

- ▶ 食物看起来是什么样的？
- ▶ 它闻起来是什么样的？
- ▶ 在你的嘴里，它感觉起来是什么样的？
- ▶ 它尝起来是什么样的？
- ▶ 当你咀嚼它的时候，你听到了什么？

第五步是鼓励儿童和青少年继续坚持下去。如果他们意识到自己的注意力被分散，那么他们就可以自发地将其拉回此时此地。如果他们意识到自己正陷入想法的漩涡之中，那么他们可以后退一步，稍作观察，暂停判断。

正念活动

练习正念并不需要花费太长时间。每天进行多次时长为两分钟的简短正念练习，将会对儿童和青少年大有裨益。儿童和青少年可以使用手机的计时器来提醒自己结束的时间。将简短正念练习融入日常生活，可以促进并鼓励儿童和青少年规律地使用正念，例如，儿童和青少年可以在洗衣服、走路上学、吃饭时，以及睡前进行正念练习。

正念练习可以在任何时间和任何地点进行，可以包括专注于饮食、呼吸（TGFB，p.77）、日常物品（TGFB，p.79）、思想（TGFB，p.78），或者感觉。

像所有技能一样，正念的能力也需要个体花费时间进行学习和练习，才能得以提升。

自我关怀

自我批判的想法可能会带来大量的痛苦，并将我们的内心"撕裂"。自我关怀可以帮助那些时常进行自我批评、难以自我安慰或难以宽恕自己的儿童和青少年。相较于自我批评，自我关怀可以让儿童和青少年与自己更和谐地相处，并意识到和承认自己的优势。

自我关怀与提升对自我和他人的痛苦的觉察能力有关（Gilbert，2013）。有研究发现，对成年人而言，较低的自我关怀与较高水平的心理问题相关，而较高的自我关怀与较低水平的心理健康相关（Macbeth & Gumley，2012）。

自我关怀可以通过有益的习惯来培养，治疗师应鼓励儿童和青少年尝试发展出一种带有较少自我批评的，充满自我关怀、接纳和善意的生活方式。

像对待朋友一样对待自己

我们很少会对他人提起自己脑海中那些负面的、批判性的想法，这也意味着我们往往对自己比对他人更加严厉。为了帮助儿童和青少年对抗这种批判性的声音，治疗师应该鼓励他们像对待朋友一样对待自己。当他们意识到自己内心那批判性的声音时，他们可以提醒自己："如果我听到我的好朋友在想和说这些话，我会对他们说些什么？"事实上，儿童和青少年通常会选择更为友善和鼓励性的方式与之交流。所以，当儿童和青少年识别了自己内心那批判性的声音，并知道如何处理它后，他们就可以将这种如同对待朋友一般的方式应用在自己身上了（TGFB，p.64）。

友善地与自己对话

通过学习更友善地与自己对话，儿童和青少年可以发展出更友善、更少批判性的内心声音（TGFB，p.66）。有时，我们内心的声音可能非常尖锐和刺耳，许多儿童和青少年会觉得尴尬或羞于大声说出自己的想法。为了应对这种想法，治疗师应该鼓励儿童和青少年发展出更友善的内心声音。这包括进行一两个简短的陈述，让他们承认自己的感受，意识到自己并不孤独，并且需要善待自己。

▶ "我真的很难受。很多人可能也会有相似的感觉。我需要照顾好我自己。"

▶ "我真的很焦虑。每个人可能都会在某个时刻感到焦虑。如果我做错了也没关系。"

儿童和青少年可以在每天早晨，或者任何察觉到内心声音的时候，尝试练习大声说出这些简短的陈述。通过不断地在镜子前坚定地重复这些话，儿童和青少年可以树立自信心，并增强自我关怀的信念。

照顾自己

治疗师应鼓励儿童和青少年在情绪低落时照顾自己，以促进自我关怀意识的形成（TGFB，p.65）。儿童和青少年应更多地照顾好自己，而不是嘲笑、批评和责备自己。治疗师应鼓励儿童和青少年尝试停止为感觉糟糕而责备自己，并做一些能够帮助自己好起来的事情，如洗个热水澡、看看电视剧，或者喝一杯热巧克力。

接纳

我们总是希望自己能够与众不同，也总是会花费大量的时间关注自己的缺点，以及不完美的部分。这种指向自我的不满通常会滋生焦虑，让我们感到沮丧，还会让我们丧失做事的信心。当我们不满足于自己已取得的成就、为事情出现差错而责备自己、过于关注自己的不完美与失败，或者从未意识到自己的优势或成功时，我们可能会鞭策自己，甚至分裂自己。

因此，我们要学会接纳以下事实：

▶ 事情有时会出错；

▶ 没有人是完美的；

▶ 我们都会犯错；

▶ 不好的事情时有发生。

治疗师可以帮助儿童和青少年接受并重视自己，而非努力成为另一个人。在这个过程中，最重要的是帮助儿童和青少年发现并意识到自己的优势。

▶ 如果儿童或青少年不喜欢自己，治疗师可以帮助他们发现自己的积极品质——他们是有耐心的、坚定的、勤奋的、值得信赖的，还是善良的？

▶ 如果儿童或青少年认为自己不被其他人喜欢，治疗师可以鼓励他们关注积极的人际关系技能——他们是否善于倾听、支持他人，是否忠诚，是否关心或擅长鼓励他人？

▶ 如果儿童或青少年不喜欢自己的外表，治疗师可以帮助他们学会欣赏自己的某个方面——他们是否有匀称的身材，是否有漂亮的头发、指甲、手，是否有好听的声音？

▶ 如果儿童或青少年认为自己在所有事情上都是失败的，治疗师可以鼓励他们发现自己的特长——他们擅长运动、艺术、音乐、烹饪，或者富有创造力吗？

比起专注于想要改变的事情，治疗师应当提醒儿童和青少年关注自身的独特性，并鼓励他们接纳自己本来的样子。

专注于优势和成就

比起关注那些失败的部分，儿童和青少年可以更加关注和接纳自己所取得的成就，以此来挑战内心那些自我批判的声音。

▶ 儿童和青少年可能会选择那些最成功的人作为比较的对象，从而产生对自己的不满。

▶ 儿童和青少年通常会认为自己"必须"或"应该"做得更好，而难以意识到和接受自己做得好的地方。

▶ 儿童和青少年通常会过度关注结果，而非欣赏自己的努力。

治疗师应当鼓励儿童和青少年关注自己已经取得的成就和优势（TGFB，p.52），接受自己的不完美，欣赏自己拥有的技能与品质。

友善

当人们感到沮丧、焦虑或愤怒时，他们也会感到他人总是在挑剔他们，似乎每个人都是不友善的，甚至整个世界都在捉弄他们。对不好的事情的预期总是会让人更加关注事情的不良结果，这也造成了恶性循环。

儿童和青少年应当更多地关注他人表现出关心和体贴的时候（TGFB，p.67），以形成更为友善且平衡的观点。通过转变关注点，儿童和青少年也会学习如何往好的方向对他人做出假设，注意并享受他人的善意，无论其多么微小。他人的善意可能包括：

▶ 愿意腾出时间打招呼和交谈；

▶ 说了一些好听的话，例如，"你的发型看起来真不错"或"我喜欢你的卫衣"；

▶ 乐于分享文字、图片或信息；

▶ 对朋友、公交车司机或老师说"谢谢"；

▶ 主动帮忙完成家务或其他任务；

▶ 向他人表示关心，或者说一些充满善意的、幽默的话。

　　当儿童和青少年意识到这些小的、善意的行为可以让自己感觉更好后，治疗师就可以鼓励他们也这样对待他人。哪怕是生活中最微小的行为，如赞美、微笑、提供帮助或抽出时间倾听他人的心声等，也可以展示出人们关心并善待彼此。

第 6 章

自我发现

使用多种方法来促进自我发现和理解。

CBT 的过程旨在促进自我发现，即儿童和青少年发现自己的优势和技能，并找到与所发生事件有关的新的信息或意义。采用苏格拉底式对话可以促进这种自我发现，苏格拉底式对话是一种带着好奇心的对话，可以帮助儿童和青少年关注新的或被忽视的信息，这些信息与他们的偏见和批判性的认知不一致，并挑战了他们原有的认知。发现的过程是开放的、探究性的、客观的，行为实验被用来客观地"检查"信念和预期的准确性。治疗师要鼓励儿童和青少年反思这些实验的结果，并将这些新信息整合到他们的认知框架内。当儿童和青少年学会围绕他们的信念和假设建立适当的限制时，就会形成一个更加平衡的认知框架。

使用苏格拉底式对话，促进自我发现和反思

在那些 CBT 相经验不足的人中，一个常见的误解是，他们认为认知重建只不过是鼓励儿童和青少年理性、有逻辑地思考。而这种天真的做法，就是用一连串"聪明"的问题来质疑、挑战和反驳儿童和青少年的认知。因此，治疗师对他们希望儿童和青少年达到的结果有一个先入为主的、封闭的想法，并使用问题来引导儿童和青少年得出这一结论。这个过程既不能为儿童和青少年赋能，也不能与他们协作，只是为了突出他们想法的不合理性并证明他们是错的。这变成了一种消极、抽象的智力活动，儿童和青少年对过程和结果没有主导权。这种方式对儿童和青少年来说毫无帮助，并且通常会导致治疗双方陷入越来越敌对的关系，因为儿童和青少年在面对这种外部挑战时会被迫维持和捍卫自己的信念和假设。

相比之下，苏格拉底式对话则能帮助儿童和青少年发现、评估和重新评价他们的认知。这个过程是积极的、赋能的和支持性的，以真诚和开放的态度为基础。这种好奇心推动儿童和青少年去发现自己在生活中使用的通用概念和过度概括的认知方式。重要的想法、信念、假设和经验，会随着儿童和青少年赋予它们的意

义被澄清而变得明确。治疗师会鼓励儿童和青少年暂停他们先入为主的想法，并在检验和评估他们的信念和假设时保持开放的心态。这样一来，儿童和青少年的认知就会被看成可供验证的假设，而不是既定的事实。通过苏格拉底式对话，儿童和青少年可以利用过去的知识，同时有机会发现全新的信息，这些新信息将帮助他们重新审视和评价自己的认知。苏格拉底式对话帮助儿童和青少年成为他们自己的治疗师，并学习一种可以应用于未来问题的过程，以培养更具适应性和功能性的思维方式和行为方式。

苏格拉底式对话以协作和非评判的方式进行，每个参与者都知道自己的假设和先入为主的想法。儿童和青少年的想法不会被自动地认为是功能失调的，因为苏格拉底式对话是用来理解儿童和青少年的思维方式的。一旦他们被理解，治疗师就会采用一种温和而充满好奇心的方式，通过问题和提示来帮助他们重新评价和检验他们的想法。问题有助于儿童和青少年关注并思考他们以前忽略或认为不重要的信息。关注这些新信息有助于儿童和青少年考虑更广泛的因素和可能性。它强调了解释事件的方式可能有很多种，以及儿童和青少年的通用概念可能有局限性。需要再次强调的是，自我发现的基本原理很重要。治疗师应该避免直接批评或挑战儿童和青少年的想法（例如，"我认为你错了"或"不，事实并非如此"）。同样，治疗师应避免将自己的先入为主的想法（例如，"我认为更可能是这样的"）强加给儿童和青少年。

帮助儿童和青少年探索和分析事件之间的异同的过程是一个归纳推理的过程。这有助于识别和检验导致普遍信念（如"我很愚蠢"）被广泛且不恰当地应用的任何过度概括、选择性偏差或二分法思维。过度概括是指将特定信念外推到广泛的情况中。由于不加批判地应用通用概念，细微但重要的差异不会被注意到。这种做法很常见，事实上，CBT 中遇到的许多认知偏差都基于不准确的过度概括（Ellis，1977）。通常，这些过度概括会自我延续，因为儿童和青少年会寻找并关注验证性信息，同时否定或忽略可能挑战或反驳他们观点的信息。这可能导致儿童和青少年发展出极端和两极分化的二分法思维，即从两个相互排斥的立场出发来考虑事情，同时忽略任何中间阶段。苏格拉底式过程鼓励儿童和青少年进行归纳推理，并帮助他们关注新的或被忽视的信息，使他们能够重新考虑并修正自己的概括和偏差。

苏格拉底式对话

奥弗霍尔泽（Overholser，1993b）提出了苏格拉底式对话的三个步骤，即识别、评估和重新定义。在识别阶段，重点是引出重要的"通用概念"，即儿童和青少年用来过滤、解释、指导和预测他们生活中发生的事情的认知概括和偏差。一旦被识别，这些通用概念就会得到澄清，儿童和青少年赋予它们的含义也会被明确定义。不可避免的是，某种程度的混乱会开始凸显并导向第二阶段，即评估阶段。评估阶段涉及对定义进行检验，并识别任何例外情况或限制。通用概念需要随着时间的推移保持稳定和一致，并考虑所有可能性。发现例外情况或不一致有助于儿童和青少年围绕他们的普遍、整体的定义建立限制，这将导向苏格拉底式过程的最后一个阶段，即重新定义阶段。在这个阶段，已被发现的新信息在儿童和青少年的认知框架内被整合和吸收。这有助于儿童和青少年形成新的定义和更为平衡、有益的认知。

奥弗霍尔泽（Overholser，1993a）确定了七种类型的问题，每种类型的问题都有不同的功能，可以在苏格拉底式对话的不同阶段被使用，以促进自我发现、理解、评价和重新评估等过程。

记忆问题

第一级是儿童和青少年最容易参与的描述性记忆问题。这些问题与澄清事实或细节有关，旨在帮助儿童和青少年集中注意力并回忆与当前讨论相关的信息。奥弗霍尔泽强调，记忆问题提供了对儿童和青少年的经历、感受和想法的洞察，并促进了共同理解的发展（Overholser，1993a）。记忆问题聚焦于事实性和描述性。

▶ "这是从什么时候开始的？"

▶ "当你有这种感觉时，你会怎么做？"

▶ "这种情况多久发生一次？"

翻译问题

第二级是翻译问题，它被用来发现儿童和青少年给这些事件赋予的意义，以反思的方式帮助儿童和青少年探索他们刚刚所说的话。

▶ "你对这个怎么看？"

▶ "你觉得你为什么会有这种不太舒服的感觉呢？"

▶ "这样的事情只会发生在你身上吗？"

翻译问题可以帮助治疗师发现儿童和青少年做出的一些归因和假设。它们提供了对儿童和青少年认知框架的洞察，找出了可能需要进一步评估的重要偏差。

解释问题

第三级是解释问题，它被用于探索事件之间可能的关系或联系。它们旨在帮助儿童和青少年识别可能的模式和相似之处。通常，这涉及将两个或更多事件放在一起，并要求儿童和青少年考虑它们之间是否有任何相似之处或联系。

▶ "你上学时的感觉和你在城里跟朋友见面时的感觉一样吗？"

▶ "你有没有注意到这些消极的想法和你的感受之间的联系？"

▶ "你是不是在和朋友吵架之后才做出了自伤的行为？"

应用问题

第四级是应用问题，旨在利用儿童和青少年过去的知识或技能。这些问题被用于识别可能被忽视或遗忘的相关或重要信息。

- ▶ "你之前有这种感觉的时候，做了什么？"
- ▶ "你说上次发生这种情况时，感觉没有那么糟糕。有没有可能是你上次遇到这种情况时有什么不一样的做法，对事情是有帮助的？"
- ▶ "你在学校似乎没有这些令人担忧的想法。在学校的时候，有什么不一样的东西，能够让你忽略这些想法吗？"

分析问题

第五级是分析问题，它可以用来帮助儿童和青少年系统、有逻辑地思考他们的问题、想法和应对策略。这是理性分析或归纳推理的过程。分析问题的目的是，通过促进客观性及归纳推理的使用，使儿童和青少年用批判性的眼光去审视和挑战信念、假设和推论，从而得到更符合逻辑的结论。归纳推理帮助儿童和青少年考虑并关注新的或被忽视的信息，或者系统地检验事件之间假定的关系。

- ▶ "当你这样想的时候，有什么证据支持你的想法吗？"
- ▶ "有没有你忽略掉的证据？"
- ▶ "如果你最好的朋友听到你这样想，他们会怎么说？"

同样，温和的提问可以帮助儿童和青少年检验事件之间假定的因果关系。

- ▶ "有没有这种情况没发生的时候？"
- ▶ "有没有出现过这种情况发生，但它是由于其他原因造成的情况？"

综合问题

第六级是综合问题，它将讨论提升到一个更高的层次，并鼓励儿童和青少年"跳出限制"去思考，以确定新的或替代的解释和解决方案。奥弗霍尔泽强调，在这个过程中，治疗师需要保持开放的心态，不要对年轻人会"发现"什么有先入为主的想法（Overholser，1993a）。

▶ "让我们列出我们可以应对这种情况的所有方法，即使有些方法听起来有点奇怪或愚蠢。"

▶ "你认为你最好的朋友会做什么？"

▶ "我们还有其他方式可以解释发生了什么吗？"

评估问题

第七级是评估问题，苏格拉底式对话的完成是通过评估问题来实现的。这时，最初的想法、信念和假设根据讨论的结果得到重新评价和修正。

▶ "那么，你现在对此有何看法？"

▶ "你还认为自己是个失败者吗？"

▶ "有没有可能换个方式来思考这个问题？"

问题的主要焦点将取决于苏格拉底式对话阶段。记忆问题和翻译问题更常用于收集信息和确定意义。解释问题和应用问题用于帮助儿童和青少年专注于被忽视的信息并探索事件之间的联系。分析问题有助于归纳推理，当儿童和青少年考虑新信息并重新评价自己的想法时，综合问题和评估问题会整合这些信息。

是什么造就了一个好的苏格拉底式问题

清晰和具体

评估和重新评价想法可能是一个抽象的过程，尤其是对年幼的儿童来说，因此使苏格拉底式问题尽可能清晰和具体很重要。苏格拉底式对话的初始阶段关注的是确定事实，因此简单、具体和明确的问题很有用。有帮助的问题往往包括如下几个方面。

▶ "什么"问题——"你做了什么？""他说了什么？"

▶ "怎么"问题——"你感觉怎么样？""他是怎么做到的？"

▶ "哪儿"问题——"你去哪儿了？""这在哪儿发生得最多？"

▶ "什么时候"问题——"什么时候发生的？"

可回答

苏格拉底式对话旨在通过强调儿童和青少年已经拥有的有用知识或有能力发现有用的信息，来为他们赋能。然后，治疗师必须确保问题是可回答的，并且在儿童和青少年看来，这些问题应该是可以解决的。尤其是"为什么"问题需要儿童和青少年做出一些解释或判断，而不是讲述事实细节，这很重要，但治疗师应仔细把握对它们的使用。同样，治疗师应避免使用复杂和多成分的问题，谨慎使用抽象问题和假设性问题。

使用儿童或青少年的语言

问题需要用儿童或青少年的语言来表达，并与他们的发展水平保持一致。这包括仔细倾听儿童或青少年所说的内容及他们使用的词语或隐喻，以便将这些内容纳入苏格拉底式对话中。这种做法肯定了儿童和青少年的语言使用，做到了以他们的词汇和语义为基础建构对话。

关注被忽视的信息

儿童和青少年无益的想法来自认知过程中的一些偏差。例如，儿童和青少年可能会选择性地关注那些支持他们想法的信息，而忽略可能提供不同观点的信息。苏格拉底式对话让儿童和青少年注意到当前被忽视的相关信息。在治疗师的帮助下关注这些新信息，可以让儿童和青少年获得质疑和重新评价自己信念的机会。

保持专注

很多时候，儿童和青少年能够用来重新评价和挑战自己想法的信息是非常大量的。但是，他们通常不会意识到这一点，也无法建立相关的联系，而这种联系可以帮助他们以连贯和有益的方式将这些信息拼凑在一起。苏格拉底式对话帮助儿童和青少年对相关信息保持关注，使他们能够在其中有效地建立联系，从而系统地评估自己的想法。要知道，对话很容易跑题，或者被有意思但无关联的信息带偏。

案例研究：迈克很担心他的猫

12 岁的迈克有很多强迫的行为和想法。最近，他产生了他们家的猫是否安全的先占观念，这导致他坚持每晚都将猫锁在屋子里。这种担忧基于他的假设：如果猫晚上出去，会被汽车撞到。我们在谈及这个问题的后一次会谈中讨论了这个问题，我用苏格拉底式对话帮助迈克发现、评估和重新评价了这个假设。

治疗师：迈克，妈妈告诉我你很担心你的猫。

迈　　克：是的。我不喜欢它出去。

治疗师：你什么时候最担心它出去？

迈　　克：晚上天黑的时候。

治疗师：好的，那你觉得如果它晚上出去会怎么样？

迈　　克：它会出事的。

治疗师：你觉得它会出什么事？

迈　　克：不知道。可能会被车撞死。

治疗师：我记得你跟我说过，似乎事情总是出错，你总觉得坏事会发生在你和你的家人身上。

迈　　克：是的，没错。

治疗师：所以现在你很担心你的猫会发生不好的事情，你是如何应对这种担忧的呢？当你的猫想出去的时候，你每天晚上都会做什么？

迈　　克：我必须找到它，把它锁在屋子里。

治疗师：你一般什么时候把它关起来？

迈　　克：在我放学回家时，通常是这样。

治疗师：它介意被关起来吗？

迈　　克：介意，它讨厌被关起来。它会挠我，一次次地想跑掉。

治疗师：那么当它被关起来时，你有什么感觉呢？

迈　　克：我想是会松一口气。我知道它很安全。

治疗师：让我们来看看，我理解得对不对。你担心如果你的猫晚上出去，它会被车撞到。在你看来，坏事经常会发生在你的家人身上。为了确保这种情况不会发生，你将它锁在安全的地方。它不喜欢这样，想待在外面，但把它关在里面会让你感觉更好。

迈　　克：是的，没错。

治疗师：白天会发生什么？

迈　克：什么意思？

治疗师：嗯，不知道你白天会不会把它关起来？

迈　克：不关，它白天会出去。

治疗师：你觉得它白天在外面怎么样？

迈　克：我不是很在意这一点。

治疗师：你们家附近的路白天没车吗？

迈　克：白天车也挺多的。

治疗师：什么时候车更多，白天还是晚上？

迈　克：白天吧。很多人开车上下学，我们门口那条路的尽头有一座办公
　　　　大楼。

治疗师：白天车更多，你却不担心你的猫白天出去？

迈　克：不，白天我没那么担心。

治疗师：它什么时候更容易被车撞到？

迈　克：不知道。我真的没想过。

治疗师：是的，我知道，有时我们只是在脑海中浮现出一个想法。但是现在
　　　　我们在思考这个问题，它什么时候最容易被车撞到呢？

迈　克：应该是在白天车更多的时候。

治疗师：我想我有点困惑，迈克。听起来好像你的猫在白天更有可能被撞
　　　　到，而你却在晚上把它关起来。还有什么我们需要考虑的吗，你能
　　　　帮我想想这怎么能说得通吗？

迈　克：好吧，我没什么其他好担心的，但这确实说不通。我之前没想过，
　　　　其实白天路上车更多。

治疗师：现在我们知道了，这对你换个角度思考有帮助吗？

> 迈　克：我意识到，它如果白天出门安全，那么我想它晚上出门也应该
> 　　　　安全。

　　这个例子强调了苏格拉底式对话如何帮助迈克评估和重新评价他的假设，即"如果我在晚上把我的猫锁在屋子里，那么它就不会被汽车撞到"，这个假设是基于晚上比白天更危险的前提。提问过程使用了明确而具体的"什么""什么时候"和"怎么"问题，迈克很容易回答。这些问题仍然集中在帮助迈克关注新信息，这些信息突出了他的猫在白天而不是晚上更有可能被汽车撞到。反过来，这也帮助他挑战了他需要在晚上把猫锁在屋子里的假设并重新评估自己的行为。

　　就过程而言，会谈通过第一阶段中识别迈克的假设及与之相关的感受和行为取得了进展。通过共情的倾听和总结，治疗师检视了迈克对事件的理解，并帮助他考虑了他之前忽略的信息。最后，迈克在治疗师的帮助下综合了这些新信息并重新评价了自己的假设。

常见困难

对话沦为无聊的问答调查

　　苏格拉底式对话需要围绕治疗师提出的各种问题来开展。如果治疗师不够谨慎，就会把它变成一个问答环节，自己像一个调查者那样，提出问题让儿童或青少年一个接一个地回答。儿童会感觉这种提问形式很像他们曾经犯错的场景，青少年则会觉得被质疑，所以需要为自己辩解。这样的过程必然会导致治疗师与儿童或青少年更加疏远，使他们变得越来越防御和被动。例如，青少年可能会感觉

烦躁，然后拒绝讲话，也可能会因为觉得无聊、不感兴趣，不再配合参与对话；儿童则可能会担心自己是否提供了"正确"的答案。

避免出现这种潜在的不愉快的情况，对治疗师来说很重要。治疗师可以通过采用温和、好奇的语气尽可能地使对话不像一场审讯。在苏格拉底式对话过程中，治疗师应适时地进行内容总结，使儿童或青少年从各种问题中获得必要的休息。治疗师可以采取有趣的活动形式来进行总结，例如，将对话画在黑板 / 白板上，或者将其写在纸上。苏格拉底式对话也可以在多次会谈中进行。一旦儿童或青少年在过程中感觉不舒服，治疗师就要中止对话。

如果类似的情况持续出现，那么治疗师则应该直接与儿童或青少年讨论这个问题。治疗师需要向他们强调提问的必要性，通过提问，治疗师能够了解他们是如何看待事件和经历的。治疗师要向儿童或青少年澄清这些问题没有正确答案，看待和理解事件的方式也有很多种，这可能会让他们更放心。治疗师应该承认儿童或青少年的情绪反应，并与他们讨论怎样可以让他们感觉更舒适。最后，如果苏格拉底式对话总是使儿童或青少年生气、无聊或担心，那么治疗师就需要反思治疗进行的方式，考虑它是否仍是协作、有趣和轻松的，以及它是否以适当的速度进行。治疗师需要着重考虑提问的节奏，以避免出现潜在的令人不快的快速问答循环。

儿童和青少年无法理解或回答这些问题

苏格拉底式对话的目的是帮助儿童和青少年发现并探索他们的思维、情绪和行为。然而，儿童和青少年总会有某些时候无法找到或获取信息来回答治疗师的问题。如果这种情况持续出现，治疗师就需要反思自己所采用的苏格拉底式对话，确认儿童和青少年是否具备回答这些问题的对应信息或知识。这对年幼的儿童来说尤其重要，因为他们可能会觉得复杂、抽象或开放式的问题很难。在这种时候，尝试一些更具体、更精确的问题可能会更好。这有助于把我们的问题置于儿童可以关联到的语境下，让他们更容易理解。因此，与其问一个非常笼统的问题，如"你希望事情有什么不同"，不如问一些更明确的问题，如"你想从什么开始做起""你想去新的俱乐部吗""学校会发生什么变化""妈妈会有什么不同呢"。

如果儿童或青少年还是觉得很难回答，那就试着问得更具体一点，"你想要更多的朋友，更经常见到你的朋友，还是更多地在外面玩"。这给儿童或青少年提供了明确的选择，同时强调可以有不止一个答案。这也给了他们机会说"不，这不适用于我"。或者，治疗师也可以考虑让父母或其他家庭成员积极参与讨论，让他们提出一些想法。然而，治疗师需要仔细监督这一过程，确保儿童或青少年真正有机会表达自己的观点，而不是简单地同意别人提供的选项。

无法整合新信息

有些儿童和青少年能够参与苏格拉底式对话，但并未代入其中，而是以一种超然的理性姿态进行这个练习，这并不能引导他们走向最终的自我反思和重新评价。儿童和青少年在这个过程中发现了被忽视的、具有挑战性的信息，但只是独立地看待它们，并没有将它们整合到自己对世界的认知结构中。

此时，治疗师需要继续坚持并付诸耐心，这样可以帮助儿童或青少年发现更多的信息，把他们的注意力带回到他们忽略的地方。适当的回顾和总结有助于获取新信息和反思已经发现的内容。在每次会谈中，治疗师都可以进行非言语式总结，借此有力且客观地向儿童或青少年强调重要的信息。总结之后，治疗师应该与儿童或青少年进行讨论，鼓励他们对这些信息进行反思。治疗师可以定期让儿童或青少年根据新获得的信息重新考虑他们的认知，如此，儿童或青少年就有机会对新旧信息进行整合，也可以重新评估自己的认知。

替代性观点采择、关注新的或被忽视的信息，以促进自我发现

观点采择

　　儿童和青少年可能会有一些内在的自我选择和主观偏差，这经常会使他们的认知陷入概括化的误区。为了对抗这些选择和偏差，治疗师可以帮助他们从不同的角度考虑他们的认知。引入第三方视角有助于提高客观性，帮助儿童和青少年与认知中的感性成分保持距离，同时也让他们能够发现并承认一些完全不同的、可能具有冲击性的观点。例如，一个总是把自己称作"失败者"的青少年可能会被要求考虑自己最好的朋友是否会这样看待他（TGFB，p.130）。如果朋友听到他使用这样的陈述，会说什么？

　　如果儿童或青少年无法从不同的角度考虑这个问题，治疗师可以鼓励他们把问题发展成行为实验去"检验一下"（TGFB，p.185）。在上面的例子中，青少年可以去问他们看重的、可以放心交谈的那些人，了解这些人认为他擅长什么。对成功或优秀的方面予以积极关注将直接挑战他们的"失败"信念，并帮助他们意识到自己的消极概括可能有局限性。这种做法可以帮助儿童和青少年给他们的通用概念设置界限，并更具体地定义自己的"失败"，例如，"我在学校经常数学考试不及格"。这也能让他们对不同的事件产生不同的认知，例如，"但我经常在本地游泳队的比赛中获胜"。

责任饼图

　　"责任饼图"（TGFB，p.187）不仅是一种评估方法，还为我们提供了一种探索同一事件不同视角的可视化方式。与事件相关的每个人都会被要求找出所有可

能导致事件发生的因素，然后考虑每个因素对事件最终结果的影响。如果一个因素被认为对结果有重大影响，那么它就会在责任饼图中占很大一部分，而不那么重要的因素则占较小的一部分。

案例研究：乔舒亚的车祸

乔舒亚最近卷入了一场车祸，他为所发生的事情画了一张责任饼图（见图 6-1）。图中清楚地表明，乔舒亚认为自己是造成车祸的主要原因。从乔舒亚的角度来看，他认为如果他能按时上学，并且没有和妈妈争吵，车祸就不太可能会发生。

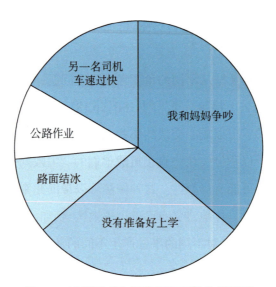

图 6-1　乔舒亚对车祸进行归因的责任饼图

当明确了乔舒亚对车祸的归因后，治疗师就可以将他的理解和当时正开车的他妈妈的理解进行比较（见图 6-2）。乔舒亚的妈妈将车祸归咎于另一名司机在结冰的路面上拐弯时车速过快。尽管她也意识到自己出门晚了，但她并不认为是跟儿子争吵所造成的。乔舒亚的妈妈说，会迟到是因为她在收洗好的衣服，她想在他们离开前启动洗衣机。这种比较提供了一个直观且客观的方式以检验乔舒亚的归因，帮助他重新评估自己的理解，减少他在事故中的个人责任。

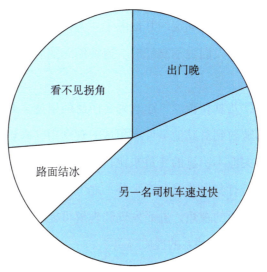

图 6-2　乔舒亚的妈妈对车祸进行归因的责任饼图

关注被忽视的信息

另一种设置界限的方法是帮助儿童和青少年关注他们可能忽略的新信息、过去的经历或事件。如果儿童和青少年认为人们是不友好的，会伤害他们，那么他们可以考虑一下以前发生过这种事情的情况。这可能会帮助他们发现，只有一小群特定的孩子遭遇过他们所经历的霸凌。同样，对当前事件进行探索，可以向儿童和青少年突显出代表友谊发展和善意行为发生的事例（TGFB，p.67）。这有助于他们给"人都是不友善的"这一普遍信念建立适当的界限。

相似性比较

在许多情况下，儿童和青少年会根据自己观察到的相似性进行概括，然后使用该相似性来假设存在尚未确定的其他因素。例如，一个青少年可能经历过一些霸凌事件，这使他认为人们是不友好的。这种信念随后会被他推广到与其他青少年相处的情况中。

相似性比较帮助儿童和青少年注意到更广泛的信息。儿童和青少年可以通过将自己的观念结构映射到对其他事件或领域的观念中，来识别事件之间的重要差异，然后就几个相关但不明显的变量来比较这两个事件或情况。因此，在单一或表面的相似性（如所有其他儿童和青少年）之上看待事情，可以帮助儿童和青少年发展出新的、更广泛的视角，进而发现和理解可能导致别人不友善的其他因素（如熟悉度、性别、年龄、关系的性质等）。

相似性比较可以通过隐喻来实现。例如，相信别人不友善的青少年可以想想汽车。虽然大多数汽车都有一些很明显的相似性，但只有当车门和引擎盖打开时，人们才可以看到明显的差异。因此，青少年可能看起来都很像，但只有当你了解他们（坐进车里或打开引擎盖）后，你才会发现有些人比其他人更好。这样的隐喻可以用来拓宽青少年的视野，挑战通用概念。

系统地检验假定的关系

儿童和青少年会对事件之间的关系做出假设，假设一件事是另一件事的原因。例如，患有强迫症（OCD）的青少年可能会认为，如果他们不重复念一组单词，或者不进行某种强迫行为来防止可怕的事情发生，他们就会让父母卷入一场事故。在这些情况下，系统地检验这种假定的关系是很有用的。治疗师可以通过因果推理来实现检验，在过程中对这些假设进行逻辑分析，以证实或推翻儿童和青少年所假定的关系。对于患有强迫症的青少年来说，证实将涉及探索假定关系的两个部分，也就是说，首先，进行仪式是否能防止事故发生，其次，不进行仪式是否会导致事故发生。这可以作为一个行为实验，让青少年检验如下内容。

▶ 进行仪式能够保证父母的安全。青少年可能会预测，自从他们开始有强迫行为以来，他们的父母就没发生过任何事故。真的是这样吗？

▶ 不进行仪式会导致事故。青少年可能会预测，如果他们不进行他们的仪式，就会发生事故。当青少年忘记或不进行仪式时，父母是否卷入了一场事故？

推翻假设则需要对可能导致事故的一系列因素进行探索，这些因素与是否进行了仪式无关。青少年的预测可能需要多个步骤来实现，治疗师可以通过细化这些步骤来推翻他们的假设。例如，事件链条（Chain of Events）练习是一种有用的可视化方法，可以帮助治疗师推翻假设，它详细描述了在预测事件发生之前需要具备的事件链条中的所有环节。如果其中一个环节缺失了，整个链条就断了。

案例研究：玛拉担心自己会把细菌传染给别人

11 岁的玛拉患有强迫症，她担心自己会把细菌传染给其他人，导致他们死亡。为了中和这些想法，玛拉采取了各种强迫行为。她使用事件链条来进行归纳推理，来强调在预测的结果发生前可能涉及的许多步骤中的部分环节。图 6-3 是玛拉构建的事件链条。

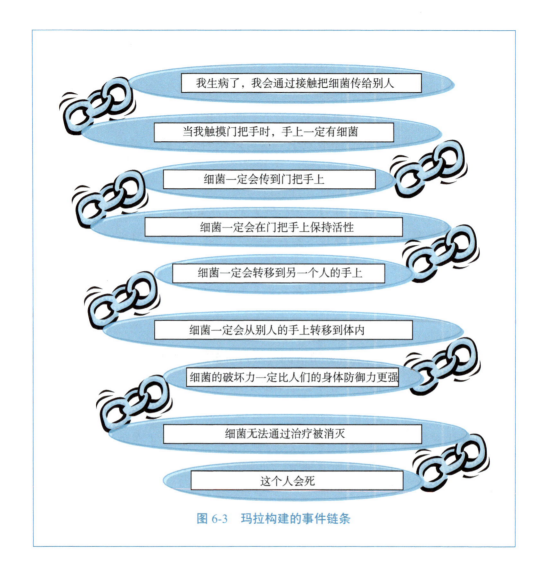

图 6-3　玛拉构建的事件链条

进行行为实验或预期检验以评估信念、假设和认知

评估认知的一种客观方法是通过行为实验来"检验"它们。实验是客观地

寻找新信息的有力方法。治疗师可以鼓励年幼的儿童扮演科学家、"私家侦探"（Friedberg & McClure，2002）、"社交侦探"（Spence，1995），或者 "想法追踪者"（Stallard，2002a），并准备好发现信息以检验自己的认知。

行为实验是一种检验信念和假设是否永远正确的实用方法，可以帮助儿童和青少年发现对事件的替代性解释，或者如果他们采取不同的做法会发生什么。因此，实验有助于对儿童和青少年的普遍、泛用的定义加以限制，或者提供新的信息以使儿童和青少年将其整合到认知框架内。贝内特 – 利维等人（Bennett-Levy et al.，2004）划分了不同类型的行为实验。

认知和预期检验实验

这是一种监测或观察实验，用来检验儿童和青少年的信念、预期或想法。例如，一个认为自己 "没有朋友" 的儿童或青少年可能会被要求监测自己一周内收到的所有电话、短信、社交媒体的消息。如果他没有朋友，就会预测自己不会收到任何信息。

进行实验来检验如果采取不同的做法会发生什么

儿童和青少年可以通过探索如果自己采取不同的做法会发生什么，来检验自己的信念或假设。例如，一个儿童可以通过现场跑步来确定心跳加快是锻炼的信号，还是 "心脏病发作" 的信号。类似地，一个社交焦虑的青少年可能会需要停止做出 "安全行为"，即不看别人，以发现如果自己采取不同的做法会发生什么。

信息收集实验

这类实验能够通过发现新的信息来检验儿童和青少年的信念或假设。这可能需要儿童和青少年积极地寻找质疑他们核心信念的信息（TGFB，p.140），或者通过互联网来收集新信息（TGFB，p.150，p.186）。

设计行为实验

在设计行为实验时，怀抱着好奇的态度并保持开放的思想是非常重要的。行为实验的目的应该是观察发生了什么，而不是有意地去反驳儿童和青少年的信念。诚然，在某些情况下，行为实验会支持并验证他们的信念。但无论实验结果如何，我们从实验中获得的信息都将是有帮助的，这些信息能够告诉我们接下来可能需要采取什么行动。

> ▶ 认为自己没有朋友的青少年所进行的实验可能会表明，这一周的确没有任何人联系过他。因此，等待其他人的联系不太可能帮助他交到朋友。所以，他接下来可能需要转向更积极主动的方式，治疗师可以让他进行一个实验，看看如果他主动联系其他人会发生什么。

实验必须是安全的，并尽可能减少对儿童和青少年的伤害。

> ▶ 对于被言语嘲笑的儿童和青少年来说，尝试变得更自信、更好地为自己辩护可能是有帮助的。然而，在实施这个实验之前，需要仔细考虑可能产生的后果。

同样，那些结果不可预测的实验需要通过仔细的计划才能得以实施。

> ▶ 对儿童和青少年来说，在社交场合尝试不同的行为可能是有帮助的。然而，与其在一个大的社会团体中进行实验，不如确定一个更小范围的、更可预测的情境。

最后，在开始行为实验前，治疗师需要确认儿童或青少年需要怎样的支持，同时所有的相关方都是了解并支持这个实验的。没有这种支持，实验可能会在不经意间被破坏。

在计划时，行为实验应该立足于一个明确的理论基础，并遵循以下步骤（TGFB，p.185）。

▶ 明确指出被检验的认知，并对信念强度进行评估。

▶ 清晰地定义该实验，并探索可能存在的阻碍。

▶ 预测实验结果。

▶ 描述实验的实际结果。

▶ 鼓励儿童和青少年反思自己的发现，以及这些信息可能如何影响和改变他们的认知。

案例研究：预期检验实验——凯莱布认为自己是个失败者

19 岁的凯莱布感到非常沮丧，坚信自己是个失败者。他把这种信念泛化到生活的方方面面，这导致他感觉没有动力，不愿意做事情。

你想检验什么想法或信念？

◆ 凯莱布同意检验他认为自己"是个失败者"的看法，他非常相信这一点，并在 1 ~ 100 分的范围内将相信程度评估为 92 分。

你可以进行什么实验来检验这一点？

◆ 凯莱布考虑了可以进行的实验，也明确了可能出现的任何阻碍，最后，他同意聚焦于他的大学课业。凯莱布同意把接下来 5 门课程的成绩记在日记里。

你认为会发生什么？

◆ 凯莱布认为自己是个失败者，所以他的任何功课都拿不到好成绩。他认为自己不会得到高于 D 的分数。

发生了什么？

◆ 凯莱布有两门功课不及格（都是数学）。他获得了两个 D（英语和历史成绩）和一个 B（体育成绩）。

你发现了什么？

◆ 凯莱布被鼓励反思自己的结果，并考虑自己是否预测了比实际情况更糟糕的结果，自己是否也有并不失败的时候，以及自己是如何理解所发生的事情的。他也被鼓励思考"自己是个失败者"的普遍信念是否具有一定的局限性，例如，"我在功课上很吃力，但在运动上表现很好"。

这是否改变了你的想法或信念？

◆ 根据所发生的事情，凯莱布重新评估了自己的信念。他仍然坚定地相信这个想法（90 分），认为所发生的事情是特殊情况。因此，凯莱布被鼓励继续进行实验，并记录自己接下来的 10 门大学课程的成绩。

案例研究：积极实验——劳拉的社交焦虑

14 岁的劳拉在社交场合感到焦虑，她会回避社交。即使她真的参加了社交活动，她也会实施许多"安全行为"，试图减轻焦虑。劳拉很少说话，即使说话，声音也很轻。她非常关注自己，总是注意自己说的话，担心自己很无趣，担心别人会笑话她。

你想检验什么想法或信念？

- ◆ 劳拉同意检验自己的想法，即"她的安全行为帮助她减轻焦虑"。她相信这些行为有这样的效果，并在 1 ～ 100 分的范围内将自己的信念评估为 85 分。

你可以进行什么实验来检验这一点？

- ◆ 劳拉同意在诊所进行社交实验，她与一位不熟悉的工作人员进行了简短的交谈。在某一段对话中，她会实施自己的安全行为，而在另一段对话中，她需要暂时忽略自己的表现，去探索当她说话更多、声音更大、更专注于对话时会发生什么。这些对话将被录下来。

你认为会发生什么？

- ◆ 劳拉认为，如果她不实施安全行为，她会感到更加焦虑。

发生了什么？

- ◆ 劳拉看了录像并惊讶地发现，当她放弃安全行为时，沟通变得更好了。她对自己在两种情况下的焦虑程度进行了打分，当采取安全行为时（80 分），她比不采取安全行为时（50 分）更焦虑。

你发现了什么？

- ◆ 劳拉惊讶地发现，她的安全行为让她感到更焦虑。

这是否改变了你的想法或信念？

- ◆ 劳拉所持的"安全行为帮助她减轻焦虑"这一观点的得分降到了 50 分。进一步的工作帮助劳拉将注意力向外聚焦在谈话上，同时减少了批判性的、以自我为中心的内部评价。

案例研究：信息收集实验——亚当的认知模式概念化

9 岁的亚当因为在学校里表现出焦虑和惊恐发作而被转诊。这些情况发生在午餐时，导致亚当一整天都拒绝吃东西或喝水。

在评估过程中，我们发现亚当非常在意自己的外表。他穿名牌衣服、挑染头发。他说，当他吃午饭时，他总是觉得其他学生都在盯着他。当被问及他们为什么盯着他时，他表示，他们可能觉得"我看起来很丑"或"我可能哪里不对劲"。亚当报告了午饭时出现的一些焦虑障碍的症状，特别是喉咙干、心跳加速、呼吸短促和出汗。当亚当注意到这些时，他已经无法吃饭并且想要离开餐厅了。图 6-4 呈现了可以解释所发生事情的认知模式。

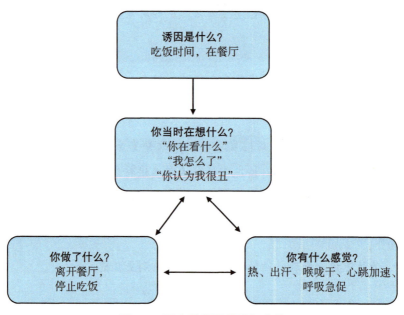

图 6-4　亚当的餐厅模式概念化

亚当认为这个模式不对，并提出了一个替代性解释（见图 6-5）。他描述了他很喜欢在吃饭前踢足球。他会追着球一直跑来跑去，所以当他坐下来吃午饭时，会觉得很热，不停出汗，还呼吸急促。他的嗓子也很干，他不想吃饭，想到外面凉快一下。

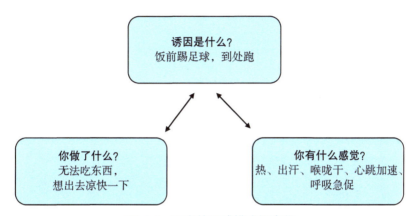

图 6-5　亚当的足球模式概念化

亚当的解释很有道理。虽然他没有提及他的认知，但他确实设法把正在发生的事情与他的感觉和随后的行为联系起来。

我们讨论了是否可以进行一项实验，来检验哪一种解释更好。亚当同意对接下来三次雨天的游戏时间进行监测。下雨时，孩子们不被允许出去，所以亚当不能跑来跑去踢足球。如果亚当的解释是正确的，那么只要他不能踢足球，他就不会觉得热，也就能吃午饭了。如果他还是吃不下午饭，那一定还有别的解释。实验表明，即使亚当没有踢足球，他仍然没有吃午饭。这促使亚当考虑另一种解释。

第 7 章

情绪技术

使用各种情绪技术，促成治疗中的改变。

情绪领域的工作旨在帮助儿童和青少年提高对核心情绪的觉察能力，发展情绪管理技能。情绪识别能力可以通过了解与每种核心情绪（快乐、悲伤、焦虑／紧张、愤怒）相关的身体信号来培养。一些身体信号（如流泪、咒骂）可能与特定情绪有关，而其他身体信号（如感觉体温上升）可能是多种情绪共有的。心理教育可以帮助儿童和青少年认识到，情绪不是随机产生的，而是由情境、事件及他们的想法和行为触发的。这能够使儿童和青少年积极地控制自己的情绪，管理自己的感受。与其让儿童和青少年带着不愉悦感生活，不如鼓励他们使用多种策略，改善自己的感受。

识别各类情绪，培养情绪识别能力

儿童和青少年往往无法准确意识到自己内心体验到的不同情绪，或者可能会把不同的情绪笼统地放在一个标签下，如"很糟糕""压力大""还行"或"要疯了"。理解情绪的不同有助于儿童和青少年意识到，他们其实可以做些什么来让自己感觉更好受一些。

▶ 当儿童和青少年感到焦虑或愤怒时，放松练习会有所帮助，但当他们感到沮丧时，这种练习就没那么有效了。

▶ 当儿童和青少年感到沮丧时，行为激活可能会有所帮助，但当他们感到焦虑时，这种方式可能并不适用。

情绪识别能力是理解情绪和表达感受的能力。尽管这种能力通常在学校可以得到训练，但治疗师仍有必要确认儿童或青少年能够运用的情绪词汇的广度。

以下是可以用来评估情绪识别能力的方式。

▶ 使用一系列照片或抽认卡，呈现不同的面部表情，让儿童或青少年尝试"为情绪命名"。

▶ 提供一系列情境，邀请儿童或青少年描述他们的感受。

这些情境可以是：

▶ 被给予一些钱或得到特殊待遇；

▶ 被老师训斥；

▶ 没有被邀请参加聚会；

▶ 被指控做了他们没有做过的事。

▶ 播放人们处于不同情境下的视频片段，并询问青少年如果他们也处于这些情境下会有什么样的感受。

▶ 开展"寻找情绪词"的游戏，邀请他们在打乱的字母表中找到不同的情绪，并识别哪种情绪与他们息息相关。

▶ 对于年幼的儿童，可以使用"为我的情绪涂色"游戏，以呈现他们所体验到的情绪的类型和强度。这个方法要求儿童为自己的每种情绪指定一种颜色，然后用这些颜色给一个空白人体轮廓涂色，呈现出他们内心的每种情绪及其所占的分量。儿童每选择一种颜色，治疗师就会请他们说出它代表的情绪。

一旦儿童或青少年使用了情绪标签，治疗师应当和他们一起澄清他们是如何使用这些标签的。例如，儿童或青少年可能会用"让我生气"或"紧张"这样的标签来描述愤怒和焦虑的情绪。

对情绪标签含义的澄清也有助于父母对孩子的理解，因为父母有时可能会误解孩子的感受。例如，父母可能会认为孩子在生气，但实际上他们是感到害怕和无力。

总之，关于情绪识别能力，最重要的是要让儿童和青少年能够识别和命名快乐、悲伤、愤怒和焦虑等核心情绪。

区分不同的情绪，识别关键身体信号

身体信号

在儿童或青少年与治疗师对核心情绪的理解达成一致后，治疗师就可以开始帮助他们识别特定的身体信号。治疗师可以使用工作表提示儿童或青少年考虑一系列可能的信号，并在他们感到以下情绪时识别哪些信号适用于他们：

▶ 沮丧时（TGFB，p.147），身体信号为疲劳、舒适进食、哭泣、难以集中注意力、难以入睡；

▶ 焦虑时（TGFB，p.148），身体信号为心跳加速、口干、燥热、忐忑不安；

▶ 愤怒时（TGFB，p.149），身体信号为提高嗓门、握紧拳头、咬牙切齿、脸色潮红。

这项练习可以帮助青少年辨识他们能够觉察到哪些身体信号，以及哪些是他们最强烈的信号。

对于年幼的儿童，另一种方法是帮助他们关注情绪表达的三种不同方式，即面部表情、身体姿态和行为。治疗师可以使用工作表来处理每种核心情绪，如悲伤、愤怒、焦虑和快乐，让儿童画出或写下当他们感受到这些情绪时发生的事情。例如，"当你感到愤怒时，脸上的表情是什么样的"。一旦定义了儿童在不同情绪下的反应后，治疗师就可以邀请儿童评估每种情绪的出现频率。

在团体中进行情绪识别练习时，治疗师可将活动规模扩大。例如，治疗师可以让青少年躺下来，并沿着其轮廓画出一个真人大小的身体形状。然后，团体成员可以在上面画出与每种情绪相关的身体信号。治疗师还可以把这个活动调整成更适合年幼儿童的游戏。在游戏中，治疗师可以请儿童在感受到特定信号时，站起来或移动到房间的特定位置。像这样的团体活动可以帮助儿童想到许多可能出现的身体信号，并识别出哪些是最常见的，哪些会伴随不止一种情绪出现。

感受日记

与情绪相关的治疗中的一大核心任务是，治疗师需要帮助儿童和青少年理解情绪不是随机发生的，而是由特定的情境、事件和想法触发的。

对年幼的儿童来说，治疗师可以用工作表来寻找儿童的不同感受与场所之间的关联，或者识别哪些重要地点、人和活动可能与儿童愉快和不愉快的感受有关。治疗师可以鼓励青少年写感受日记（TGFB，p.151）。告诉他们每当注意到一种强烈情绪时，他们可以简短地记录下日期和具体时间、自身感受，以及当时在做什么、想什么。之后，他们可以回顾已完成的日记，并探索自身常见的情绪模式，以确定可能促发这些情绪的诱因。

案例研究：悲伤的威廉

威廉注意到，他经常有强烈的悲伤情绪。威廉认为这些感觉出现得莫名其妙，没有任何特定的模式或规律可循。于是他尝试记录了一周的情绪日记（见表 7-1）。

日记帮助威廉发现了一种模式，即当他独自一人时，他的悲伤情绪更有可能被触发。通常，当他从卧室醒来不久后，悲伤情绪便会随之而来。威廉意识到，当时自己脑海中翻滚着各种无益的想法，尤其是关于学业的，他担心自己搞不懂数学课的内容，并且会考试不及格。日记帮助威廉发现，他的感受并不是无规律的，而是常常在一早醒来时出现的，并且通常与他对学业的担忧有关。

表 7-1　威廉的日记

日期和时间	你感觉怎么样	你在做什么	你在想什么
周一早上	流泪、疲倦、想要划伤自己	刚刚醒来，躺在床上	"我没法起床，没法去上学"
周二早上	流泪、想要划伤自己	刚刚醒来，躺在床上	"有什么意义？不论怎样我都会考得很差"
周三早上	流泪、焦虑	醒得很早（5：30），躺在床上	"我还没做完作业，我不知道该怎么办"
周五早上	流泪、难过	躺在床上	"我不明白数学课学的东西，我不知道该怎么办了"

情绪监测日志

情绪监测可以帮助儿童和青少年觉察到，情绪及其强度会在一天之中发生变化（TGFB，p.152）。治疗师可以与儿童或青少年协商选出一个固定的时间段，并让他们评估在该时间段内所体验到的主要情绪的强度。该练习可以呈现儿童或青少年的情绪变化过程，并有助于他们识别与更强烈和更微弱的情绪状态相关的特定时间，然后探索那时的他们在做什么。

▶ 在晚餐和就寝时间，一位青少年的悲伤情绪会更强烈。进一步了解后发现，这位青少年在这段时间通常会回到自己的房间，为第二天即将面对的事情发愁一会儿。

▶ 在午餐时间，这位青少年的焦虑感会更强烈。进一步了解后发现，在这个时间段，这位青少年通常在一个很大的餐厅里独自坐着，并为他人的靠近而感到担心，因为他不知道该如何应对。

▶ 在周二早上或周三下午，这位青少年的愤怒情绪通常会更强烈。这可能与所上的课程有关，在这节课上，这位青少年总觉得老师在针对他。

案例研究：情绪低落的伊莎贝拉

伊莎贝拉感到沮丧，并报告自己"一直"感到很抑郁。她难以识别自己心情的变化，于是尝试进行了一周的情绪监测记录。伊莎贝拉每天在固定的时间对自己的情绪低落程度进行评分，评分范围为 1 ～ 10 分（1 分为非常低落，10 分为非常高兴）（见表 7-2）。

表 7-2　伊莎贝拉的情绪监测日志

单位：分

日期	起床	上午	午餐	放学后	社团活动时间	睡觉
周一	1	3	2	2	4	2
周二	1	4		2		2
周三	1		2	1	4	2
周四	1		4	1	4	1
周五	1	3	3	2	2	
周六	2	4	4		3	1

日记显示出伊莎贝拉的情绪非常低落，她从来没有体验过大于 4 分的积极情绪。但是日记也显示，当她在早上醒来并开始担忧这一天时，这些感受会更加强烈。在放学后到晚餐前的这段时间，伊莎贝拉会把自己关在卧室里。当她回想这一天过得有多糟糕时，这种感受也会更强烈。发觉了这一点后，伊莎贝拉尝试重新安排活动，以改善自己的情绪。

- ◆ 早上醒来时，她能否做些别的事情而不是躺在床上不断担忧？她喜欢音乐，那么她可以趁这段时间听会儿音乐吗？
- ◆ 放学后，她能否和妈妈、姐姐一起坐在楼下，而不是自己一人待着？

培养情绪管理技能——放松、意象引导、呼吸控制和平复活动

治疗师可以帮助儿童或青少年创建技能工具箱，儿童或青少年可以使用工具箱中的技能来管理和耐受不愉快的情绪。工具箱这一概念旨在强调在不同的时间和地方，可以使用不同的技能。

例如：

▶ 身体活动（physical activity）和自我安抚（self-soothing）在学校可能很难进行，但可以在家里使用；

▶ 腹式呼吸（diaphragmatic breathing）在很多情境下都适用。

在创建技能工具箱之前，治疗师应确定儿童或青少年目前正在使用的情绪管理技巧有哪些，并在此基础上，再进一步扩充已有技巧。例如，一位青少年通过数到 3 来控制情绪，那么治疗师可以以这项技术为基础，进一步教授青少年练习腹式呼吸。但要注意，青少年也可能会采取一些无效的方法来应对不愉悦的感受，如打游戏、自伤，对于年龄较大的青少年，这些方式可能还会涉及饮酒、吸烟或滥用药物等。治疗师应当同青少年一起识别这些方法的潜在风险、好处和局限性，并鼓励他们尝试一些有效的替代方法来应对痛苦。

渐进式肌肉放松

对于出现情绪唤起问题（如焦虑、愤怒）或生理问题（如头痛）的儿童和青少年，放松训练是缓解他们经历的不愉快的生理症状的一种有效方法。放松训练引起的生理状态（放松）与应激反应不兼容，它是许多针对儿童和青少年的认知行为疗法的核心组成部分（King et al., 2005）。

渐进式肌肉放松（progressive muscle relaxation）包括逐一地绷紧和放松每块主要肌肉群的肌肉，直到身体的所有紧张感都被消除。这个过程有助于增强儿童和青少年对身体紧张的觉察，以及识别身体最受影响的部位的能力。

在进行渐进式肌肉放松训练的最初阶段，治疗师应将讲解与练习结合起来，以确保儿童或青少年能够充分参与练习，并及时解决练习中可能遇到的任何问题。完成放松练习后，治疗师可以鼓励儿童或青少年对练习的过程进行反思（如哪些部位紧张感最强、练习中有何难点），并在放松前后对他们的紧张程度进行评估，以识别变化。要想习得一项新技能，练习是不可或缺的。因此，为了达到最佳效果，治疗师应鼓励儿童或青少年在家时也进行放松练习（TGFB，p.161）。当儿童或青少年注意到自己很紧张，或者准备做一些可能会感到较大压力的事情时，他们就可以用这种方法。他们可以在每晚睡觉前进行放松练习，将放松作为每晚在固定时间进行的一项常规活动，以此将这一方法融入日常生活中。

放松练习值得被介绍给每位儿童或青少年，它已是许多运动员、名人、音乐家及影视明星广泛使用的技能。最初，儿童或青少年可能难以觉察到明显的好处，但与任何新技能一样，这一方法也需要反复的练习。为了避免失望，治疗师需要预先提醒儿童或青少年刚开始的重点是学会如何去做，显著的情绪变化不会在短时间内就发生，并让他们为这种可能性做好准备。

在家时，儿童或青少年需要找一个安静、舒适、不受干扰的地方，关掉手机，选择一个 10 分钟内不会被打扰的时间。他们可以坐在椅子上，也可以躺在床上或地板上，只要是让自己觉得舒适和方便的地方就行。他们可以自行选择闭上眼睛或睁着眼睛，然后把注意力全然地放在身体上，依次绷紧和放松每个主要肌肉群。

每个肌肉群都要绷得足够紧，以便自己觉察到这种紧张感，但要注意，不可过度绷紧，避免受伤。绷紧 5 秒后，放松肌肉，释放紧张。当他们这样做时，治疗师要鼓励他们关注紧张和放松之间的区别，以及当紧张得以释放时的平静感觉。在移动到下一个肌肉群之前，每个肌肉群应该收紧两次。在收紧所有肌肉群后，儿童或青少年可以花几分钟时间享受放松下来的感觉。

市面上有各种各样提供放松指导的指南，儿童或青少年可以依据个人喜好进行选择。以下是一种以从脚到头进行肌肉群放松的方法（TGFB，p.154）。

▶ 双脚和脚趾

▶ 小腿

▶ 大腿

▶ 胃部

▶ 手臂和双手

▶ 背部

▶ 颈部和肩部

▶ 面部

以下是一种简化的练习顺序，可以更快速地完成（TGFB，p.155）。

▶ 手臂和双手

▶ 腿部和双脚

▶ 胃部

▶ 颈部和肩部

▶ 面部

年幼的儿童可以通过游戏来进行放松练习，如"西蒙说"（Simon Says），它是一种参与者需要根据听到的指令做动作的游戏。

指令如下。

▶ 像士兵一样行进。这时他们的背部、手臂和腿部的肌肉都会绷紧。

▶ 原地跑步。腿部肌肉会紧张起来。

▶ 想象自己是一棵在风中摇曳树枝的大树，用力向上伸展。这时手臂和腹部肌肉都会绷紧。

▶ 做鬼脸。面部肌肉会得到收紧。

▶ 紧紧蜷成一个球，将所有的主要肌肉都绷紧。

▶ 最后，让儿童想象自己是一只又大又重的大象，尽可能缓慢地移动，然后躺在地上变成一头睡眼惺忪的狮子，尽可能保持不动，以释放紧张感。

平静意象

平静意象是一种控制焦虑或不愉快情绪的有效方法。首先，治疗师可以邀请儿童或青少年想象并描述一个让他们感到宁静、平静或快乐的地方（TGFB，p.163）。平静之地可以是一个真实的地方，也可以是一个想象出来的地方，但它必须能激发儿童或青少年愉悦的感受。儿童或青少年需要描述和绘制这个场景，或者带一张它的照片，以创造出意象。治疗师的目标是帮助儿童或青少年依次调动他们的每一种感官，来创造一个生动、极具感染力、多元感知的影像。

▶ 你看到了什么？——描述场景，场景中主要元素的颜色、形状和大小。

▶ 你触摸到了什么？——例如，你能想象脚下滚烫的沙子、脸上冰冷的水或手上的冰雪吗？

▶ 你能闻到什么？——想象一下海水的味道、烧烤时烹饪汉堡包的味道或松树林的气味。

▶ 你能听到什么？——想象一下海鸥的尖叫声、海浪拍打海滩的声音、风穿过树木沙沙作响的声音。

▶ 你能尝到什么？——想象一下咸咸的海水在你的嘴唇上，或者甜甜的冰激凌融化在口中。

儿童和青少年需要反复进行联想练习，不断丰富意象的细节，直到他们能够形成让自己感到放松、平静、包含多种感官信息的画面。意象一旦完成，治疗师就会鼓励儿童或青少年在觉察自己感到焦虑或压力时，尝试想象自己的平静之地，以此来对抗不愉悦的感受。

案例研究：艾莎的平静意象

艾莎患有严重的哮喘病。当她哮喘发作时，她会变得非常焦虑，而焦虑会影响她的呼吸并加重哮喘的发作。于是，艾莎尝试着创造出了一个令自己平静的意象，即她母亲的朋友在海滨小镇经营的咖啡馆。

◆ 治疗师首先引导艾莎对意象进行描述。

◇ "咖啡馆在一个商店后面的小院子里。外面有三张桌子可供大家使用。当你走进咖啡馆时，室内还有五张桌子和一个柜台，你可以在那里买到各种饮料和蛋糕。"

◆ 治疗师给予艾莎一些提示，来帮助她具体化咖啡馆内部的情况。

◇ "桌子上有什么东西吗？"——"有的，每张桌子上都有一块红白色格子的桌布，还有一个白色糖罐和一只花瓶，花瓶里插着红色的花。"

◇ "咖啡馆有窗户或窗帘吗？"——"有，咖啡馆的正面是落地的玻璃窗，所以你可以观看外面的风景。每扇窗户上都挂着红白格子的窗帘。"

◆ 接着治疗师引导艾莎关注触觉，觉察自己能够触碰到什么。

◇ "咖啡馆里的椅子感觉怎么样？"——"是木制的，没有坐垫，坐起来很不舒服。"

◆ 治疗师提示艾莎关注自己能听到什么声音。

◇ "咖啡馆外面有一条小溪，你可以听到淙淙的水流声。在咖啡馆里头，你能听到人们交谈的声音，还有店里播放着的背景音乐。

◆ 治疗师提示艾莎关注自己能闻到什么气味。

　◇ "整个咖啡馆弥漫着现磨咖啡的香味。"

◆ 治疗师提示艾莎辨别各种味道。

　◇ "你能买到蛋糕吗？" ——"你可以买到自制的司康、水果蛋糕、胡萝卜蛋糕和美味的巧克力软糖蛋糕。"

　◇ "你最喜欢什么？" ——"巧克力蛋糕。"

　◇ "它的味道是什么样的？" ——"上面有又甜又软的巧克力软糖。它的口感软软糯糯的，味道很棒。"

腹式呼吸

人们在出现焦虑反应时，常伴有呼吸过浅和呼吸短促的症状。腹式呼吸，亦称肚式呼吸（abdominal or belly breathing），是一种用横膈膜（位于肺底部的大块肌肉）进行深呼吸的方法，用以应对呼吸过浅和呼吸急促的问题。这种呼吸法有助于减缓呼吸频率，降低心率，促进身体放松。

儿童和青少年可以在许多不同的情境下，使用这种简单、快捷的方法来释放压力和恢复控制感。儿童或青少年可以想象自己肚子里有一只大气球，自己需要慢慢地填满和清空它。治疗师可以请儿童或青少年把一只手放在肚子上，同时用鼻子慢慢吸气来填充气球。这时他们会注意到，当气球充满气时，放在肚子上的手会上升。当气球充满气后，他们需要用嘴慢慢呼气，接着觉察气球渐渐变瘪，肚子也缓缓下落。重复这一过程三四次，儿童或青少年将恢复对呼吸的控制，并开始放松下来。

呼吸控制是另一种减缓快速浅呼吸并恢复控制的方法。当儿童或青少年注意到自己的呼吸变得急促且较浅时，治疗师可以指导他们尝试"4-5-6 呼吸法"（TGFB，p.156；TGFG，p.171)，让他们用鼻子吸气 4 秒（数 4 个数的时间），接着屏住呼吸 5 秒，然后用嘴慢慢呼气 6 秒。这样重复三四次，直到他们对呼吸恢复控制。

对年幼的儿童来说，治疗师可以让他们想象一根接一根地吹灭生日蛋糕上的蜡烛来练习呼吸控制。儿童需要先用鼻子吸气，当屏住呼吸时，他们需要选择一根蜡烛，并仔细瞄准。然后用嘴巴慢慢呼气，使蜡烛熄灭。之后再次重复这个过程。

改变感受

改变感受旨在促使儿童和青少年积极地采取行动来让自己感觉更好些。人们往往能够觉察焦虑或抑郁等强烈的负面情绪，却鲜少采取行动以使自己的情绪得到控制和改变。治疗师应当鼓励儿童和青少年积极主动地改变自己的感受，让自己感觉舒服些，而非陷入被感受控制的处境。

▶ 如果你感到紧张，可以做点什么放松一下。例如，泡澡、听音乐、看书、画画。

▶ 如果你感觉不开心，可以做点什么让自己高兴起来。例如，看一集你最喜欢的电视剧、涂指甲油、喝一杯热巧克力，或者和你的宠物玩耍。

▶ 如果你感到生气，可以做点什么让自己冷静下来。例如，击打垫子或沙袋、戳破泡泡纸、出去散步、演奏乐器。

治疗师可以使用工作表（TGFB，p.164）来帮助儿童或青少年识别与愉悦感相关的活动。这可以提醒儿童或青少年，当他们感受到强烈的不愉悦情绪时，他们可以做些什么来改变这种情绪。

培养情绪管理技能——体育活动、释放情绪、情绪隐喻和情绪性意象

体育活动

对一些儿童和青少年来说，在参与体育活动的过程中，全身肌肉将会自然而然地系统收紧和放松。虽然进行体育活动需要特定的场景和条件，但还是有一些方法可以将其纳入儿童和青少年的日常生活中。

▶ 如果一位青少年喜欢骑自行车，觉得骑自行车有助于自己放松。那么，当他在放学后感到有压力时，他可以试着进行一段短暂而愉快的自行车骑行，让自己放松下来。

▶ 如果一位儿童发现，遛狗会让她感到放松，那么当她注意到自己压力较大时，她就可以通过带狗狗散步来放松自己。

体育活动并不一定意味着体育运动，它也包含其他可以尝试的身体活动，如跳舞、散步、打扫卧室、洗车或步行去商店（TGFB，p.162）。儿童和青少年需要确定哪些体育活动更适合自己。

释放情绪

对年幼的儿童来说，强烈的情绪会让他们感到恐惧。治疗师可以通过向他们演示如何将不愉快的情绪外化，将其释放出来，并放置在一个安全的地方，如一个暂时用来盛放情绪的"安全空间"。治疗师可以鼓励儿童找一个盒子并按自己喜欢的方式装饰它，把它当做自己感到不愉快时的"安全空间"或"密封储藏室"。每当他们被强烈情绪困扰时，他们就可以通过在一张纸上画出情绪或为情绪命名

的方式，将情绪外化成一样东西（纸片）。这时情绪与儿童处于分离状态，治疗师可以邀请他们把纸片放进可以安全地保管强烈情绪的空间里。儿童可以定期打开这个"安全空间"，并与值得信任的人一起回顾不愉悦的感受。

情绪隐喻

隐喻技术可以有效帮助儿童和青少年理解他们的情绪是如何逐渐累积、增强的。对有愤怒困扰的儿童和青少年来说，愤怒火山（the anger volcano）是探讨愤怒爆发的一种常用方法。这个比喻有助于儿童和青少年描绘出自己的愤怒火山爆发前所经历的各个阶段。青少年将在治疗师的帮助下，聚焦于在愤怒的各个阶段体验到的想法、情绪、行为和经历，如下所示。

▶ 冷静与放松：用正常的声音和音量说话，感到平静。

▶ 有点烦躁和恼火：我知道有人在激怒我，感到上火。

▶ 发怒：咬紧牙关，握紧拳头，表示威胁。内心想法为"我要打你了"。

▶ 非常愤怒但仍在控制之中：开始咒骂，面部涨红，听不进去别人说话。内心想法为"我要了解这一切，我说了算"。

▶ 开始失去控制：逐渐脱离正在发生的事情，一切似乎都在慢镜头中发生。

▶ 大发雷霆：身体做出攻击动作，如出拳、踢腿、扔东西。

一旦识别到了愤怒开始升级的信号，治疗师就可以引导儿童或青少年，在愤怒处于较低的水平时捕捉相关征兆，并做出反应，启动情绪策略，防止火山爆发。

情绪性意象

情绪性意象是一种情绪干预方法，即通过把引发焦虑或愤怒的意象，改变为更中性的意象，从而实现对情绪的干预。拉札勒斯和阿布拉莫维茨（Lazarus & Abramovitz，1962）将情绪性意象描述为"能引起自我主张、骄傲、喜爱、欢笑和类似的焦虑抑制反应的意象类别"。治疗师需要帮助儿童或青少年构建适应性的情绪性意象，凭借这些意象，儿童或青少年得以面对问题并克服困难。这种意象为儿童和青少年提供了一种方法，通过改变问题情境中引发情绪的部分，来对抗不愉快的情绪。

例如，情绪性意象可以变焦虑为欢乐。这一概念对于读过 J. K. 罗琳（J. K. Rowling）创作的《哈利·波特》（*Harry Potter*）系列丛书的儿童和青少年来说可能很熟悉。《哈利·波特》是罗琳撰写的有关魔法师男孩哈利·波特的系列故事。在该系列的第三本书中，哈利被教导以滑稽咒为武器，对抗他最大的恐惧，如博格特（Boggart）。因此，令人恐惧的形象在滑稽咒面前，化为幽默滑稽的形象，不再让人害怕。儿童和青少年还可以通过情绪性意象，为可怕的蜘蛛穿上轮滑鞋，或者为斯内普教授穿上芭蕾舞裙、大靴子，戴上一顶愚蠢的帽子，让其变得滑稽不堪，一点儿都不可怕。

案例研究：安东尼的幽默意象

15 岁的安东尼在学校经常遇到麻烦，现如今还面临着被排挤的风险。他很粗鲁，常与老师发生争论。当老师对他提出批评指正时，他会很生气地把包和书扔在教室里，踢开桌子，然后走出教室。这些敌对情况大多集中发生在安东尼与一位老师之间。安东尼不喜欢这位老师，他觉得这位老师对他不公平。他带着对冲突的预期进入课堂，下决心挑起争论强辩到底。但安东尼意识到这样应对问题并没有什么好处。于是，他愿意尝试用意象帮助自己保持冷静。

在评估中，安东尼提到他最近在学校的哑剧中看到这位跟他不对付的老师扮成精灵的角色。他觉得这个形象很搞笑，并能够详细描述老师的穿着。因此，我们决定试验一下，看看安东尼是否可以用这个形象来保持冷静，这样他就可以用幽默来代替愤怒。安东尼开始练习启动这个意象，然后练习如何使用它来保持冷静。随后，当安东尼和这位老师一起走进教室，或者当他感到自己开始变得愤怒时，他就可以唤起这个意象。幽默的意象能有效帮助安东尼保持冷静，当老师看起来是如此可笑时，安东尼很难再对老师发怒，也不会再对老师的批评那么当真。

培养情绪管理技巧，如自我安抚、心理游戏和正念

自我安抚

一种可以改变感受或减轻感受所带来影响的方法是学会容忍它们，治疗师可以鼓励儿童或青少年通过学习自我安抚的方法来关照自己和善待自己。儿童和青少年可以通过专注于每一种感觉，识别那些舒缓和愉快的体验，以培养和练习这种技巧。

- ▶ 气味——最喜欢的香水、肥皂，磨碎的咖啡或香氛蜡烛。
- ▶ 触摸——光滑的石头、毛绒玩具、丝绸织物或温水浴。
- ▶ 口味——强烈的薄荷味、扑鼻的苹果味或柔软的棉花糖味。
- ▶ 视觉——启发灵感的名言、承载着愉快回忆的照片或观赏鱼缸。
- ▶ 声音——振奋人心的音乐、鸟儿的鸣叫声或海浪的声音。

儿童和青少年可以将这些感觉收集到一个"自我安抚工具包"（a soothing kit）中（TGFB，P.165），方便自己在需要的时候快速找到所需的材料。

心理游戏

心理游戏（mind game），即转移注意力，这是一种有目的地将注意力从无益的想法和不愉快的感受上转移开的方法。专注于不愉快的想法和感受往往会使心情变得更糟。相反，当儿童和青少年将注意力从内部焦点（如不愉快的想法和身体信号）转移到外部焦点（如他们周围发生的事情）时，通常会感觉更好些。当儿童和青少年被他们的情绪淹没或将要实施冲动行为，如自伤时，注意分散可以作为一种暂时的应对方法。心理游戏可以帮助儿童和青少年远离自己的情绪，把注意力集中在一些外部事物上，它们可以是任何有助于维持注意力的东西。

例如：

▶ 从 175 开始做减 7 的倒数；

▶ 倒着读自己或朋友的名字；

▶ 以字母表中的字母为首，拼出一种动物名称的单词。

正念

另一种积极管理和改变不愉快情绪的方法是正念。正念是一种以好奇的、非判断的方式将注意力集中在此时此地发生的事情上的方法。当儿童或青少年感到情绪不堪重负时，治疗师可以引导他们觉察情绪，但同时与情绪保持距离，用这种方式来容忍情绪，而不是用力地改变情绪。

正念的过程可以通过五个步骤来推进，步骤的首字母组合起来恰好是

FOCUS。它们分别是学会将注意力集中（F）在当下，并以好奇（C）的方式观察（O）正在发生的事情。在放下（S）评判后，运用（U）所有的感官，以开放的方式观察感受。

这个过程帮助儿童和青少年以一种非评判的方式觉察感受。感受无正面（如快乐、平静或勇敢）或负面（如愤怒、悲伤或害怕）之分，也无正确或错误之分。儿童和青少年要带着接纳和好奇的态度充分关注自身的感受。他们将学着去理解和接纳自己的情绪，不必为可能体验到的情绪而担忧，亦无需主动改变什么。

"让感受飘走"是一个有效的练习方法，当儿童或青少年主动地将注意力集中在情绪上时，治疗师可以让他们想象自己正在通过相机上的变焦镜头观看周围的情况。

▶ **观察你的感受**。治疗师应当让儿童或青少年集中注意力于情绪，并注意到他们的感受是怎样的。同时也鼓励他们观察自己的身体信号，并确定每种情绪所在的身体部位。

▶ **说出情绪的名称**。治疗师要鼓励儿童或青少年给情绪命名，但要与之保持距离，鼓励他们注意到"这是悲伤"或"这是愤怒"，而不是"我感到悲伤"或"我感到愤怒"。

▶ **接纳自己的感受**。治疗师要告诉儿童或青少年，与其试图推开这种感受或否认它正在发生，不如后退一步，接纳自己的感受。他们要学会意识到自己的感受，并带着慈悲和理解与之拥抱。

▶ **让感受飘走**。通过想象在天空中飘浮的云朵或在海滩上拍打的海浪，儿童或青少年能够意识到他们的感受如同云朵和海浪一样来来去去。他们可以想象在云朵或海浪上写下每一种感受的名字，然后看着它们随风飘离或随着海浪撞碎在海滩上。当一朵云或一片海浪消失时，另一朵云或另一片海浪紧随而至。

▶ **保持好奇**。治疗师要鼓励儿童或青少年保持好奇心，探索可能导致他们出现这些感受的原因。儿童和青少年无需试图控制自己的感受，而是将其作为短暂经过的情绪，拥抱并接纳它们。

与他人交谈

有时候，和别人谈谈你的感受是很有用的（TGFB，p.166）。通常，无益的想法和强烈的不愉悦感会在我们的头脑和身体中停留和翻腾。而与他人交谈是一种将注意力从这些强烈的感受中转移开的方法，能够帮助儿童和青少年改善他们的感受。

▶ 儿童和青少年可以与谁交谈，谁能让他们感觉良好？治疗师可以鼓励他们列一张让他们"感觉良好"的人的名单。

▶ 儿童和青少年想告诉他们什么？可能想告诉他们自己的感受，或者可能更喜欢谈论其他事情。

▶ 儿童和青少年希望他们做什么？是想让他们帮助自己改变感受，解决问题，还是倾听和接纳自己的感受？

▶ 儿童和青少年将如何与他们联系？社交媒体、短信、电子邮件，还是电话？

▶ 儿童和青少年什么时候会这样做？要尽快确定一个交谈的日期和时间，而不是将其拖延。

第 8 章

概念化

整合对情境、认知、情绪、生理反应和行为之间关系的理解。

概念化是指，在认知行为理论的框架下，对儿童或青少年所呈现的问题的起因和 / 或维持的原因形成相应的理解，并与儿童或青少年达成共识，这是进行个案干预的先决条件。概念化是由治疗双方合作制定的，并随着时间的推移逐步得到发展和完善，治疗师与儿童或青少年需对新出现的概念化内容进行讨论、检验和修正，直到达成一个双方均认可的概念化模型。因此，概念化是动态的，并能够提供明确的、由双方认可的工作假设。它是治疗工作有效开展的前提，能为干预的具体内容指明方向。

概念化为 CBT 的使用提供了连贯、易懂的依据

综合性诊断分类在某些情况下可能不太适用，此时概念化会是一个有用的替代选择。它提供了一种功能性的、连贯的和可检验的方式，将引发并维持儿童或青少年问题的重要变量整合起来。概念化是临床实践的核心，具有重要功能。

对儿童和青少年来说，这是帮助他们领悟和理解自身困扰的一种工具。个体症状、想法、行为和经验，这些往往看起来并不相关的事物，是能够以一种可理解的方式整合在一起的。在干预的早期阶段，这种由治疗双方共同探索并形成概念化的方式，有助于营造积极、开放和协作的工作氛围，并将在整个治疗过程中得到贯彻。概念化的构建，不但体现了儿童或青少年及其照料者所拥有信息的重要性，还为引入自我探索和自我效能等概念创造了契机。

在临床实践中，概念化的过程，就是根据理论解释模型来分析儿童或青少年问题的产生和发展过程，并将理论与实践相结合，形成相关机制解释（Butler, 1998；Tarrier & Calam，2002）。它为干预内容提供了指导，并确保干预始终聚焦在重点部分，并且持续有效。概念化作为 CBT 的核心，"指导着治疗师规划和实施正确的干预，在正确的要点上，以正确的方式，朝着治疗双方共同商定的治疗

目标前进"（Kuyken & Beck，2007）。

概念化所包含的具体细节会因其目的而异。对临床医生来说，关注儿童或青少年不同层次或类型的认知可能非常重要，需要具体明确并与理论模型进行比较。需要指出的是，这种复杂性和分析的层面可能不一定被儿童、青少年或他们的父母 / 照料者所需要。他们只需要足够的信息来采取有帮助的行为，但这些信息又不至于因过多的细节而带来过重的负担。

概念化是在咨访双方的合作下制定的。儿童或青少年提供内容和具体细节，而临床医生提供理论框架和结构以组织这些信息。整个过程是描述性的，儿童或青少年用自己的语言描述他们的感受和他们对事件意义的归因。其中，对信息的梳理是为了突出和探索 CBT 模式的核心系统之间的关系，即发生了什么，儿童或青少年在想什么，他们的感受如何，他们做了什么。因此，概念化促进儿童或青少年及其父母 / 照料者了解认知模式，并为干预提供依据。

▶ 概念化有可能会呈现出儿童或青少年所使用的无益的思维方式，正是这些思维方式让他们认为自己无法成功，不想做任何事情。心理干预的重点可能是挑战这些想法，以帮助儿童或青少年发展出更平衡和更有益的思维方式。

▶ 概念化有可能会呈现出这样一种情境，即当儿童或青少年体验到强烈的焦虑情绪时，往往会采取回避的方式来应对。而心理干预措施可以侧重于帮助儿童或青少年学习管理和接纳这些情绪的方法，帮助他们面对曾回避的情境。

▶ 概念化有可能会呈现出，儿童或青少年很多时候都是独自一人。心理干预的重点可以是鼓励他们忙碌起来，这样就减少了他们独处时被自己想法困扰的时间。

一旦形成概念化，治疗师就可以使用图解的方式总结概念化（Kuyken et al.，2008）。这是一种有效、稳定、可视化的表示方式，治疗师可以在每次会谈期间做参考并进行相应的修改。儿童或青少年及他们的照料者可以带一份副本回家，反思概念化的准确性，并与没有参加会谈的其他人讨论和分享。此外，概念化可以为儿童或青少年赋权，并促进其自我效能的发展。通过对当前情况提供连贯的解释，父母或照料者与儿童或青少年能够开始思考，改变这些无益模式的可能方式。

制定一个概念化的过程涉及相关信息的提取和识别，然后治疗师根据理论或解释性模型对这些信息进行整理，以此来理解儿童或青少年所提出的问题的起源、发展和 / 或维持过程（Tarrier & Calam，2002）。因此，概念化依赖于治疗师对关键信息的仔细识别和选择，当治疗师试图将评估期间收集的大量信息纳入单一的概念化时，可能会发现信息过于庞杂，这使得咨访双方都感到困惑和不知所措。因此，治疗师应该避免出现这种倾向。作为指导原则，概念化必须简单且便于理解，并且不超出儿童或青少年的认知能力。因此概念化旨在为治疗提供必要的、最低限度的信息，帮助治疗师总结问题并提供干预的依据（Charlesworth & Reichelt，2004）。

共同探索对事件的理解，剖析相关的想法、情绪和行为（维持概念化）

迷你概念化（两 / 三成分系统模型）

最简单的概念化方式聚焦于两个（例如，"发生了什么""你感觉如何"）或三个（例如，"发生了什么""你感觉如何""你在想什么"）CBT 核心成分之间的联系。在 CBT 的开始阶段，当儿童或青少年及其父母或照料者对认知模式还不熟悉时，迷你概念化效果显著。年幼儿童的认知能力有限，可能难以理解 CBT 循环模式中所有因素之间的抽象关系，迷你概念化较为简单明了，可以帮助他们理解。治疗师依次关注两种成分之间的关系（即认知和相关的情绪反应之间的关系；情绪反应和相关的行为反应之间的关系）是一种简单、可理解、分阶段的形成概念化模型的方法。然后，治疗师可以将这些迷你概念化组合在一起，形成一个更全面且涉及 CBT 模型所有核心成分的概念化。

案例研究：不开心且害怕的丽安农

迷你概念化可以帮助 8 岁的丽安农理解，她对学校其他同学的担忧是如何让她感到害怕，并让她选择独自玩耍的。迷你概念化的第一步是帮助丽安农描述，在游戏时间里，学校操场上发生的事情。

图 8-1 对此进行了总结。接下来，丽安农识别出了她在学校操场上的感受（见图 8-2）。

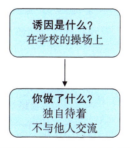

图 8-1　丽安农所处情境与行为之间的关系

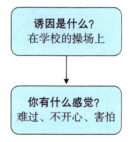

图 8-2　丽安农所处情境与感受之间的关系

　　治疗师帮助丽安农识别出，当她在操场上感到悲伤和恐惧时脑海中浮现的想法（见图8-3），然后，治疗师将这些图组合起来，形成了一个简单的迷你概念化，突出了她的想法、感受和她在学校操场上采取的行动之间的关系（见图8-4）。

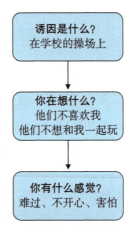

图 8-3　丽安农的想法与感受之间的关系

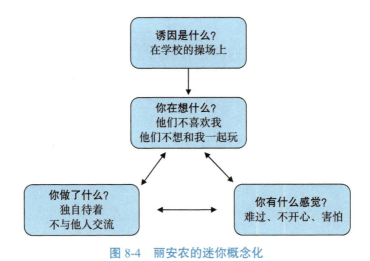

图 8-4　丽安农的迷你概念化

维持概念化

维持概念化汇集了 CBT 模型的核心要素：触发事件 / 情境、想法、情绪和行为。在许多情况下，儿童和青少年对理解当下发生的事情更感兴趣。简单的维持概念化强调了想法、情绪和行为之间的重要关系，这种简洁性对年幼的儿童而言尤其有帮助。

案例研究：割伤自己的娜奥米

14 岁的娜奥米有抑郁障碍和自伤的问题。娜奥米的自伤行为包括用剃须刀刀片划伤自己的手臂和大腿。在评估期间，娜奥米报告，她在过去的一周里割伤了自己两次。治疗师通过具体化每一事件，使用消极陷阱模型形成维持概念化。

第一张图帮助娜奥米认识到她的消极想法的重要影响。当娜奥米的家人出门，独留她一人在家时，她意识到自己会想到父母"不喜欢她"，从来没有带她出去过。这些想法使娜奥米感到难过并痛哭流涕，并且促使她用剃须刀刀片割伤自己（见图 8-5）。

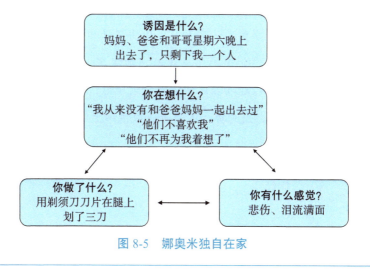

图 8-5　娜奥米独自在家

第二个事件略有不同。娜奥米和她的哥哥杰克就她吃了一些冰箱里的食物发生了争执。杰克对这些食物很珍惜，所以当他发现娜奥米吃了它们时，他很愤怒。虽然这只是一个误会，但娜奥米认为她的哥哥"恨她"。争吵及这些想法使娜奥米很生气，并促使她割伤自己（见图 8-6）。

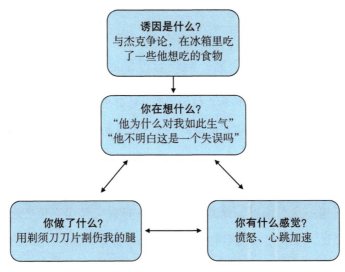

图 8-6　娜奥米与哥哥争论

这两种情况都涉及娜奥米认为人们（她的父母和兄弟）不喜欢她。这些想法产生的情绪非常强烈但有所不同（悲伤和焦虑）。这个过程有助于娜奥米理解她是如何发觉自己难以容忍和应对任何强烈的不愉快感的。而她采用的应对方式是割伤自己，用身体上的痛苦驱散情感上的痛苦。

四成分系统概念化

把情绪和生理反应统称为感受，有助于保持核心概念化的简洁性。然而，在某些情况下，区分感受（情绪）和躯体症状（身体变化）是必要的。因此，四成分概念化从触发情境开始，在先前确定的三个成分（想法、感受和行为）的基础上添加了第四个成分（症状）。所有成分之间相互影响，我们根据这一模型的形态将其称为"十字面包"（hot cross bun）（Greenberger & Padesky，1995）。当儿童和青少年的生理症状被认为是躯体疾病的征兆时，这种概念化尤其适用。

案例研究：焦虑的阿布杜尔

　　每天早上上学前，阿布杜尔都会抱怨感觉不舒服。他看起来满脸通红，说自己感到燥热、出汗、恶心，胃里有一种奇怪的感觉。由于阿布杜尔身体不适，因此他的父母帮他向学校请了假。

　　阿布杜尔的父母担心他经常生病，带他去看了几次医生。最初，医生把这归因于病毒，但随着症状的持续，医生经过反复检测都无法找到任何医学解释。因此，医生认为这些症状可以从心理学的角度来解释。阿布杜尔的父母也对此感到奇怪，指出他们的儿子如果不上学似乎会很快康复，他在周末或假期时似乎从未生过病。尽管阿布杜尔喜欢学校，学习也很努力，但他发现自己很难跟上课程进度。在评估过程中，图 8-7 中的四成分概念化为阿布杜尔的症状提供了另一种解释。阿布杜尔的症状似乎是由对学业成绩的担忧引发的，是常见的焦虑障碍状。这可以解释，为什么它们只发生在上学的日子，以及不上学是如何让他对学业的担忧变得更糟的。他越不去上学，他的成绩就越落后，他就越担心自己应付不了学业。

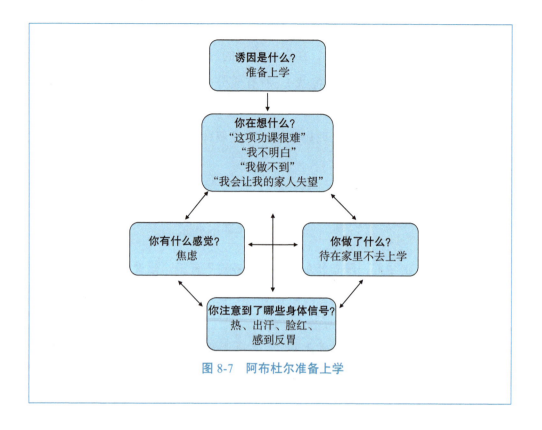

图 8-7 阿布杜尔准备上学

记住优势

概念化是对当前困难的有效总结。然而，这种以问题为焦点的方式往往会忽视儿童或青少年所拥有的优势和技能。这些优势和技能可以帮助他们克服困难，并增强他们的复原力（Padesky & Mooney，2012）。这些优势和技能可能与儿童或青少年的问题无关，但关注它们能够帮助治疗师了解儿童或青少年在日常生活中是如何成功地使用它们的。

找到你的优势工作表（TGFB，p.52）探索了可能在儿童或青少年的生活中找到其优势的几个领域。包括：

▶ 儿童或青少年在做的事情（如与音乐或美术相关的事情、表演、游戏或照顾动物）；

▶ 儿童或青少年喜欢的活动（如散步、慢跑、跳舞、健身或游泳）；

▶ 儿童或青少年在学校／工作中的表现（如最喜欢的课程／活动或组织能力好）；

▶ 任何成就（例如，学到了一些新的东西，或者做了一些特别的事情，如建立自己的网站或博客）；

▶ 个人特质（如善良、努力、聪明、善于倾听或风趣）；

▶ 人际交往品质（如受欢迎、被信任、善良或忠诚）。

一旦识别出这些优势，治疗师就可以鼓励儿童和青少年思考如何将这些优势或他们获得这些优势的方法应用到生活的其他方面。

▶ 儿童或青少年可能在演出中扮演着重要角色。这有助于他们觉察自己在表演或学习台词时是如何管理自己的紧张感的。这些技巧是否可以应用于其他引发焦虑的情况或学习情境（如准备考试）？

▶ 儿童或青少年可能喜欢跑步。这是否可以作为一种情绪提升活动，当他们注意到自己的情绪低落时，用跑步来调节？

▶ 儿童或青少年可能会在学校里为他们的数学作业而苦恼，尽管如此，他们还是会努力把它做好。那么是否可以利用这种决心来克服他们与同龄人社交的问题？

▶ 儿童或青少年可能特别擅长打游戏。他们是如何获得这些技能的，这种坚持不懈和实践的过程能否应用到其他需要学习新技能的情境中？

▶ 当儿童或青少年为一些琐碎的事情而自责时，该如何将幽默感这类个人特征运用起来？它能否帮助他们对自己更有慈悲心，并正确看待事件？

▶ 儿童或青少年可以将他们的人际特征利用起来，思考这些特征能否帮助朋友处理他们的问题？能否帮助他们学会更温和的自我对话，并挑战他们的自我批评和消极思想？

为了突出儿童和青少年如何利用长处来克服困难，治疗师可以在概念化中增加一个关于个人优势的方框。下面，我们以前面案例的主人公为例。

▶ 丽安农是一个非常好的足球运动员，她把自己的足球带到学校，很快她就和其他孩子一起玩了。

▶ 娜奥米拥有艺术天赋，因此她能够通过画出自己感受的方式来宣泄情绪，从而替代割伤自己的方式。

▶ 阿布杜尔决心努力学习，这有助于他克服症状，并且无论感觉如何都能重返学校。

识别和使用个人优势的过程往往需要积极的指导和鼓励（Padesky & Mooney，2012）。很多时候，儿童或青少年可能会发现，他们很难识别出自己的优势和技能，也很难想出该如何将它们应用到生活的其他方面。治疗师应当帮助儿童或青少年识别他们的优势，并思考这些优势能够如何帮助他们解决他们的问题。这种方法同样需要儿童或青少年主动、积极、坚持不懈地使用。

对过去的重要事件及关系的理解（起始概念化）

儿童或青少年及其照料者可能想要了解他们是如何陷入消极思维的陷阱的，以及无益的模式是如何发展的。起始概念化能够提供一种发展性的解释，来理解过去的经验如何塑造儿童或青少年目前的重要认知和行为（见图 8-8）。起始概念化强调了重大事件和经历如何促进重要信念、图式、假设的发展，而这些信念、图式、假设又反过来决定了儿童或青少年如何看待自己、他们的行为表现及他们的未来。在制定起始概念化时，治疗师需要将潜在的家庭因素、家庭关系、重要事件或创伤性事件、学校经历及与儿童或青少年的同龄人之间的关系都纳入考虑范围。

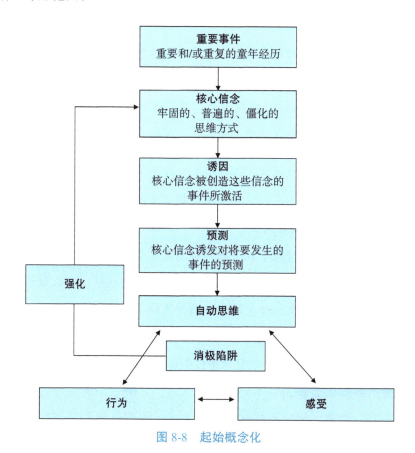

图 8-8　起始概念化

贝克提出的认知模型，将不同层次的认知过程分解开来，为构建起始概念化提供了关键要素（TGFB, p.100）。

重要的事件和经历是儿童和青少年形成牢固的、僵化的和持久的思维方式的核心，这些思维方式被称为"适应不良的核心信念"或"功能失调的图式"。潜在的重要负面经历可能包括：

▶ 家庭因素——死亡、疾病、父母关系不良或暴力、父母分居、父母精神 / 身体健康状况不佳；

▶ 关系问题——与父母分离、不良或矛盾的依恋模式、拒绝、失败的恋爱关系、多位照料者；

▶ 医疗因素——持续的健康问题、残疾、慢性病、反复或长期住院；

▶ 教育问题——学业失败、学习问题、霸凌；

▶ 社会因素——来自朋友 / 同龄人的排挤、孤立、违法 / 犯罪行为；

▶ 创伤——虐待、单一或多重创伤事件、歧视。

有些事件从客观上讲似乎并不特别重要，甚至可能会因为被视为无足轻重或毫无关系的事件而被忽视。正因如此，治疗师需要评估儿童或青少年赋予这些事件的意义，以确定它们的潜在含义。例如，一个 16 岁的女孩患有与细菌和健康有关的长期强迫症。在评估过程中，一系列可能重要的事件露出水面，尽管大多数事件看起来微不足道。然而，进一步的询问有助于清楚地揭示女孩赋予事件的个人意义。在这个事件中，女孩在度假时摔倒并割伤了膝盖。她对这段经历生动的描述及相关的想法——"这无法止血""没有人会知道我受伤了""我要死了"——清楚地显露出她对这一相对较小的日常事件的重视。

贝克提出的模型能够识别不同层次的认知，其中最深层的是图式或核心信念。这些强烈、普遍、固定而持久的思维方式，加固着我们赋予自己、过去和未来的意义和解释。这些认知过滤器，为我们提供了一个快速理解世界的框架，筛选出我们关注的信息，并对其进行解释。我们更可能关注与我们的认知过滤方式一致的信息，并将任何不一致的信息解释为例外，或者试图通过最小化其重要性来使其变得合理。核心信念和图式可能是具有功能性和有利的，但有些则会过于僵化、消极和功能失调。例如，有轻微学习问题的青少年和过于挑剔、苛求的父母可能会形成一种认知图式，即认为青少年是一个总爱出错的"失败者"。

当形成的图式被事件触发时，会让人联想起促使它们产生的过往事件。例如，青少年认为自己是个失败者的信念，可能是由学校考试引发的。一旦这个信念被激活，青少年的注意力、记忆和解释处理偏差就会自动过滤并选择支持该模式的信息。这时，注意偏差导致青少年将注意力集中在证实图式的信息上（不好的成绩），而忽略中立或矛盾的信息（好的成绩）。记忆偏差导致青少年只回忆与图式一致的信息（在过去的考试中表现不佳），而解释偏差有助于最大限度地减少任何不一致的信息（贬损积极的表现）。这些信息将用于预测在即将到来的考试中会发生什么，并将助长一系列自动思维或自我对话的产生。这些层面的认知是最容易调用的，它们象征着在我们头脑中奔腾的思想流，并提供了对事件的连续评判。这些内容与信念／图式有关。其中，功能性的信念会产生更多自主可控且具有可能性的自我对话，而功能失调和无益的信念则会产生更多消极无力的自动思维。这些自动思维通常带有偏见和自我批评，并引发不愉快的情绪状态（如焦虑、愤怒、不快）和适应不良的行为（如社交退缩或回避）。当个体陷入自我持续化（self-perpetuating）的负性循环时，这些功能失调的认知、与加工偏见相关的不愉快感受和适应不良的行为将会强化并维持负性自动思维。

案例研究：玛丽的焦虑

15 岁的玛丽因急性焦虑发作而被紧急转诊。玛丽和她的母亲住在乡下一座与世隔绝的房子里，她的父母在她 5 岁时分居了。玛丽的母亲曾有过几段家暴关系史，虽然玛丽没有被母亲的任何伴侣虐待过，但她目睹了他们之间的暴力。大约在 7 个月前，警方接到通知说她母亲的一个前任伴侣从学校跟踪她回家，试图找出她的母亲在哪里。

玛丽目前的问题始于大约 3 周前，恰逢他们家的电力供应被切断了两个晚上。她的母亲形容她"歇斯底里"。她不断踱步，抱怨自己心跳加速，换气过度，呼吸急促，担心自己会昏倒。从那时起，玛丽便一直非常焦虑。她每晚都会检查门窗是否关好，并用螺栓拴上几次，"以确保它们是安全的"。她会检查床下和衣柜里是否有入侵者。3 年前，她们的家被盗了，玛丽是第一个回家的人，但她直到母亲回来后才注意到发生了这种事情。玛丽的母亲回忆道，玛丽在知道这件事后非常焦虑，一直问她："如果窃贼还在房子里，会发生什么？"

我们会谈的那天，玛丽已经好几个晚上没睡了。她描述了她现在晚上怎样保持清醒，以防止任何人闯入他们的房子。她报告说她以什么方式"听到声音"，并想知道是否"有人在这里"。当被问及她认为可能会发生什么时，她报告说"有人会伤害我"。

最初的概念化（见图 8-9）帮助玛丽和她的母亲理解过去母亲的暴力关系、入室盗窃及与母亲的前任伴侣相关的恐吓事件是如何使玛丽感到脆弱和不安全的。这使玛丽产生了一种信念，即"人们会伤害我"。这种信念被停电及房子陷入黑暗的情况激活了。玛丽描述了她是如何想到有人切断了通往房子的电缆，并打算破门而入伤害她们的。她对受伤的信念通过她的预测起了作用，她预测"如果我锁上门，保持清醒，我就会安全"。然而，每晚天黑的时候，玛丽都在清醒的状态下躺着，注意到自己许多杂念："有人在吗""他们会伤害我的""我能听到什么"。这些想法让玛丽惊慌失措，使得她在房子里走来走去，检查门窗是否锁好，并在床下寻找入侵者。她对安全保护的关注也强化了她的信念，即人们会伤害她。

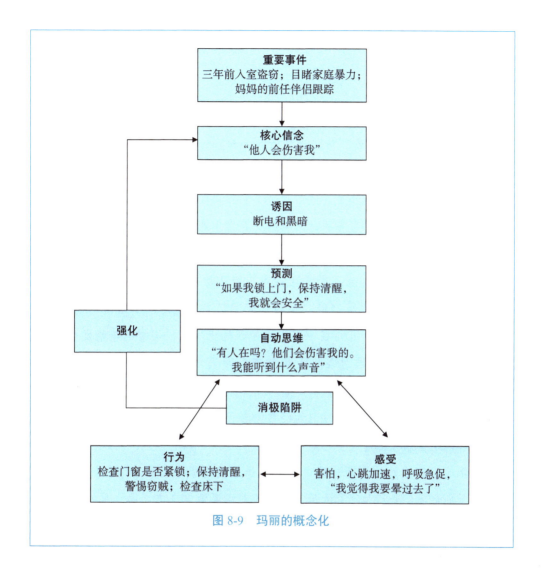

图 8-9　玛丽的概念化

将父母或照料者在儿童或青少年问题的产生、维持过程中的角色纳入概念化中

有时，对父母或照料者在儿童或青少年问题的产生、维持过程中的角色的思

考，有助于形成一个更全面的概念化。

案例研究：焦虑的萨莉

8 岁的萨莉是独生女，与父母生活在一起。她的父亲周中在外工作，只有周末才在家。他们一家人非常亲密，但几乎没有其他家族的朋友，也很少与亲戚联系，所以大部分时间他们都是一家三口在一起。萨莉和母亲的关系特别紧密，母亲会花相当多的时间帮助女儿做作业，倾听她的担忧，并定期向学校提出女儿的任何问题。

萨莉一直很焦虑。她不愿意在游戏小组活动中与母亲分开，也不与其他孩子玩耍或与工作人员交谈。她的母亲回忆道，在游戏小组活动进行的前四个月，她必须和女儿待在一起。当她开始上学时，同样的事情发生了，这导致她的母亲只能通过在班上帮忙来让萨莉放心，让她知道自己就在附近。

在学业上，萨莉很聪明，但她经常给自己设定很高的标准，如果她的表现达不到这些标准，她就会感到不安。自从她换了新老师后，问题凸显出来了。萨莉不喜欢她的老师，她说如果孩子们做错事或行为不端，她就会生气，大喊大叫。老师和萨莉的母亲谈过萨莉在课堂上没有完成作业的事。她似乎总是在纠正和完善她的作业，并且从不上交任何东西。萨莉说，她感到焦虑，担心自己会犯错误并被人责备。

这种情况一直持续难以得到解决，这导致萨莉过度担心和焦虑。萨莉的母亲不想看到女儿如此心烦意乱，所以她提出了"烦恼时间"来向女儿展示她的关心，即每天晚上抽出时间倾听她的担忧。同样，萨莉拒绝自己做作业，坚持要她的母亲帮忙。因此，母亲也会抽出时间帮助萨莉做功课。然而，不管母亲怎么帮助萨莉，萨莉总是担心，"如果我弄错了怎么办？我不能这么做。如果我的老师生气了，对我大喊大叫怎么办"。随着夜晚的到来，萨莉会变得更加焦虑，惊慌失措，她会声嘶力竭地哭，抱怨感觉不舒服，想待在家里或和母亲一起睡。最近几天，萨莉待在家里没去上学。该概念化（见图 8-10）强调了一些重要因素（总是焦虑、独生子女）和经历（家庭社会孤立、没有朋友、母亲和萨莉花很多时间在一起），这些因素导致萨莉和她的母亲形成了一种非常特殊的关系。当萨莉感到焦虑时，她开始依赖母亲（从游戏小组活动和学校开始），并形成了一种信念，即"没有母亲的帮助，我无法应对"。这种信念由新老师的出现诱发，她不喜欢这个老师，认为这个老师容易生气且会对人大喊大叫。萨莉认为，如果她把所有的烦恼都告诉母亲，让母亲帮忙做作业，就能防止这种情况发生。当老师布置作业时，萨莉会担心"如果我搞错了怎么办？我不能这么做。如果我的老师生气了，对我大喊大叫怎么办"。这些想法让萨莉感到焦虑不安，她会哭着抱怨感觉不舒服，会不断地纠正她的作业，永远也做不完任何事情。然后她会把作业带回家，让她的母亲帮她做。萨莉的母亲不想看到女儿心烦意乱，所以每天晚上都会用专门的"烦恼时间"来倾听她的烦恼，并抽出时间帮助她做作业。然而这并没有帮助。萨莉用越来越多的时间谈论她的担忧，她说着说着，就会变得越来越焦虑。也就是说，萨莉花在担忧上的时间越多，她就越焦虑。

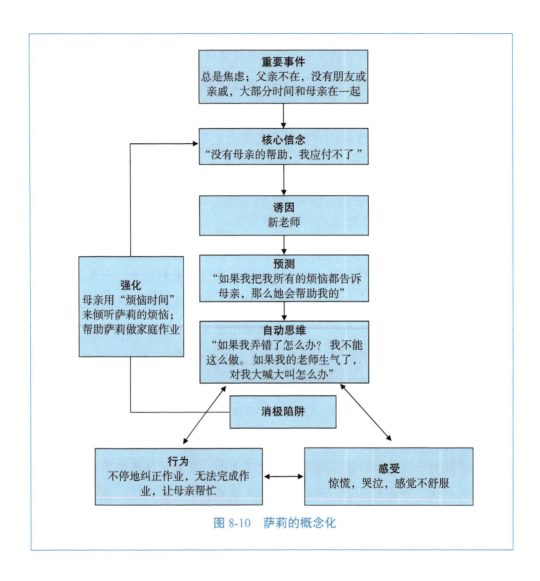

图 8-10　萨莉的概念化

活动和目的 / 目标要与概念化紧密相连

　　个案概念化是在 CBT 的理论框架下对问题进行解释，并为干预提供指导。治疗师可以鼓励儿童或青少年及其父母或照料者对个案概念化进行反思，思考需要改变什么才能摆脱目前无益的循环。对萨莉来说，这个概念化可以提供许多关于解决方法的启示。

▶ 老师是问题所在吗？萨莉在面对老师时感受到焦虑和担心是有道理的。如果老师不断地大喊大叫并批评孩子们，那么萨莉的反应可能是适当的，干预应该集中在如何处理老师的行为上。

萨莉的母亲已经注意到了这一点。她和老师谈过，也和孩子们一起观察过老师，也和其他家长聊过，但其他人没有过任何类似的感受。家长们都说，尽管老师很严格，但孩子们喜欢她，他们的作业也会得到贴纸奖励。而且，萨莉还带过许多良好行为的贴纸回家。

▶ "烦恼时间"有帮助吗？萨莉的母亲给了她女儿一个机会来谈论和解决她的担忧，这是可以理解的。然而，她花越多的时间安抚女儿的担忧，萨莉觉察到的担忧就越多，也会变得越来越焦虑。这导致萨莉把大部分时间都花在谈论她难以应对事情而不是如何应对上。"烦恼时间"并不能帮助萨莉处理她的担忧，只会适得其反，使情况变得更糟。因为它强化了萨莉"没有母亲她就无法应对困难"的信念。

萨莉需要知道的确有空间可供其讨论担忧，但时间需要被严格限制。治疗师鼓励萨莉把她的烦恼写下来，每晚与母亲一起用 15 分钟的时间回顾。她的许多担忧已成为过去（例如，"谁会在晚餐的大厅里坐在我的旁边"），剩下的担忧则被分为萨莉能做到的（例如，"我带体育用品了吗"）和她做不到的（例如，"我的老师心情好吗"）。然后萨莉要和她的母亲一起找出可以解决的担忧，并计划如何处理它们。例如，为了带全体育用品，萨莉在日历上写下了她上体育课的时间，列出了她需要带的东西，并把物品打包好放在前门，准备第二天带着。那些她无能为力的事情也会被记录下来，但萨莉会将更多的时间放在解决问题和发展应对技能上（TGFB，p.131）。

▶ 我们是否需要核查萨莉的信念（"没有母亲的帮助，我应付不了"）？萨莉无法完成她的学业，因此她不断地要求母亲帮忙，这使她更加相信自己没有能力应付学业。如果萨莉把焦点转移到应付学业上，这种信念可能会受到挑战。因此，萨莉的母亲同意当每天晚上两个人在一起时，将关注点集中在萨莉成功应对问题的时候。治疗师也会鼓励萨莉谈论她一天中发生的事情，但这一次要更强调她所做的成功、积极的事情，已被处理好的情况，以及以往可能说过的美好事物。这些都会被写下来，随着清单的增加，逐步挑战萨莉认为她无法应对的信念。

▶ 我们需要帮助萨莉控制她的焦虑吗？萨莉没有办法控制焦虑情绪。她的焦虑不断被激活，直到经历了一次令人痛心的焦虑发作，让她筋疲力尽。这时，培养情绪管理技能可以防止这种情绪积累，学习管理焦虑可以帮助萨莉认识到她可以做些什么来应对自己的情绪。之后，萨莉和她的母亲会用一些时间来一起练习一系列放松技能，如控制呼吸和平静意象（TGFB，p.163）。

▶ 我们是否需要检查萨莉的行为是否有帮助？萨莉一直在纠正她的作业，并且在学校里难以完成它们。萨莉和母亲同意跟老师谈谈，并尝试进行一周的实验，看看如果她做了不同的事情会发生什么。萨莉设置了对比实验来验证这一点（TGFB，p.185），并同意在每节课结束时把作业交上去。老师明白萨莉对此很担心，所以会告诉萨莉自己不会挑剔她，并且想要帮助她。到周末时，萨莉和她的母亲会见了老师，并将其在家及在学校完成的作业进行比较，结果发现并没有什么不同。事实上，老师认为她的作业更整洁，没有那么多的修改痕迹了。萨莉的母亲也觉得这样更好，因为以往她在家里辅导萨莉时，萨莉常会变得烦躁，而这种情况在过去的一周里从未发生过。

▶ 我们需要考虑萨莉的父母吗？这个家庭在社交上非常孤立，萨莉的母亲在一周的很多时间里都在陪伴萨莉。虽然萨莉的父亲在周中有工作，但我们还是讨论了他可以怎样更多地协助改善萨莉。例如，他可以用 Skype 与萨莉联系，并利用这段时间与萨莉一起回顾她是如何应对困难的。他还会在周末与萨莉一起回顾萨莉的进步，并试图在每个周日下午更多地与家人在一起。另外，萨莉的母亲也开始为自己着想。她喜欢在当地的托儿所帮忙，所以提出每周做两个上午的志愿者。这给了萨莉的母亲一个新的关注点，并为她提供了与其他成年人的社交联系。

常见问题

难以识别想法或感受

有时儿童和青少年很难识别他们的认知或感受。他们可能会用描述性的、实事求是的方式客观地描述事件。直接尝试引出他们的想法或感受，有时会以失败告终。

但有时，直接询问的方式可能是有用的，特别是对那些经常自行提出想法的儿童和青少年来说。此外，将问题嵌入特定的事件或情境也会使问题更清晰、更易于理解，并更容易得到答案。这种询问方式可能会让儿童和青少年更易于回答，例如，"当你在操场上走向迈克时，你的脑海里在想什么"，而不是"当你遇到别人时，你在想什么"。

在治疗过程中，那些看起来只关乎事实的陈述背后，往往蕴含着丰富的想法和假设，这时治疗师需要仔细倾听。另外，使用间接的或非语言的方式可能也会有所帮助，因为年幼的儿童在参与活动时往往会感觉更放松，这有助于他们更主动地表达自己的想法。

治疗师可以考虑的有效方法有：

▶ 使用思维泡泡；

▶ 想知道第三方 / 最好的朋友在类似的情况下可能会怎么想；

▶ 使用木偶表演场景；

▶ 描绘一幅关于困难处境的图画；

▶ 讲故事。

只要找到合适的交流方式，儿童和青少年就能自愿地表达自己的一些想法或感受。

区分不同层次的认知很重要吗

格林伯格和帕德斯基（Greenberger & Padesky，1995）强调了意识到不同认知层次的重要性，指出它们需要不同的评估和干预方法。自动思维是最容易获取的，通常可以通过思维日记来捕捉，或者会在谈论困难的情境时出现。这些都可以通过儿童和青少年常用的方法来改变，即用积极的自我对话取代消极的、功能失调的自动思维。因此，治疗师要鼓励儿童和青少年练习替代性的、有益的思维方式，以便在困难的情况下使用。

预测则很少直接以语言形式表达，但可以通过行为实验来识别。在这些实验中，治疗师会让儿童和青少年预测（即使用他们的认知）未来会发生什么。此外，行为实验还是一种挑战和检验预测的有效方法，并可以促进认知重建（cognitive restructuring）。然而，尽管行为实验可能提供了挑战儿童和青少年核心信念的信息，但仅凭这一点还不足以改变他们。根据定义，核心信念是最深刻和最持久的认知，通常对新的或相互冲突的信息具有抵抗力。如果与核心信念一起工作，治疗的目的是发展一种替代的信念，而不是试图反驳现有的信念。这一过程可以使用评分来进行，这有助于突出现有信念强度的微妙变化。

我难以将信息纳入一个概念化中

在形成概念化的过程中，最关键的是识别重要的信息，并在一个认知框架内进行整理，以帮助儿童和青少年理解自己的问题。治疗师很容易被评估过程中收集的大量信息所淹没，并且想要努力地这些信息纳入一个简单、可理解或连贯的概念化中。

出现这种困难通常有两个主要原因。

首先，形成概念化的相关信息可能尚未确定。这可能与缺乏经验、评估问题不够具体或详细，或者收集了大量可能与当前问题不直接相关的信息有关。因此，治疗师应当仔细考虑面谈的结构，以确保能够对初始评估中包含的相关领域进行全面评估。如果收集的信息不够详细，更多地关注问题的类型和内容可能有助于获得更明确和更具体的信息。如果这些困难持续存在，那么临床督导师对此尤为重要。

其次，没有使用一个明确的框架来选择和组织信息。迷你概念化提供了最简单的结构，并有助于重点识别触发事件和 CBT 循环中所伴随的关键元素，即想法、感受和行为。如有必要，感受还可以被进一步细分为情绪反应、生理或躯体变化，之后这些可以被组合起来，以形成维护概念化。

我不确定概念化是否正确

确保概念化的准确性并与认知解释模型一致至关重要。然而，有时这种专注于"正确"的情况会适得其反，还可能导致治疗师拖延共享新出现的概念化，推迟对儿童和青少年及其家人开展认知模式教育的机会。这样，这个过程就会从开放的合作模式转变为封闭、秘密的模式。信息自由共享的失败会将 CBT 的过程从共享经验主义转向"专家主导模式"。

概念化不是一成不变的，因此永远不可能是完全正确的。它们是动态的，在干预过程中随着新信息的出现、行为实验证实或否定，治疗师需要不断对概念化的某些方面加以更新和修正。然而，在任何时候，概念化都是以共同理解为基础并提供工作假设的。治疗师可以采用协作、动态的方法确保在早期干预期间制定和分享方案。

我似乎找不到完成概念化的所有信息

在制定概念化时，治疗师不可避免地会遇到很难确定具体信息的时候。核心信念是最深层的认知，往往也是最难接近的。治疗师可能难以获知儿童或青少年的假设，而儿童或青少年可能也没有足够的语言来描述他们的情绪。在这些时候，治疗师仍然可以在 CBT 框架内整理信息，但需要标出缺失的信息。将其转为可视化的形式通常很有帮助，这样不完整的部分就会变得清晰可见。另外，简单地承认"我们还不知道该在这个方框里写些什么"并留下一个问号也会有所帮助。因此，治疗师可以强调概念化中缺失的部分，并在以后的会谈中重新讨论，以此来探讨是否出现了新的信息，使缺失的部分得以补全。

第 9 章

通用技能

确保治疗以平稳和有条理的方式进行。

治疗师要组织和管理好会谈，以确保 CBT 持续聚焦且有效。第一，治疗师要为每次会谈做好计划和准备，以确保所有治疗清单、治疗构想、效果评估、音频和视频短片都是随时可用的，还要主动应对任何破坏治疗的行为，避免影响干预措施的实施。第二，治疗师应为会谈设置明确的议程和可预见的结构，为达到治疗效果，治疗师要完成目标评估、家庭作业和学习情况回顾、会谈主题介绍、技能练习、家庭作业商定等治疗任务。第三，治疗师要保证每个主题得到充分的时间分配，以确保治疗任务的完成。同时，治疗师要根据儿童或青少年的发展水平和学习能力，安排合适的会谈节奏，即要根据他们在治疗中的情况，对议程进行灵活调整，以应对可能出现的任何问题。第四，治疗师应定期检验治疗进展，并留出足够的时间为结束治疗及制订预防复发的计划做准备。

为会谈准备好必要的材料和设备

治疗师要充分准备好会谈，确保治疗所需的所有资料都是准备好的。如果缺少一些必备资料，则会不可避免地导致会谈缺乏连贯性、效率和效果。

▶ CBT 会谈的主要材料包括纸、笔、工作表和一台可以上网播放视频的笔记本电脑或平板电脑。

▶ 通过常规心理测验和目标评估来监测变化，可提供一种快速的方式评估儿童或青少年自认为取得了多少进步。当下使用的目标等级表与过去使用的目标等级表要可比较，以评估疗效变化。

▶ 要随时以可视化的方式，为儿童或青少年展示当前问题的概念化。在评估阶段，随着不断收集和吸收新资料，治疗计划也将不断更新。一旦确定了治疗工作计划，它将为干预提供依据和指导。

▶ 之前完成的家庭作业和相关材料，应放在手边作为参考，治疗师也可随时将会谈与之前涉及的观念联系起来。

▶ 要确保促进会谈聚焦的材料随时可用。例如，用来识别不同思维类型的工作表、日记（TGFB，p.109），或者正念（TGFB，p.79）、自我关怀（TGFB，p.65，p.67）等新技术的治疗手册。如果需要使用视频或音频进行介绍，则要准备可靠的技术设备。

▶ 如果有必须执行的治疗任务，如暴露或接近恐惧刺激，则需要额外的时间，以确保暴露顺利实施且焦虑等级已经降低。

为了使 CBT 更有吸引力和激励作用，治疗师可以根据儿童或青少年的兴趣定制个性化的治疗材料。例如，如果一个青少年喜欢运动，治疗师可以围绕运动主题设计工作表。如果青少年喜欢音乐，治疗师可以鼓励他们找出让他们感觉良好的歌曲，或者能表达他们感受的特定歌曲。在治疗日记上添加儿童或青少年的名字和一些相关图片，也可以使日记个性化。个性化是一种激励，让儿童和青少年感到特别和被重视。

在治疗期间约束儿童和青少年的行为

治疗师需要适当地约束儿童和青少年的破坏性行为，以确保它不会对干预产生负面影响。与儿童和青少年签订治疗协议是一种有效方式，有助于明确他们的治疗期望。治疗协议可以包括一些基本要求，如准时到达、关掉手机，一些基本期望，如参与技术培养会谈、完成家庭作业。为了显示治疗协议的重要性，儿童或青少年要与治疗师共同签署，并保留一份副本以便必要时在会谈中随时调取。

焦虑可能会导致破坏性行为的出现，就像患有孤独症谱系障碍的儿童和青少年一样。如果是这种情况，治疗师可以对会谈进行结构化，使其可预测。例如，治疗师可将初步的会谈议程可以写在一块黑板上，这样儿童和青少年一进入房间就能立即看到。

对于那些很难保持注意力集中的儿童和青少年来说，会谈的时间可以更短，治疗师可以使用不同的材料来刺激和保持他们的注意力。例如，一次会谈可以包括在白板上画画、完成工作表或小测验、参与角色扮演和观看视频等内容。对于那些很难坐着不动的儿童和青少年来说，治疗师可以考虑让会谈变得更活跃，如出去走走，或者把被动的活动换成更活跃的活动。例如，治疗师可以引导一个社交焦虑的青少年在诊所或医院大楼周围练习与人打招呼。

如果破坏性行为对治疗成为一个经常性的困扰问题，那么治疗师可以考虑启动行为后果强化管理（contingency management），建立正式奖励或积分图。治疗师可以提供一些小奖励，以促进儿童或青少年学习针对他们问题的技能。例如：

▶ 对于在群体环境中变得焦虑的青少年来说，治疗师可以奖励他们去当地的咖啡馆喝一杯饮料；

▶ 对于在公共场合吃东西感到焦虑的青少年来说，治疗师可以带他们到咖啡馆，并奖励他们一块蛋糕。

另外，行为后果强化管理可能在会谈期间发生，例如，"只要我们完成了治疗议程，你就可以上 YouTube，给我看你喜欢的视频"。

另一种需要应对的行为是拖延。它是一种人们推迟或回避挑战性任务的方式。一旦注意到这一点，治疗师就应该与儿童或青少年讨论，接纳他们的焦虑，并约定完成任务的最后期限。无论如何，治疗师都要在临床治疗中抓住时机，将治疗从讨论转向行动。

▶ "让我们现在就开始吧。"

▶ "让我们看看会发生什么。"

此外，有些儿童或青少年可能非常健谈，这可能会导致治疗议程不能完成。治疗师需要给他们说话的时间，也需要对此加以限制。如果它成为一个问题，治疗师可以直接向他们提出，并用解决问题的方式探索如何处理这个问题。

▶ "我知道似乎有太多的事情要谈，然而在我们过去的几次会谈中，我们并不能完成所有的治疗议程。在治疗中尽可能地讨论全部的治疗议程是很重要的，我想知道我们对此能做些什么？"

确保会谈有议程和明确的目标，还要有合适的结构

治疗师要确保会谈聚焦，并有明确的议程和结构。这一点应该在第一次会谈期间明确说明，并为治疗议程提供明确的理由。

▶ "每次会谈的最开始，我们都要就会谈议程进行协商并达成一致。这将确定我们会谈的内容，有助于将会谈的焦点始终放在帮助你实现目标上。"

治疗议程的确定应要考虑治疗任务的优先次序，以确保最重要的议题得到解决。该议程应平衡治疗任务的焦点，一方面要有帮助儿童或青少年实现他们的治疗目标的活动，另一方面要有维持和强化咨访关系的项目。这些活动可以聚焦在儿童或青少年的兴趣或想要讨论的具体议题上。

▶ "你想把什么列入今天的议程？"
▶ "这周发生了什么需要我们考虑的重要事情吗？"

治疗师最好将议程写下来，安排好优先事项，约定好时间。

▶ "今天你想探讨的最重要的事情是什么？"
▶ "你认为这些事情中哪一件对你最有帮助？"
▶ "我们有 45 分钟的时间，所以你认为我们应该在这上面花多少时间？"

虽然过程是协作的，但治疗师有责任确保议程在可用的时间内是可行的。因此，治疗议程必须是可执行的，不能太宏大或难以应对。

就内容而言，治疗议程应与干预的阶段相关，并紧密联系问题的概念化和儿童或青少年的治疗目标。它通常包括总体情况的更新、效果评估的更新、家庭作业的回顾、会谈议题、家庭作业布置、会谈总结及反馈等环节。

总体情况的更新

在会谈开始时，治疗师有必要获取自上次会谈以来发生的任何重大事件的简要更新，这些事件可能会导致儿童或青少年的问题，或者潜在地干扰他们取得进步。

▶ "自从我们上次见面以来，有发生什么重要的事情有助于我了解治疗情况吗？"

这让儿童或青少年有机会分享任何他们特别关注的事情或问题。

▶ "妈妈和爸爸最近一直在争吵，他们现在都很生气。"

它还为儿童或青少年提供了机会，来为任何积极的事情进行庆祝，或者讨论已经发生的重要意外事件。

▶ "你知道我不太喜欢出去。不过，周一我的朋友邀请我去他家，我就去了。"

效果评估的更新

治疗师应在每次会谈开始时，完成常规的效果评估和目标进展评估。这提供了一个即时的回顾进展的机会，以便治疗师相应地调整干预措施和节奏。

完成这些简单的评估不需要很长时间，而且经验表明儿童和青少年喜欢进行这个步骤。对儿童和青少年来说，完成一个症状或目标量表，往往比试图口头解释他们的感受如何或发生了什么更容易。儿童和青少年也有兴趣了解他们的问题是如何随着时间的推移而变化的。如果积极的改变正在发生，那么回顾以前的评估就具有赋能和激励作用。如果没有变化或进展有限，治疗师则要探索其他可能的原因，并在适当的情况下商定新的治疗计划。

家庭作业的回顾

同样，上次会谈中布置的任务需要得到回顾。如果儿童和青少年完成了家庭作业，治疗师可以对此进行庆祝，并鼓励他们反思自己在此过程中学到了或发现了什么。

▶ "干得好，卡兹，你找到了三个棘手的情境。你发现了什么？你注意到什么模式或主题了吗？"

如果儿童和青少年没有完成家庭作业，治疗师就需要和他们探讨潜在的障碍，并商定一个可以解决这些障碍的计划。

▶ "我们都会忘记做一些事情，杰克，所以不用担心。我想知道，下次我们可以用哪些更好的方式提醒你做这件事。"

会谈议题

治疗会谈的大部分时间要集中在主要议题上。治疗会谈要以概念化为指导，并确保干预的重点持续聚焦于培养一些有助于儿童或青少年实现治疗目标的技能。会谈的重点可以是心理教育、技能培养，或者练习认知、情感或行为领域的新技术。此外，治疗师可以在每次会谈中分配一些时间来简短地练习一些有用的技能，如正念、放松或感恩。

家庭作业的布置

治疗师要强调会谈议题与儿童或青少年问题的相关性，并在此基础上商定家庭作业。根据不同的干预阶段，治疗师可以通过某种形式的监测、技能练习、实施探索性行为实验或行为激活任务等方法来收集家庭作业的评估数据。

家庭作业是很重要的，它给临床会谈与儿童或青少年的日常生活之间架起了桥梁。同时，家庭作业还有助于会谈之间的连续性，在每次会谈开始时，咨访双方要先回顾上一次会谈商定的作业，而上一次的作业内容又会与本次会谈的内容联系起来。家庭作业将儿童或青少年的日常经验带入会谈，并促进他们将临床讨论和治疗技术应用到日常生活中。

会谈总结及反馈

最后，治疗师应该从儿童或青少年那里获得反馈，了解他们对会谈的领悟。问题可以按 10 分制进行评定，从"完全没有"（0 分）到"完全有"（10 分），并对核心维度进行评分，包括如下几个方面。

▶ 倾听方面："你感觉被倾听了吗？"

▶ 促进作用："你能说出你想说的一切吗？"

▶ 理解："你理解会谈中的讨论内容吗？"

▶ 参与："你在多大程度上参与了家庭作业的制定？"

儿童和青少年可能不愿提供反馈。他们可能会担心给出评判意见会惹恼治疗师，不确定如果他们说了一些严重的话会发生什么，或者担心如果他们说错话会被责备或陷入麻烦。因此，治疗师要向儿童或青少年事先解释清楚，说明为什么需要他们提供反馈及这种反馈有何帮助。

▶ "我想知道你对今天的治疗感受如何？我想确保你有充分的参与感和被倾听感，有机会分享你的想法，说出你想说的话。请坦诚以待，这样我们才能让会谈尽可能地有帮助。"

如果儿童或青少年对会谈的评分很高，这并不罕见。然而，重要的不是评分本身，而是它的变化。如果一个儿童或青少年给上一次会谈的被倾听感打了 7 分，但给这次会谈打了 6 分，那就需要探究发现一下了。

▶ "看起来我没像上次见面那样认真听你说话了。关于做些什么能让你感到被倾听这一点，你有什么想法吗？

同样，如果评分提高了，也应该简单讨论一下。

▶ "你认为你今天的参与程度比上次高，你觉得今天发生了什么让你觉得更有参与感呢？"

把控时间，确保完成所有治疗任务

确定治疗项目的优先次序并预估各部分的时间分配是议程设置的一部分。在治疗过程中，治疗师要留意时间并相应地调整议程，以确保所有的治疗项目都得到了充分关注。治疗师有责任把控时间，但关于重新安排治疗项目的优先级或时间的重新分配这部分，应与儿童或青少年共同决定。

为了确保会谈以有效的方式进行，治疗师需要对它们进行积极的调控。冗长的讨论可能会妨碍议程的进展，治疗师必须谨慎处理，并使用小结和复述来结束讨论。

> ▶ "玛丽亚，似乎有很多事情让你感到焦虑。你告诉了我，在一些人很多的情境下你会感到焦虑，包括前往新的或不熟悉的地方和社交场合。这真的很有帮助，但我想知道我们现在是否可以继续看看，在这些情况下你的脑海里会闪过什么样的想法。

虽然治疗议程决定会谈的结构，但也需要灵活调控。仅仅为了完成一个议程而匆忙地完成它是没有意义的。再次强调，儿童和青少年也会同意这个观点。

> ▶ "你今天有很多想说的，你所说的话帮助我了解了发生的事情。我们需要确保拥有足够的时间来讨论治疗议程上的事情，可我觉得我们没有足够的时间来涵盖所有的事情。我在想我们该怎么办呢？"

儿童和青少年可以参与寻找解决方案，例如，将本次未完成的内容放在下次会谈一开始讨论。

确保会谈节奏适当、灵活，以响应儿童或青少年的需求

议程设置包括确定优先次序和时间分配，这将影响会谈的节奏安排。治疗节奏需要适应儿童或青少年的发展能力，并给他们留出足够的时间学习和加工治疗信息。因此，治疗师需要判断议程的长度，并对会谈进行整体把控，以确保节奏合适。同样，治疗节奏应该与治疗计划是一致的，这样就不会出现仓促进行剩余

的治疗项目的情况。治疗师应持续监测会谈，并根据儿童或青少年的反应对会谈节奏进行调整。

▶ 对于那些很难保持注意力集中的儿童或青少年，可以缩短会谈时间。

▶ 如果儿童或青少年表现得不感兴趣，那就考虑一下如何使用不同的材料来维持他们的兴趣。

▶ 如果儿童或青少年显得不知所措，那就把治疗的信息量分成更细小、更聚焦的单元。

▶ 如果儿童或青少年感到无聊，那就反思一下这个会谈节奏是否合适。如果速度太慢，儿童或青少年可能会感到无聊。如果语速太快，儿童或青少年则可能会听不懂，从而失去兴趣。

会谈的节奏不仅取决于治疗内容，也取决于会谈中需要收集多少信息或目标有多聚焦，这样才能帮助儿童和青少年理解并吸收关键的治疗知识。

▶ 儿童或青少年已经知道了多少？如果他们已经很好地理解了 CBT 模式的关键部分，那就不需要在这些方面花费太多时间。

▶ 治疗师是否为儿童或青少年提供了符合认知水平的治疗信息？一些儿童或青少年能很快地吸收治疗概念，而另一些儿童或青少年则需要多看几次材料才能理解。

▶ 治疗师是否提供了符合治疗深度的治疗信息？例如，儿童可能需要识别不同类型的思维陷阱，而青少年可能想获得更多关于它们是如何形成的信息。

因此，一个节奏良好的会谈应在分配时间内包含足够的治疗项目，以便儿童和青少年了解、整合并将其应用于他们的个人情况。

治疗节奏既不能太快，也不能太慢。不必要的重复不但效率不高，还会让儿童和青少年感到无聊和被小看了。相应地，儿童和青少年也需要足够的时间来理解、应用新的治疗信息，并将其应用于个人情况。治疗师可以请儿童或青少年总结他们听到了什么，以及他们准备如何利用这些信息应对个人困扰，从而评估会谈节奏是否合适。

▶ "蒂娜，你能用你自己的话总结一下我们刚才讨论的内容吗？"

▶ "你认为这对你处理问题有什么帮助？"

一些儿童或青少年可能会很健谈，当他们讨论的内容偏离议程清单时，治疗师需要敏感地觉察并温和地将他们拉回来，以保证会谈议程的不断推进。但同样重要的是，即使议程有助于治疗的聚焦，治疗师也不能一成不变地根据预设的结构开展治疗。例如，如果一个青少年主动提及他自伤或自杀的想法，治疗师就需要立即进行评估，以确保他们的安全。

如果治疗师决定不按照治疗议程开展工作，就需要向儿童或青少年明确解释，并澄清原因。

▶ "凯蒂，看来你妈妈行为上的变化让你很担心。虽然一开始我们并没计划讨论这部分，但看起来这件事让你感到很不安。我在想我们是否应该放下原来的议程，看看你能做些什么来帮助妈妈和你自己感觉好点？"

反应性

治疗师需要对儿童和青少年的情绪反应、在会谈之外发生的重要事件或随机的和计划外的治疗机会，保持灵活和积极的反应，这是很重要的。

一个儿童或青少年可能带着情绪参加会谈，也可能在会谈期间变得情绪化。这一点不应被忽视，而应得到接纳并被敏锐地探讨。如果这种强烈唤起的情绪状态没有得到适当的探索和讨论，那么它将阻止儿童或青少年参与到原计划的治疗会谈中。

同样，治疗需要考虑儿童和青少年更广泛的日常生活背景。有许多事件可能会影响他们，或者影响他们对治疗项目的优先性进行判断的能力。这些事件可能包括：

- ▶ 家庭问题，如与父母或兄弟姐妹争吵；
- ▶ 友谊问题，如刚结束一段友谊或被欺负；
- ▶ 教育问题，如考试或学业压力；
- ▶ 群体问题，如暴力或毒品压力；
- ▶ 健康问题，如家人健康或个人健康。

虽然治疗议程在每次会谈开始时也有简要更新的机会，但有时也需要灵活应对，对于治疗中出现的紧迫问题，治疗师需要及时回应并多花费些时间对这些事件进行探索。

案例研究：加里的细菌焦虑

16 岁的加里对细菌有很多担忧。他刚抵达诊室准备开始临床会谈时，就显得非常焦虑，并透露他刚踩到了外面人行道上的一个用过的安全套。他现在确信自己感染了艾滋病病毒。

本来会谈计划的焦点是关于 CBT 模式的心理教育。然而，通过这个机会，他们讨论了是否应该就这个令加里感到如此焦虑的情况聊一聊。治疗师并没有在房间里进行会谈，而是邀请加里展示是什么让他如此焦虑。他们走了出去，加里指出了路面上的白色东西。于是，治疗师利用了这个"唤起强烈情绪的情境"来识别加里的灾难性思维。治疗师鼓励加里直直地盯着那个东西看，并让他描述出现在脑海中的想法。治疗师利用这一情境向加里突显了他对细菌有多么敏感，而且他会主动寻找一些可能被感染的情况。在这一情境中，地面上那个被加里认成安全套的白色物品，实际上是一块湿纸巾。

准备结束治疗和预防复发

CBT 是一种有时间限制的干预，从第一次会谈开始，儿童和青少年就应该知道干预的持续时间，以及何时将会回顾进展。因此，儿童和青少年应该清楚地知道，这不是一个开放性的、持续进行的过程。治疗师应该在整个治疗中，有规律地评估治疗进展、测量治疗效果、量化评定治疗目标的达成情况、确定治疗进展，进而实现最终的治疗效果。然而，症状的改变和治疗目标的实现并不是判断是否结束治疗的唯一标准。最终的目标是让儿童和青少年及 / 或他们的父母，成为他们自己的治疗师，所以，提升自我觉察和治疗的自我效能同样重要。

结束干预的积极原因包括：

▶ 初步问题得到解决；

▶ 症状减轻至可控的水平；

▶ 用以应对未来困扰的有效技能得到了发展；

▶ 自我意识得到了提升，能够更好地识别思维中常出现的陷阱和圈套；

▶ 自我效能感得到了提升。

治疗师应为儿童和青少年留出足够的时间为结束做准备。治疗师应该明确强调这是一个积极的进展，尤其是在治疗后期多留些时间是很有好处的，因为这是儿童和青少年巩固技能的阶段。巩固阶段中的会谈间隔时间往往会更长，以允许儿童和青少年有更多的机会独立处理可能出现的任何问题。

虽然很多儿童和青少年会对治疗的结束感到高兴，但有些人会感到担心。他们可能会怀疑自己的自我效能和应对能力，或者因为将治疗的结束视作被抛弃或又一次被自己珍视的人拒绝而感到害怕。治疗师须认识到这一点，并以一种鼓励性的和深思熟虑的方式与儿童和青少年讨论治疗的结束。儿童和青少年的恐惧需要被识别并被正常化。治疗师需要强调他们的优势和能力，并将其纳入复发预防计划。同样，治疗师应明确说明，儿童和青少年以后如何寻求帮助。

预防复发

后期的治疗会谈将聚焦在预防复发上。治疗师可以鼓励儿童和青少年反思治疗中最有帮助的方面，以便他们对未来可能遇到的挫折做好准备，并帮助他们制订一个应急计划，以应对再次出现的困扰。这个过程涉及的领域可能包括以下部分或全部内容。

什么是有帮助的

这里应简要总结那些对儿童和青少年来说最重要的治疗要素（TGFB，p.214），这些要素可能包括：

▶ 重要信息，例如，"你做得越少，你思考的时间就越多"；

▶ 有用的想法或技能，例如，"当我失落的时候，我应该做些事情来照顾自己"；

▶ 让自己感觉更好的技巧，如安抚技能包，或者那些帮助儿童和青少年应对无用想法的方法，如"像对待朋友一样对待自己"。

将有益技能融入日常生活

想办法让有用的技能成为日常生活中的一部分。鼓励儿童和青少年思考他们日常生活的不同部分，以及如何在其中植入一些有益的活动。

▶ 当早上刷牙的时候，他们能练习对自己友善地说话吗？

▶ 晚餐时，他们能尝试以正念的状态吃几口吗？

▶ 准备入睡前，他们能练练放松技术吗？

记得练习

技能被使用和练习的次数越多，就会变得越有效。治疗师可以鼓励儿童和青少年每周预留时间专门回顾技能的使用情况，还要鼓励他们多尝试练习技能，探索技能使用的障碍，并计划是否在未来几周使用这些技能以获得特定的帮助。

为挫折做准备

有一点很重要，就是让儿童和青少年意识到挫折在生活中是很常见的，以帮助他们做好应对的准备。未来会有挑战，困扰会再次出现，儿童和青少年也会遇到新技能似乎不起作用的时候。然而，在遇到这些情况时，儿童和青少年需要将他们定义为暂时的挫折，而不是将它们视作"以前的困扰又回来了"和新技能不再起作用的信号。

了解你的预警信号

意识到个人的预警信号，可以帮助儿童和青少年在潜在的困扰刚出现时就监测到，并防止其升级（TGFB，p.215）。治疗师应鼓励儿童和青少年识别并监控他们无益的思维方式、与不愉快的感受相关的身体信号，以及可能预示事情正在恶化的行为方式。

警惕困难时期

儿童和青少年要意识到有助于预测困难事件的触发因素（TGFB，p.216）。这些诱因可能是生活中的一些变化，如去新的地方、考试、新的社会环境和与他人的分歧，都可能诱发儿童和青少年退行到之前的无益模式。因此，如果儿童和青少年能更有效地发现这些问题，就可以做好应对的准备并练习那些他们认为有帮助的技能。

善待自己

接纳、关怀和感恩是在生活中可以使用的有益技能。治疗师可以鼓励儿童和青少年接受事情可能会出错、人们并不会总是友善的情况，与其让他们预期每个人都反对自己，或者因为事情出错而责怪自己，不如鼓励他们培养对自己和他人的慈悲心，并鼓励他们通过寻找积极的事件和经历来表达感激之情。通常，这些都是能唤起积极情绪的日常小事，例如，搭顺风车去见朋友，或者把那件准备晚上穿出去的最喜欢的上衣洗干净。这些都是经常被忽视的事。

保持积极

事情会出错，挫折会发生。然而，治疗师应鼓励儿童和青少年与其被这些东西压倒，不如保持积极，关注自己的优势，并提醒自己所取得的成就。

知道何时求助

有时，儿童和青少年可能会陷入他们过去无用的心理或行为方式。当这种情况发生时，他们可以制订一份书面的求助计划，写明他们可以与谁讨论及这些人的联系方式。寻求帮助是一种力量的标志，所以越早寻求帮助，他们就能越快地做些事情，让自己感觉更好。

警惕那些强烈的、无益的思维方式

在预防复发的计划中，强调儿童和青少年所取得的成就，以及这些成就在很大程度上归功于他们自己，这一点尤其重要，因为他们许多无益的思维模式涉及外部的、普遍的、稳定的归因方式。

▶ 抑郁的儿童或青少年可能会把成功归因于外部因素，而不是他们应对方式的内部变化。

▶ 焦虑的儿童或青少年可能会表现出一种普遍性的归因特点，他们低估了自己能取得的成就并担心自己能否应对未来的挑战。

▶ 愤怒的儿童或青少年可能会把他们的易怒倾向归结为一种他们无法改变的稳定特征。

在反应预防阶段（response prevention stage），这些归因特点都需要得到明确的挑战。

▶ 例如，当普遍性归因是"无法应对"时，治疗师可以通过强调那些曾打破这些归因限制的成功经历来质疑它："尽管你仍然很担心社交场合，但让我们先回顾一下你已经取得的成就。你已和朋友一起出去吃过饭，参加过聚会，你也是运动队的队员，会和其他队员一起看客场比赛，也在学校和三个朋友一起吃午饭。"

▶ 治疗师需要挑战儿童和青少年关于积极变化的外部归因并强调内部归因。这可以通过回顾儿童和青少年所学的技能，以及这些技能与症状变化、目标实现之间的关系来实现。

▶ 关于稳定归因方式的挑战，可以通过识别和突出那些消极行为没有发生的情况来实现。例如，那些青少年虽然被激怒，但并没有发脾气的场合。

第 10 章

家庭作业

利用家庭作业在临床会谈和日常生活之间进行知识技能的巩固和迁移。

家庭作业是连接临床治疗与儿童和青少年日常生活之间的桥梁。家庭作业的目的与干预的阶段有关，例如，心理教育、自我监测、练习、技能发展，或者试验新的行为方式或情境应对方式。家庭作业应由治疗师与儿童或青少年共同商定，难度上应与他们的发展水平相适应。同时，在规划家庭作业的过程中，治疗师也应根据儿童或青少年的需要和兴趣进行量身定制。家庭作业应该有一个明确的目的，与儿童或青少年问题的概念化联系起来，并为临床会谈中的治疗工作提供逻辑关联。家庭作业应该是可管理的、定义明确的、安全的，其结果应当被回顾与讨论。

商定家庭作业任务

家庭作业提供了收集治疗信息的机会，也提供了在生活环境中运用新技能的机会。家庭作业在 CBT 中是必不可少的，它将治疗内容迁移到日常生活中，也将家庭环境的经验带到临床会谈中。家庭作业扩展了支撑 CBT 的好奇、客观的科学实践者的角色，鼓励儿童和青少年探索发生了什么及是什么在起作用。

家庭作业应该根据儿童和青少年的独特经历和环境量身定制。因此，治疗师需要在前几次会谈中向儿童和青少年介绍家庭作业是 CBT 的核心部分，让他们明确地意识到在每次会谈后都需要完成家庭作业。

▶ "我们需要弄清楚发生了什么事情，以及我们所讨论的想法哪些是有益的，哪些是无益的。要做到这一点，你需要在会谈之外完成一些任务。它可能是完成一篇日记，练习一项新技能，或者尝试一种新的行为方式，看看会发生什么。"

对儿童和青少年来说，重要的是不要把这些任务称为"家庭作业"，因为它可能会蕴含一些负面的含义。家庭作业通常是由他人布置的，会专门被考查和评分，很多时候儿童和青少年并不想做。在 CBT 中，家庭作业是双方共同商定的，具有明确的治疗目的，而且治疗师不会以家庭作业为依据来评价儿童和青少年。因此，家庭作业被称为"证明我可以"（Show That I Can，STIC）任务（Kendall，1990）、治疗练习或会谈间任务（Fuggle et al.，2012）、行动计划（Beck et al.，2016）或家庭任务（Stallard，2019a，2019b）。

家庭作业的主要目的是探索。在干预的早期阶段，家庭作业可以是心理教育，旨在促进儿童和青少年对常见心理问题的理解。例如，治疗师可以请一个低自尊的儿童完成一项作业，内容是通过互联网搜索高自尊或低自尊的名人并描述他们的行为（TGFB，p.54）。同样，治疗师可以鼓励患有抑郁障碍的青少年通过互联网找出抑郁障碍的常见症状。家庭作业还可以是治疗师与儿童或青少年协商确定，以 CBT 模式为其他儿童或青少年提供心理教育。

> ▶ "我介绍过这种叫作 CBT 的助人方式。关于'CBT 对我们的合作方式会有哪些影响'这一问题，我在想你是否可以进一步在网上搜索？"

监测家庭作业有助于评估治疗进展，也有助于发展和形成个案概念化。

> ▶ 我不能 24 小时和你在一起，没办法知道当你焦虑时会发生什么。我想知道你是否可以写一个简短的日记，记录在接下来的一周这种情况发生的频率？"

根据需要，监测家庭作业可以识别引发不愉快感觉的情况（TGFB，p.151）、激发常见的想法，或者引起强烈躯体反应（TGFB，p.152）的情境。

随着治疗的进行，家庭作业将侧重于新技能的培养和练习。练习的干预焦点将由概念化方案决定，可能包括放松练习（TGFB，p.161）、发现善意（TGFB，p.67），或者正念练习。

▶ "你今天在正念方面做得很好。你越多练习正念，它就越有帮助，就像任何新技能一样。我在想我们能否约定你在家练习正念的时间？"

在实施阶段，家庭作业的重点通常是在日常生活中采用和实施新技能。

▶ "我们需要弄清楚，当你去上学时，我们一直以来在会谈中练习的这些技能是否对你有帮助。我们是否可以确定一下你运用这些技能的时间？"

家庭作业的内容可能涉及（儿童和青少年）让自己变得更积极（TGFB，p.206）、以不同的方式处理问题，或者进行行为实验来验证自己的心理预期（TGFB，p.185）。

最后，设置家庭作业的过程本身就是一个可以参考的重要框架，儿童和青少年可以使用它来预防复发。这一过程提供了一个简单的治疗结构，可以用于收集信息、测试假设和信念，或者评估新的应对方式。因此，儿童和青少年就掌握了成为自助者的成长工具，他们可以在治疗结束后继续使用这些工具。

一旦家庭作业确定了，治疗师就可以核验儿童和青少年是否完全同意并理解了家庭作业，这将有助于治疗。

▶ "关于任务，我讲清楚了吗？你觉得还有哪些事情需要我进一步解释下？"
▶ "你能告诉我，我们希望从这项作业中探索出什么吗？"
▶ "你具有完成这项任务所需的所有支持和帮助吗？"

成功地完成家庭作业的目标，是为了促进自我赋能，而不是强化关于失败的信念。因此，很重要的是，治疗师应与儿童或青少年就作业本身及他们在现实层面能做什么这两方面，展开开诚布公的、真诚的讨论。儿童或青少年可能会感到矛盾或无法完成家庭作业。治疗师应鼓励他们探索这一感受背后的原因，例如，是害怕失败，缺乏动力，还是不能有条理地安排生活。最终，如果儿童或青少年真的觉得自己不能完成家庭作业，那么，这一感受就需要得到接纳。在最初的评估阶段，家庭作业并不是必不可少的，因为有治疗价值的信息可以通过在临床会谈期间回顾儿童或青少年的经历事件而获得。在干预的后期阶段，当儿童或青少年需要在日常生活中运用新技能时，家庭作业更重要。到了这个阶段，治疗师可以向他们强调作业完成方面的困难是可以解决的，这样他们就会更有动力去尝试解决问题。

最后，在会谈中，治疗师应为布置家庭作业的环节分配充足的时间。家庭作业通常安排在每次治疗的最后阶段，所以治疗师可能会加快进程，剩下多少时间，就用多少时间来匆忙完成这部分。治疗师应尽量避免这种情况发生，在制定议程时，应优先安排家庭作业，并为这项活动分配足够的时间。

确保家庭作业是有意义的，并与概念化和临床会谈明确相关

家庭作业是临床会谈的延伸，因此要与临床会谈的内容、问题的概念化及儿童或青少年的治疗目标紧密相关。家庭作业不是随机选择的不协调的任务，而是与治疗相关的、有意义的，并且是促进治疗的。为了家庭作业而布置家庭作业没有意义。同样，家庭作业也不应是重复已经知道或已经确定的内容。例如，演示有些人在社交场合变得焦虑的家庭作业是不必要且乏味的。

家庭作业应该将一个会谈的结束与另一个会谈的开始联系起来，这样做可以为治疗提供一种动能。它们应该与治疗概念化直接关联，并可用于测试、发展和探索儿童和青少年的思想、情感和行为之间的关系，这些是认知模型的核心元素。

▶ "当你感到悲伤的时候，你不想和别人待在一起，所以你一个人回到自己的房间。可当你独自一人时，你的悲伤感受反而更重了，然后你会被那些

无益的想法困扰。当你感到悲伤时，如果尝试做点别的事情，看看会发生什么，你觉得会有帮助吗？

治疗师也可使用概念化来确定在家庭作业中可以开发和练习哪些技能。

► "你不停地在脑海中回想那些无益的想法，不断地打击自己。你觉得如果尝试不去倾听这些想法，仅仅是让它们来来去去，这会有帮助吗？"

因此，家庭作业应该是相关的、有意义的、清晰界定的，以便儿童和青少年完全理解家庭作业将要帮助他们探索的是什么。

确保家庭作业与儿童或青少年的发展水平、兴趣和能力相匹配

家庭作业应反映儿童或青少年的发展水平。如果鼓励年幼的儿童成为一名侦探，他们可能会更有动力完成家庭作业。他们的任务是寻找线索，弄清楚发生了什么。在《好想法，好感受》（*Think Good, Feel Good*）一书中，想法追踪者（Thought Tracker）可以帮助完成有关想法的家庭作业，感受发现者（Feeling Finder）可以帮助完成有关情感的家庭作业，而行为促进者（Go Getter）则可以帮助完成有关行为的家庭作业。

在发展方面，家庭作业需要与儿童或青少年的认知、阅读和写作能力相匹配。如果一个儿童或青少年感到写作很难，那么治疗师应与他协商出另一种替代方式来完成监测家庭作业。下面的日记（见图 10-1）使用表情符号作为简单的视觉方式来展示孩子在特定时期内最强烈的感受。

日期	早晨	下午	晚上
周一			
周二			
周三			

图 10-1 表情日记

儿童和青少年也可以使用技术来辅助完成家庭作业。治疗师可以鼓励儿童或青少年在平板电脑或计算机上创建自己的日记（TGFB，p.108，p.109），也可以鼓励他们通过使用智能手机"下载他们头脑中的想法"（TGFB，p.110），来探索自己的认知，进而完成家庭作业。儿童和青少年可以把他们的想法记录在手机上，而不是写在纸上。

同样，儿童和青少年可能更喜欢把自己的想法记录到电子邮件中。他们可以使用智能手机来进行网络搜索，也可以下载一些手机应用程序来获取作业指导，或者练习正念或放松等技能。

治疗师可以邀请儿童或青少年使用智能手机的相机功能来拍摄困难情境，并以这些记录为参考来探索后续的作业安排。如果一个儿童或青少年不喜欢写作，他可以用智能手机创建图片库。例如，儿童或青少年可以在家庭作业中拍摄照片，并在其中寻找积极的一面（TGFB，p.53），或者寻找他们自己的优势（TGFB，p.52）。

儿童和青少年可以制作进行练习或完成探索性作业的短视频。这些视频为回顾他们在日常生活中应用 CBT 技术的情况提供了有利的机会，治疗师也可以借此提供关于技能提升方面的反馈。儿童和青少年可以在智能手机上设置闹铃和提示，提醒自己完成家庭作业。同样，儿童和青少年可以把他们带着善意的内在声音（TGFB，p.66）保存在手机上作为屏保，或者作为一个能经常被看到的提示，以便他们在责备自己的时候使用。

作业可以被设计成有趣的、吸引人的游戏和实践活动。如果孩子有分离焦虑，父母可以创造寻宝游戏，鼓励孩子离开自己的身边，独立寻找隐藏的宝藏。在一项正念家庭作业中，任务是制作一个杂物罐，在这个罐子里装满闪亮的小物品和水，然后摇晃它们以表示他们头脑中盘旋的想法。孩子被鼓励将注意力集中在罐子上，并注意当这些"闪光的想法"不再在罐子里盘旋的时候，水是如何清澈下来的。

对于年幼的儿童，治疗师应邀请他们的父母参与到孩子的任务中，这是很重要的。他们的参与方式可以从留意孩子正在监测或练习一项技能，到辅助孩子完成一项探索性作业。对于后一种情况，为了确保家庭作业能顺利完成，父母需要全面参与到作业的计划和完成过程中。

重要的是，治疗师要清楚在完成作业的过程中父母和孩子各自的角色是什么。通常，父母应起到支持和促进作用，而不是主导作用。治疗师需要向儿童或青少年指出，虽然完成任务的责任在他们自己，但他们要意识到，如有需要，他们也可以向父母请求支持和帮助。因此，父母有时会为了确保任务完成而过于主动并主导整个过程，治疗师需要对此保持敏感。治疗师要避免治疗的责任从儿童或青少年身上转移，这会降低他们的动力、自主权和对未来的家庭作业的参与度。

如果一个儿童或青少年没有完成家庭作业，治疗师将在下次会谈时对此进行回顾，除非事先商量好，否则不需要父母的任何积极干预。这是为了避免任何消极或批判性的亲子互动可能导致家庭作业被认为是消极或无益的。然而，父母的认可和强化对于儿童和青少年积极参与家庭作业却是必要的。父母在认可、接纳和肯定孩子所取得的重要成就等方面起着关键作用，父母可以这样的方式参与治疗并成为家庭作业计划的一部分。

确保任务是现实的、可实现的、安全的

让儿童和青少年充分参与决定家庭作业，将增加他们对任务的自主性和完成的可能性。任务必须是切合实际的，治疗师要与儿童或青少年对任务的性质和完成程度进行开放的讨论并达成一致。这为治疗师与儿童或青少年提供一个机会来讨论他们的顾虑，包括任务的要求和任务的可行性，并明确解释所涉及的内容。

就家庭作业的要求而言，治疗师应该澄清完成作业所需要的实际频率和 / 或时间长度。

▶ 儿童或青少年能否将一整周的全部事件记录下来，或者能采集到两个例子吗？

▶ 儿童或青少年能否在一周的治疗中，每天一次或两次练习他们的新技能？

▶ 在每天早上上学的路上或在感到困难的那些日子里，儿童或青少年依然能尝试使用这些新技能吗？

治疗师需要与儿童或青少年讨论有哪些可能影响任务完成的潜在的实际问题，并就此达成应对计划。

▶ 即使在学校里，儿童或青少年在每次发现消极想法时，也都能在手机的某个地方做标记吗？

▶ 他们是否拥有一个安全的地方可以用来保存他们的日记，以防他们的兄弟

姐妹看到？

▶ 家庭作业能被儿童或青少年安排在那些没有固定事项需要处理 / 从事的晚上吗？

重要的是，家庭作业被期望完成的程度是清晰的，并且潜在的关于治疗动机的议题也得到了处理。逃避是焦虑的常见表现，儿童或青少年可能会反复拖延。同样，情绪低落的儿童或青少年可能很难开始一项家庭作业。如果治疗师没有与他们明确家庭作业何时执行，那么家庭作业就有被推迟或无法完成的风险。布置家庭作业时，相比于给出模糊、笼统的指示，如"练习放松几次"，精确的说明通常会更有帮助，例如，"在周一和周四晚上睡觉前做放松练习"。

治疗师要避免定义不精确的家庭作业，即模棱两可或有不同解释的家庭作业。治疗师要与儿童或青少年就家庭作业的具体任务达成一致。

就像探索性实验那样，治疗师要仔细地安排家庭作业以减少潜在的问题，如下面的例子所示。

▶ 父母是否支持孩子在周六早上接触电子设备，这是否会影响孩子购物或走亲访友等其他活动呢，是否有安排孩子玩电子设备的更合适的时间？

▶ 如果任务是给朋友打电话邀请他们去看电影，那么当他们没空时，儿童或青少年该怎么做？

▶ 如果儿童或青少年周末不在家，他们将如何进行放松练习或正念练习呢？

为了确保家庭作业是可实现的，所设计的任务量应该是足够小的。一项较小但可以顺利完成的任务，比一项太大且有可能无法完成的理想化的任务更可取。如果任务量太大，应该考虑一个更小、更适度的，但同时能提供充足信息量的任务。治疗师可以参考恐惧等级（TGFB，p.195）的建立过程，来帮助找到可完成的任务并将其有效细分为可行的分解任务。

家庭作业对儿童和青少年来说应该是安全的，不应该让他们面临任何身体危险。例如，如果一个儿童或青少年正面临被霸凌，而他的选择之一是自信、勇敢地面对霸凌者。那么在同意将其作为探索性作业之前，治疗师必须慎重考虑其积极结果和消极结果。如果展示自信可能会引发更严重的被身体霸凌的风险，那么这个选项就不适合作为作业来完成。

最后，有些家庭作业可能听起来很简单，实际上却非常具有挑战性。例如，一个抑郁的青少年可能对自己消极和批判性的想法非常熟悉，以至于他很难找出任何可能发生的积极的事情。在这种情况下，先将作业放在治疗中练习是很有帮助的。

▶ "让我们想想今天发生了什么，看看能不能找到一个积极的事情并在日记中记录下来？"

治疗师可以引导儿童或青少年找出在治疗的当天发生了哪些积极的事情，这让他们有机会学习如何着手完成这个作业。显然，参加会谈本身就是一个积极的事情，它表明儿童或青少年在努力帮助自己，并在尝试改变当前生活中发生的事情。同样，人们也很容易忽视诸如按时到校这样的日常事件，认为它们无足轻重，可是如果儿童或青少年不能按时到校，他们就会有麻烦。

在治疗会谈中就开始进行练习，为示范作业、阐明作业内容及解决任何可能出现的问题提供了机会，从而增加了顺利完成作业的可能性。

设计作业时应参考治疗目标，回顾进程时应参考评估量表

一旦确定了目标，确定了目标的优先次序并达成了一致，就可以将其转化为家庭作业。

案例研究：哈里想变得更健康

14 岁的哈里一直感到情绪低落，许多过去他喜欢做的事情，他都不再做了。他很少出门，大部分时间都是一个人待在卧室里，尽管他过去喜欢运动，但他已经好几个月没有做任何运动了。他长胖了，觉得自己很不健康，心情很低落。

在评估中，哈里确定想变得更健康。治疗师帮助他将这一目标转变成了一个 SMART 目标——具体的、可衡量的、可实现的、相关的及有时限的。

- 具体的："如果你现在更健康，你会做什么？"——"我会继续开始跑步，我以前很喜欢跑步。"

- 可衡量的："你怎么知道你是否达到了目标？"——"我会用我的 Fitbit 测量我能跑多远。"

- 可实现的："这是你可以实际做到的事情吗？"——"我以前经常可以跑完 5 公里，所以我现在应该可以跑完 1 公里。"

- 相关的："这对你有什么影响？"——"如果我能重新开始跑步，它将帮助我走出家门，之后我将变得更健康，也会开始感觉更快乐。"

- 有时限的："你能在未来两周内完成吗？"——"是的，我周末没有任何安排，所以周六可以去跑一公里。"

一旦治疗师和哈里就目标达成一致，就可以将它转化为一项家庭作业，这项家庭作业中将包含一些特定技能，可以帮助哈利更好地探索自己。

- 哈利意识到，虽然他感觉自己满腔热情，但这种感觉并不会持久，他经常感到没有动力。哈里怎样做才能保持他的动力呢？
  - ◇ 如果邀请他的父母参与进来，提醒和支持他周六跑步，会有帮助吗？

◇ 哈里可以在手机屏保上设置一条关怀的信息，来鼓励自己尝试挑战吗？

◆ 哈利一想到跑步就会感到很不自在。因为他长胖了，所以他很担心别人会嘲笑他，盯着他看。

◇ 哈里能选择一个人比较少的时间和路线吗？

◇ 像"改变感觉"（TGFB，p.164）这样的放松练习能让他在跑步前更放松吗？

◇ 哈里能更关爱自己一些吗？他能不能练习用更友善的声音对自己说话（TGFB，p.66），而不总是自我批评？"我感到焦虑，但对任何一个人来说，如果有一段时间没有做某事，都会有这种感觉。我只是想让自己感觉好点。"

◆ 哈里情绪低落，他发现自己很难觉察到或认可自己做了什么积极的事情。

◇ 哈里在跑步后会如何庆祝和奖励自己？

◇ 哈里能把自己的成就记在日记里吗？这样他就能记住他所做到的事了。

◆ 治疗师每周都用量表评估哈里的情绪，然后逐级提高他的目标挑战程度，直到他每周完成两次跑步 5 公里的家庭作业。

案例研究：法蒂玛的无益想法

法蒂玛总是体验到许多无益的想法，这让她感到悲伤。这些想法都是非常自我批评性的（如"我永远都做不好事情"）、非常贬低自己的（如"我不重要，所以我不能用我的问题来打扰别人"）、非常不友善的（如"我很笨"）、漠不关心的（如"我还不如不在这里，反正也没人会注意到我"）。法蒂玛想让自己的情绪变得更好，可在她更多地了解了如何处理自我批判的想法前，她不知道如何实现目标。明白她是可以选择想法的，这一点可以帮助法蒂玛明确自己的目标和实现这些目标的行动。

◆ 第一种方法是直接挑战她那些无益的想法。这是基于法蒂玛的思维方式总是带有偏见和选择性的，她无法注意到或认识到发生的更积极的事情。这就涉及识别常见的无益想法（TGFB，p.108）、探查自己是否掉进了思维陷阱（TGFB，p.103，p.117）、挑战自己的想法（TGFB，p.129），或者进行行为实验来验证它们（TGFB，p.185）。

◆ 第二种方法是让法蒂玛改变她与她的想法之间的关系。这基于这样一种假设：她的问题不是因为她产生了这些无益的想法，而是因为她相信这些想法是真实的。这就需要法蒂玛改变她与她的想法之间的关系，并发现她的想法并不等于她。治疗师建议她尝试练习正念（TGFB，p.77）。她无需试图阻止或改变自己的想法，而是学会己与自己的想法脱钩，后退一步观察它们（TGFB，p.78）。她也将注意到，她不需要觉得"我很笨"，她只是有一个感觉自己很笨的想法。

◆ 第三种方法是让法蒂玛培养更多的自我关爱。她现在的思维方式是非常挑剔、冷漠、不友善的，这对她的情绪有负面影响。她将通过友善地自我对话、接纳自己本来的样子、照顾自己（TGFB，p.65）、认可自己的长处（TGFB，p.52）等方式，来培养更多的自我关爱和善意（TGFB，p.64，p.66）。

就治疗方式达成一致，有助法蒂玛明确她的治疗目标。治疗师可以将这些目标渗透到整个干预和作业中，并在每次会谈中回顾她的目标实现进展。

鼓励儿童和青少年对家庭作业进行回顾和反思

　　如果治疗师与儿童或青少年已经就一项家庭作业达成一致，那么该项家庭作业的完成情况就有必要在下次治疗会谈中得到回顾。如果这一点被忽视或遗忘了，它就向儿童或青少年传递了一个信息：家庭作业并不重要，因此不需要完成。对家庭作业进行回顾突出了其重要性，令儿童或青少年所取得的进步有机会被认可，同时也促进了他们的自我效能、自我反思和自我探索。

　　如果儿童或青少年已经完成了家庭作业，治疗师应对他们进行表扬，并鼓励他们反思通过探索得到的新发现。

- ▶ "我们在上次会谈中约定了要进行一些信息的在线查询，看来你已经完成了，这太棒了。快告诉我你发现了什么？"
- ▶ "做得不错，这个监测表看起来真的很棒。你注意到什么规律了吗？"
- ▶ "你在练习这些技术方面做得很好。你认为哪个最有帮助？"
- ▶ "你完成了这项任务，真是太好了。通过改变做事的方式，你发现了什么？"

　　促进自我探索是很重要的，因为即使是在会谈结束后，儿童和青少年依然需要继续进行这个反思过程。

　　有时，儿童或青少年并没有完成家庭作业的情况可能会出现，或者完成的方式不太理想。例如，他们并没有在事件发生的当天将其记录下来，而是在治疗当天通过回顾来完成日记。治疗师应尝试探究发现背后的原因，以一种开放的、好奇的、非评判的方式来回顾这种情况，而不是批评他们。重点应该放在阻碍儿童或青少年完成家庭作业的困难上。了解这些困难可以更好地帮助治疗师知晓如何设计接下来的家庭作业，更有利于儿童或青少年顺利完成。在完成家庭作业的过程中，儿童或青少年会遇到各种各样的困难，他们需要去探索并解决。

► **痛苦的程度过高**。儿童或青少年可能太过焦虑和害怕，太过沮丧和缺乏动力，或者太过愤怒和绝望，因而无法完成家庭作业。当痛苦很强烈时，治疗师应该为他们设计较小的任务量，以让他们感到家庭作业是可以完成的。

► **家庭作业太复杂了**。尽管儿童或青少年可能已经同意了家庭作业，但可能在做的过程中发现任务过于复杂或要求过高，或者超出了他们的认知能力。在这些情况下，治疗师需要在设计之后的家庭作业时注意降低难度，根据儿童或青少年的发展能力进行相应的调整。

► **家庭作业的内容不够清晰**。儿童或青少年可能会对家庭作业感到困惑或不理解。这意味着治疗师要将之后的作业设计得更具体些，并提供一份书面提纲供他们带走参考。治疗师可以尝试在治疗会谈中开始家庭作业并演示所需完成的任务。

► **忘记家庭作业**。当儿童或青少年的生活缺乏秩序时，他们很可能会忘记完成家庭作业。在将来的家庭作业中加入提醒可能会很有帮助，如在日历或手机上写提示。

► **恐惧失败**。儿童或青少年可能是完美主义者，会很害怕自己做得不好，因而对作业产生焦虑。治疗师可以将家庭作业布置得更明确、具体，清晰界定治疗原理，并强调没有正确或错误的答案，也没有正确或错误的解决方法。

► **未充分参与**。未能完成家庭作业也可能表明儿童或青少年参与度的缺乏或动力的缺失。这时，治疗师应该重新评估，如有必要，应在继续治疗之前进行简短的动机式访谈。

一旦确定了儿童或青少年未完成家庭作业的原因，他们接下来就应该在治疗会谈中继续完成这些家庭作业。

▶ **如果家庭作业是某种监测任务。**治疗师可以邀请儿童或青少年口头回顾事件。

▶ **如果家庭作业是练习技术。**治疗师可以带领他们当场对这些技术进行练习。

▶ **如果家庭作业是运用新技术。**治疗师可以设计一个角色扮演的场景来运用该技术。

治疗师应该强调，未完成的家庭作业将在会谈中完成，这很重要，它表明无论是忘记还是逃避作业都是不可行的。

最后，治疗师应鼓励儿童和青少年以开放和好奇的方式进行探索性作业，即使结果可能会证实那些无益的核心信念或假设。治疗师在计划阶段就需要考虑到这种可能性，这样就能确保无论最终结果如何，儿童和青少年都能从中获取有益的信息。

第 11 章

组合起来

如果将核心理念 CORE、基本原则 PRECISE 和具体技术 ABC 这三者组合在一起，就可以根据儿童或青少年的需求量身定制，形成一种灵活的干预措施。这种个性化的措施同时需要建立在清晰的个案概念化之上，因为概念化影响着治疗中关于特定 CBT 技术的选择、使用时机和使用节奏的把控。

越来越多的来自随机对照试验的证据表明，对于儿童问题的治疗，技巧和策略的组合非常重要。这些试验通常涉及标准化的治疗方案，因此每个元素的具体贡献大多是未知的。同样，每个特定成分对于不同的儿童的相关性和重要性也会有所不同。在年龄方面，大多数试验的被试年龄为 7 ～ 16 岁，但对于更年幼的儿童，我们对这些方案的实施效果仍知之甚少。此外，其中一些研究是在研究型诊所中开展的，研究中的儿童和青少年被试也是通过媒体广告招募来的，那么这可能引发一个问题：对于那些存在多种问题、需要被转介到临床诊所接受心理健康服务的儿童和青少年来说，这些治疗方案是否同样有效？尽管存在上述不明之处，现行的有关焦虑障碍、强迫症、抑郁障碍和创伤后应激障碍的标准化 CBT 方案中，仍呈现出一些关键的核心成分，这些成分我们将在下文列出。

焦虑障碍 [①]

有效性

关于儿童焦虑障碍的治疗，越来越多的研究证据表明（来自随机对照试验的

[①] 原文为 Anxiety，但由于本部分内容涉及很多焦虑障碍中的分类病症，探讨的内容也集中在 CBT 对不同种类的焦虑障碍的干预效果上，因此我们推测作者暗指"焦虑障碍"。对于后续对焦虑相关情绪的探讨，我们则译为"焦虑"或"焦虑问题"。——译者注

系统综述）CBT 是有效的干预方式（James et al.，2015；Reynolds et al.，2012；Wang et al.，2017；Zhou et al.，2019）。其中许多关于 CBT 标准治疗方案干预效果的研究，都基于原通用版"应对猫"项目的演变版。"应对猫"项目是由菲利普·肯德尔（Phillip Kendall）开发的治疗方案，主要包含的模块有心理教育、情绪觉察和管理、认知重建、等级建立和暴露，由 16 次会谈构成。前 8 次会谈主要关注心理教育和技能培养，后 8 次会谈则侧重于基于暴露的练习（Kendall，1990）。这个干预方案的治疗成分与一项大型综述研究的统计结果一致。该综述研究论述了目前在儿童焦虑问题的治疗方面已确立的干预方案，并统计了这些方案的治疗成分。该研究发现，在全部治疗方案中，包含暴露技术的占 88%，包含认知技术的占 62%，包含放松训练技术的占 54%（Higa-McMillian et al.，2016）。由此可见，关于焦虑障碍的许多干预方案都是跨诊断的，也就是说，对于患有任一焦虑障碍的儿童来说，治疗方案的成分都是类似的。尽管一些研究表明，对于某些焦虑障碍，如社交恐怖症，跨诊断干预并不适用（Hudson et al.，2015），但其他综述研究则表明这种方案仍是有效的（Ewing et al.，2015）。

目前，一些针对特定焦虑障碍的新治疗方案正在开发中，并已经显示出振奋人心的结果，如针对患有特定恐怖症（specific phobias）的儿童的单次暴露干预疗法（single-session exposure therapy；Öst & Ollendick，2017）和针对患有社交恐怖症的儿童的认知干预疗法（Leigh & Clark，2018）。同样，也有越来越多的证据表明，"第三次浪潮"中的 CBT 干预方案，如接纳承诺疗法（Hancock et al.，2018）和正念疗法（Borquist et al.，2019），对于特定焦虑障碍也是有效的。

干预措施的原理

聚焦于与焦虑相关问题的 CBT 有一个底层模型，而这个模型的建立基于一个假设，即焦虑是一种条件反射（Compton et al.，2004）。当面临引发焦虑的情境时，个体的不愉悦感会增强（如心率加快、呼吸急促、出汗），负面想法也会增多（如"我无法应对"）。如果个体回避或消除这些具有威胁性的情境，那么相关的不愉悦感和想法就会随之变少。这种做法的好处是，它带来了即时的情绪缓解，但它也有不好的方面，即儿童和青少年学会了通过回避焦虑情境的方式来减少焦虑。这就导致他们将无法学会如何战胜自己的焦虑感，从而无法直面和应对这类情境。

此外，父母在孩子关于焦虑的形成和维持方面扮演着重要角色。有时，父母可能会促进、强化孩子对于威胁情境的评估偏差和回避行为，并树立相应的模范（Barrett，Rapee，et al.，1996）。尤其是焦虑型孩子的父母，他们可能会过度保护孩子并过度干涉孩子的生活。这既是在不间断地向孩子传递危险的信号，又是在持续地限制孩子学习合理应对机制或问题解决技能的机会。

焦虑障碍 CBT 的核心成分

心理教育

针对焦虑障碍的 CBT 的第一步是心理教育，这点与很多其他疗法是类似的。心理教育的主要内容涵盖了认知模型（TGFB，p.89）、CBT 使用的理论原理，以及对恐惧反应和回避陷阱的理解（见第 12 章的"战胜焦虑"部分）。

情绪觉察与焦虑管理

通常，CBT 会在完成心理教育之后转向情绪领域。当儿童和青少年感到焦虑时，他们的身体就会通过一些特定的生理焦虑线索表现出焦虑感。如果儿童和青少年学会识别这些线索（TGFB，p.148），他们就提高了自己的情绪觉察能力。此外，要想应对诸如焦虑等不愉悦感，儿童和青少年仍需要学习放松技巧（TGFB，pp.161–166）。治疗师也要鼓励儿童和青少年在觉察自己的焦虑情绪时多运用这些技巧。

认知觉察与增强

随后，CBT 将会帮助儿童和青少年识别与这些焦虑感相关的重要认知（TGFB，pp.101，pp.108–109）。它们通常是一些被称为"自我对话"的信念、假设和自动思维。在这一过程中，治疗师会帮助儿童和青少年先识别那些引发焦虑感的认知方式或思维陷阱（TGFB，p.117），再将它们替换为降低焦虑的认知方式或积极的自我对话（TGFB，p.130）。另外，正念疗法（TGFB，pp.77–80）也会起到作用。它可以帮助儿童和青少年使用更少批评、更多友善的态度来看待自己的想法，并对唤起焦虑的情境和无法掌控的事件多一份接纳。

自我强化、暴露与练习

情绪和认知要素能够促进个体的自我觉察与自我评价，因此，在 CBT 中，治疗师会鼓励儿童和青少年在使用应对性的自我对话和放松策略时表扬自己，利用这种积极的情绪进行自我强化。一旦儿童和青少年掌握了这些积极的应对技能，治疗师就可以着手使用暴露干预。这需要治疗师先帮助他们识别令他们感到恐惧的情境或事件，再将这些情境或事件按照恐惧梯度进行排序（TGFB，pp.194–195）。之后，儿童和青少年会从唤起最低恐惧感的情境开始按序逐步面对（暴露于）梯度上的每一种情境。治疗师也会鼓励他们在面对恐惧情境时使用新掌握的情绪和认知策略（TGFB，p.196），从而学会战胜焦虑。

预防复发

最后，在预防复发方面，使用 CBT 的治疗师会鼓励儿童和青少年进一步巩固新技能，并确定那些对他们特别有效的技能（TGFB，p.214）。此外，治疗师也需要帮助儿童和青少年确认可能预示着焦虑障碍复发的预警信号（TGFB，p.215），并探讨未来可能出现的困难事件（如转学）。在此基础上，双方会共同制订出一个应对计划来处理未来生活中可能出现的任何议题（TGFB，p.216）。

父母

CBT 中不仅有与儿童或青少年的会谈，也有与其父母的会谈。这样做是考虑到在促成儿童或青少年焦虑问题的维持因素上，父母也可能起着重要作用（Barrett，Dadds，et al.，1996）。因此，治疗师会帮助父母学习一些技能，其中比较有代表性的是权变管理技能，它可以是称赞孩子的勇敢行为，并无视他们带有焦虑性的言语。此外，治疗师也会帮助父母识别和面对他们自己的焦虑行为，并培养他们的问题解决技能和沟通技能。

对于年龄较小的儿童，治疗师主要是向他们的父母提供 CBT 相关知识和技能的培训和支持，以间接的方式对年幼的儿童实施治疗（Creswell et al.，2017；Kennedy et al.，2009）。这些培训支持的目的主要是帮助父母学习如何管理孩子的回避性应对行为，有意识地减少对孩子的过度保护，并鼓励孩子的独立性。培训的核心成分包括针对年幼儿童焦虑的心理教育、对年幼儿童焦虑思维的识别和检验、分级暴露和问题解决。

虽然少有研究考察了个别的治疗成分对治疗效果的具体贡献，但"权变管理""认知重构"，尤其是"暴露"似乎是很重要的（Manassis et al.，2014；Peris et al.，2015）。

重要认知

相比于那些没有焦虑障碍的年轻人（包括儿童和青少年），有焦虑障碍的年轻人往往对负性事件的发生有更多预期，他们对自己的表现有更多的消极评价，也更偏向于注意可能存在的与威胁有关的线索，并认为自己无法应对出现的任何可怕事件。巴雷特、拉培等人（Barrett，Rapee，et al.，1996）发现，焦虑型的儿童更有可能将模糊的情境解释为它们会对自己产生威胁，并且更有可能选择以回避的方式来应对这些情境。博格尔斯和齐格特曼（Bögels & Zigterman，2000）也发现，焦虑型的儿童更有可能去注意可能存在的威胁。此外，研究还发现，焦虑型的儿童认为自己处理威胁情境的能力较差。但是，这些认知和焦虑之间的关系是怎样的，即孰因孰果，还没有明确的答案。

此外，不同的焦虑障碍呈现的认知特点也会有所不同。广泛性焦虑障碍患者的认知倾向于集中在对未来或过去事件的担忧上。这些担忧可能是关于人们所说的话（"当我提到人们总是惹我生气时，我希望妮娜不会认为我是在说她"）、所做的事（"我没有射中球门，他们一定会觉得我很蠢"），或者可能会发生的事（"明天老师一定会生我的气"）。分离焦虑障碍患者的认知会集中在与他人分离的想法上，特别是孩子担心自己能否独自处理事务（"我觉得如果没有妈妈陪同，我就去不了商店"）或担心自己的父母是否安全（"我敢说如果我不留下来照顾妈妈，就会有一些不好的事发生在她身上"）。恐怖症患者的认知往往集中于特定的恐惧对象（"那只狗会咬我"），而社交恐怖症患者的认知则与消极的社会评价相关（"他们会嘲笑我穿的这些衣服，我知道他们不喜欢我"）。惊恐障碍的典型认知通常是对体内的生理症状（如心悸）的灾难性解释（"我的心跳正在加速，我马上要心脏病发作了，我要死了"）。

抑郁障碍 [1]

有效性

关于 CBT 在治疗抑郁障碍方面的效果，有越来越多高质量的随机对照试验

---

[1] 本书中的抑郁问题为 DSM-5 中的"重性抑郁障碍"，但"重性"容易被误解为重度，为便于理解，我们简称为"抑郁障碍"。——译者注

对其进行了评估。一项系统综述在综合了这些试验结果后表明，对于轻度至中度的青少年抑郁障碍，CBT 是有效的干预方式（Pennant et al., 2015；Zhou et al., 2015），并已被确定为英国和美国的首选心理治疗方法（Birmaher et al., 2007；NICE，2019）。不幸的是，针对 12 岁以下儿童的研究很少，因此我们不太清楚这些方案在年龄较小的群体中的功效如何（Forti-Buratti et al., 2016）。

最常被评估的、用于治疗患有抑郁障碍的青少年的标准化方案之一是应对抑郁课程（Coping with Depression Course），它是由卢文森（Lewinsohn）和他的同事一起开发的（Lewinsohn et al., 1990）。该方案采用了一种心理教育的方法，通过培养青少年的一系列技能来帮助他们应对抑郁。这主要包括能增加与积极情绪相关认知的消极认知重建，能唤起愉悦感事件的行为激活（"活动日程安排"），以及发展社交能力、问题解决能力或冲突解决能力的技能。还有以加工认知为主的方案（cognitively informed programmes），主要由贝克（Beck，1976）开发。这些方案通常包括 12 ～ 16 次会谈，内容包括情绪识别、自我监控、自我强化、活动日程安排、挑战消极思维和认知重构、社交问题解决和沟通技巧（Goodyer et al., 2007）。如果以治疗成分来评估疗效，行为激活（变得忙碌）、挑战消极思维、学习问题解决和社交技能这几个成分被认为有较好的疗效（Kennard et al., 2009；Oud et al., 2019）。

最后，越来越多的证据表明，CBT 的新浪潮，如正念疗法（Dunning et al., 2019）、慈悲聚焦疗法（compassion-based therapy；Marsh et al., 2018），以及接纳承诺疗法（Twohig & Levin, 2017），也是治疗抑郁障碍的有效方案。

干预措施的原理

关于儿童和青少年抑郁障碍 CBT 治疗方案的理论基础，有两个主要模型。第一个模型基于社会学习理论，它假设认知扭曲、人际关系和解决问题的技能缺陷会导致个体缺少积极的正强化。这些技能缺陷一方面会导致个体反复经历失败、产生不愉快的情绪，另一方面会使个体对一些表现持有消极认知，从而导致他们出现回避行为，这进一步减少了他们参与那些可能会带来消极效应活动的机会，并导致他们出现抑郁障碍状（Seligman et al., 2004）。

第二个是扭曲模型，它是基于贝克开发的认知模型（Beck，1976）。扭曲模型认为，导致消极情绪产生的主要原因是消极和扭曲的认知加工过程。儿童或青少年会在一种消极和片面的认知框架内思考有关他们自己、他们的表现和未来的主题，而这种认知框架往往具有与低自尊、责备、无助和绝望相关的特征。儿童或青少年会选择生活中的某些事件并扭曲事实以适应这个框架，这会导致他们情绪低落、做出回避行为和缺乏动机，并进一步强化他们的消极认知。

此外，父母的角色也很重要。例如，儿童或青少年与父母之间的日常冲突往往会强化他们对自己的失败和不足的消极认知和信念。同样，儿童或青少年的社交退缩和孤立也可能成为与父母争吵的焦点，因为父母挣扎于弄明白孩子身上发生了什么，以及该做些什么才能帮到孩子。

抑郁障碍 CBT 的核心成分

抑郁障碍 CBT 旨在处理一些关键情绪和行为技能缺陷，以及非适应性的认知过程。情绪和行为技能缺陷可能会导致他们反复体验失败，非适应性的认知过程则可能导致他们对事件产生片面和扭曲的看法。

心理教育

首先，治疗师需要向儿童和青少年解释 CBT 的理论模型、过程和目标（TGFB，p.89）。许多抑郁的儿童和青少年已经脱离社交很久，也不参加什么活动，这会导致他们将相当多的时间用来倾听自己的消极想法，并不断地反刍他们自认为的失败。因此，CBT 治疗方案旨在提高儿童和青少年的掌控感和自我接纳感，而不是让他们不断重复那些消极认知并沉湎其中（见第 12 章的"对抗抑郁障碍"部分）。

活动监控与行为激活

接下来的活动监控（TGFB，p.204）与行为激活（TGFB，p.205）是相对简单的任务，它们可以有效地帮助治疗师制定出一个对儿童和青少年有益的综合日程安排。治疗师可以依此引导儿童和青少年进行情绪监控（TGFB，p.152），即他们可以通过对每天的抑郁强度进行评估来确定一天中特别困难的时段。之后，治疗师可以着手提升儿童和青少年的日常活动水平，让他们重新开始尝试那些曾带来愉悦感但已很久没做的活动，特别是在他们情绪非常低落的时候（TGFB，p.206）。随着活动的增加，儿童和青少年的情绪会逐渐得到改善，这有助于他们更好地参与后续的认知模块任务。

认知觉察与认知增强

这部分的治疗包括帮助儿童和青少年更好地觉察常见的消极想法、信念、假设和认知陷阱（TGFB，pp.108，109，117，120）。当治疗师能够帮助儿童和青少年建立一个新的、更全面的、有益的认知框架时，这些消极的想法、信念、假设和认知陷阱将会得到评估和挑战（TGFB，pp.129–130）。儿童和青少年也可能更喜欢通过正念疗法（TGFB，pp.77–80）和培养自我关怀的方式（TGFB，pp.64–67）来与他们的想法建立一种不同的关系，而不是一味地对想法进行自我批评。

技能培养

在技能培养部分，治疗师会帮助儿童和青少年识别潜在的社交和解决问题技能缺陷，然后制定相应的解决方案进行练习和效果评估。这一过程需要在积极和支持性的关系中进行。在这种关系中，治疗师会鼓励儿童和青少年找到自己的优势，并认可和庆祝自己的成就。同时，治疗师也要注意培养儿童和青少年管理抑郁障碍状的技能，如怎样改善睡眠（TGFB，p.55）。

预防复发

最后，儿童和青少年将进一步巩固他们习得的新技能，并确定其中最有效的技能（TGFB，p.214）。治疗师会鼓励儿童和青少年探索将技能融入日常生活的方法，并帮助他们学会识别抑郁复发的早期预警信号。与此同时，治疗师需要制订关于抑郁复发的应对计划（TGFB，p.215），它应包括何时求助及求助的方式。

父母

在儿童和青少年抑郁障碍的 CBT 治疗和预防中，父母可以以不同的方式参与进来（Dardas et al.，2018）。一些治疗方案只关注儿童或青少年本身，然而，一些新的证据表明，父母在治疗中的参与可能会提升疗效（Oud et al.，2019）。当父母参与进来时，治疗方案通常包括关于抑郁障碍与 CBT 模型的心理教育，问题解决、冲突解决和沟通方面的技能培训，以及对儿童或青少年做出改变尝试的支持和强化。此外，治疗过程中，治疗师也允许父母识别自己的心理健康需求，并为他们提供适当的指导和支持。然而，很重要的是，治疗师要让父母与儿童或青少年一同参与会谈而不是单独约见父母，这一点被达尔达斯等人（Dardas et al.，2018）一再强调。

重要认知

患有抑郁障碍的儿童和青少年更有可能关注事件的消极特征（特别是与悲伤相关的）（Platt et al.，2017）。他们对自身、他们的表现和未来持有消极的看法和期望（Kendall et al.，1990），并通常将积极事件归于外部原因而不是内部原因（Curry & Craighead，1990）。研究显示，他们往往对事件有更多的消极归因，更有可能报告自己有内疚和无价值感，并且更有可能将一个领域（如学校的功课）的失败泛化到其他领域（如体育）（Kaslow et al.，1988；Seligman et al.，2004；Shirk et al.，2003）。

患有抑郁障碍的儿童和青少年的认知风格往往具有普遍的、内部的、稳定的归因特征（Seligman et al.，1979）。普遍的归因是指个体将特定的消极事件的原因泛化到其他领域，例如，"我在那次考试中表现得真的很差；我将得不到学历证书就离开学校"。内部归因是指个体把消极事件个人化而不是将其归因于外部环境，例如，"我不理解那项工作，因为我很笨"。稳定的归因会助长个体的绝望感，即消极事件和信念是不会随着时间的推移而改变的，例如，"我永远不会有朋友；所有人都讨厌我"。

CBT 的目的是对这些归因方式进行挑战，并帮助儿童和青少年发展出一种更平衡的认知风格，即特定的、外部的、不稳定的归因方式。首先，个体可以通过对普遍的陈述设定限制来进行特定的归因，从而对抗泛化的倾向。与"我将永远无法获得任何学历证书"这种泛化的陈述相比，特定的归因可能是"我不太擅长数学，但我在其他科目上通常做得很好"。对于内部归因，个体可以通过识别事件发生的外部环境来进行对抗。相对于"我很笨"的内部归因，外部归因则是"所有人都说那项工作不好做"。再者，稳定归因可以通过寻找非同类事件而得到驳斥。例如，可以用"有几个同伴经常会和我一起出去玩"这样的不稳定归因来代替"人们都讨厌我"的稳定归因。

相反，正念疗法和慈悲聚焦疗法并不会直接尝试去挑战或改变儿童和青少年的认知，而是强调改变他们与消极和批判性的思维之间的关系。儿童和青少年被鼓励以一种开放、好奇、非评判的方式关注当下。在这些疗法中，想法可以被视为转瞬即逝的心理活动，而不是儿童和青少年需要应对的关于现实的证据。所以，这些疗法的目的是帮助儿童和青少年改变他们与思维之间的关系，而不是直接挑战或改变他们思维的内容。关注当下有助于减少消极的复述和反刍，同时，发展自我关怀则有助于对抗消极的、自我批判的想法。

强迫症

有效性

关于强迫症（OCD）治疗的系统综述指出，CBT 是证据明确的干预措施，也是青少年强迫症的首选心理治疗方法（Franklin et al.，2015；Freeman et al.，2018；Geller et al.，2012；NICE，2005；Öst et al.，2016）。也有证据表明，对于 5 ～ 8 岁患有强迫症的儿童，有效的心理治疗方法则是基于家庭的 CBT（Freeman et al.，2014）。

《如何把强迫症赶出我的地盘》（*How I Ran OCD Off My Land*；March & Mulle，1998）是最早的介绍标准化 CBT 治疗方案的书。该方案不仅备受认可且十分有效（Watson & Rees，2008），并为后续方案提供了依据（Barrett et al.，2004；POTS，2004）。该方案由大约 12 次会谈构成，包括关于强迫症和 CBT 的心理教育、了解强迫思维、仪式化行为、权变管理，以及系统化的暴露与反应阻止。在治疗过程中，父母通常会参与大多数会谈以支持孩子，并在家鼓励暴露和练习。有些干预措施更关注家庭因素，致力于减少家庭成员的内疚感和责备心理，帮助他们提高问题解决技巧和家庭沟通技巧、提升治疗依从性，减少家庭因素对儿童和青少年强迫症的影响（Barrett et al.，2004；Piacentini et al.，2011）。

干预措施的原理

针对强迫症的 CBT 包括暴露与反应阻止、认知疗法或二者的结合。暴露与反应阻止是许多方案的基础。暴露可以保证儿童和青少年使用结构化的方式面对恐惧的情境（如接触与细菌有关的物品），并持续待在恐惧的情况中，直到他们的焦虑感减轻。在这段时间里，治疗师会阻止儿童和青少年使用以往习得的、可以用来减少焦虑的仪式化行为或强迫行为（如洗手）。因此，儿童和青少年最终会学到，即使没有实施强迫行为，他们的焦虑水平也是可以降低的。另外一点是通过减少父母的关注来避免儿童和青少年产生仪式化行为，因为这些关注反而会强化这些仪式化行为。

此外，虽然行为干预已被证明是有效的，但最近研究者的兴趣已转向评估强迫症的认知模型（源于对成年人的研究）在儿童中的适用性（Salkovskis，1985，1989）。该模型强调，给个体带来痛苦的并不是闯入性的强迫思维本身，而是个体对这些思维的评价方式。一些主要的评估（如高估对自己或他人造成伤害的责任或自我责备感）会使人产生无法忍受的不适感，该不适感通过参与弥补性行为（如强迫行为、回避行为和寻求安慰的行为）得到减轻。该模型还表明，强迫症发展和维持的核心原因是高估伤害的概率和严重程度。此外，与维持强迫症的其他相关重要认知过程包括思维 – 行动融合（"只要我想它了，它就会发生"）、自我怀疑（导致优柔寡断）和感到缺乏认知控制（导致闯入性思维增加）（O'Kearney，1998）。

在家庭特征方面，研究发现父母和兄弟姐妹会顺应孩子的强迫症并被卷入其中，这将会进一步维持孩子的强迫症症状（Barrett et al.，2004）。家庭顺应的形式可能是参与孩子的仪式化行为，改变日常安排以协助孩子的回避行为，或者给孩子提供过度的安慰（McGrath & Abbott，2019）。

强迫症 CBT 的核心成分

心理教育

在心理教育部分，治疗师会对 CBT 的模型和过程进行解释（TGFB，p.89），即将闯入性的想法从认识上正常化，解释仪式化行为的功能，并将强迫症外化为独立于儿童和青少年的部分（见第 12 章中的 "控制担忧和习惯" 部分）。这些解释会挑战父母原有的看法，即儿童和青少年的强迫症是由于任性、淘气，从而使父母和孩子成为同盟，共同战胜强迫症。

情绪觉察与焦虑管理

情绪觉察和焦虑管理通常紧随其后。这给儿童和青少年提供了一个理解自己的恐惧反应的机会。一旦理解了这一点，儿童和青少年就能够学会采用替代方法来处理他们的焦虑情绪（TGFB，pp.161–165）。

认知觉察与认知增强

对于主要基于暴露与反应阻止的干预措施，其中所含的认知成分是相当有限的。治疗师会鼓励儿童和青少年在这部分通过应对性的、积极的自我对话来挑战自己的无益思维（TGFB，pp.129，140），从而对抗强迫思维。

基于认知模型的干预措施会更广泛地关注那些会导致强迫症出现的归因和假设。这么做的目的是提高对强迫症相关认知的觉察，并重点突出和评估常见的思维陷阱，例如，高估责任和坏事发生概率的认知（TGFB，p.187）和无益的认知策略（如思维抑制）。

暴露、反应阻止与奖赏

一旦掌握了一系列的情感和认知策略，儿童和青少年就可以将他们的强迫思维和强迫行为，以及与之相关的痛苦程度联系起来，并建立一个等级体系（TGFB，p.195）。儿童和青少年可以从最不害怕的级别开始，逐渐面对和克服恐惧等级体系中的每个级别，而不让自己表现出任何强迫行为（TGFB，p.196）。最后，治疗师会用一系列奖励认可并赞扬儿童和青少年的成功，这可以增加他们尝试下一个级别的动力。

预防复发

该方案最后的重点是预防复发。在这个阶段，治疗师会识别儿童和青少年强迫症复发的早期迹象，并制订一份针对复发的详细的应对计划。治疗师会与儿童或青少年一同确定出未来一年可能发生的潜在困难情况和事件，并共同商定应对计划（TGFB，pp.214–216）。

父母

在玛驰和穆勒（March & Mulle，1998）制定的初版治疗方案中，父母的作用是有限的，他们主要参与心理教育的部分。在后续的方案中，父母则发挥了更大的作用（Freeman et al.，2008；Piacentini et al.，2011）。父母需要在参与治疗的过程中提高解决问题的技能、减少对孩子强迫症的顺应、改变和孩子之间不良的沟通模式，并在孩子暴露和反应阻止期间成为有能力帮助他们的教练（Barrett et al.，2004；Peris et al.，2017）。

重要认知

强迫症的认知模型（Salkovskis，1985，1989）为评估儿童和青少年潜在的重要认知和过程提供了一个有用的框架。该模型提出，强迫症患者以一种非适应性的方式解读强迫思维，主要体现在对责任感（关于伤害）的高估、对不希望发生事件的夸大估计（思维–行动融合），以及控制这些思维的需要。研究发现，与未患有强迫症的儿童相比，患有强迫症的儿童对责任、伤害的严重程度和思维–行动融合方面的评分明显更高，认知控制的评分明显更低（Barrett & Healy，2003）。同样，莉比等人（Libby et al.，2004）发现，有强迫症的青少年在夸大责任和思维–行动融合的测量中得分更高，而夸大责任可以预测强迫症状的严重程度。

创伤后应激障碍

有效性

随机对照试验和系统综述表明，对于儿童和青少年的创伤后应激障碍（PTSD），聚焦于创伤的 CBT（trauma-focused CBT，TF-CBT）是有效的治疗手段（Mavranezouli et al.，2020；Morina et al.，2016；Smith et al.，2019）。也有研究结果表明，对于 3 ～ 7 岁的年幼儿童，有效的则是改良形式的 TF-CBT（Dalgleish et al.，2015；Scheeringa et al.，2011）。这些积极的研究结果使得 TF-CBT 在英国和美国被推荐为儿童和青少年持续性创伤后应激障碍的首选治疗方法（Cohen et al.，2010；NICE，2018）。

其中，受到广泛评估的方案是科恩等人（Cohen et al.，2004）开发的 TF-CBT 和史密斯等人（Smith et al.，2007）开发的针对 PTSD 的认知疗法（cognitive therapy for PTSD，CT-PTSD）。这两项治疗方案都包含约 12 次会谈，涉及的模块有关于 PTSD 的心理教育、制定共同的治疗原则、行为激活、放松训练、对创伤记忆的想象暴露（想象再现）、认知重建和记忆更新，以及有计划地暴露于创伤记忆的诱发情境或创伤事件的提示物。而两个项目之间的区别是对认知工作的强调程度不同。

父母通常会全程参与到治疗方案中，形式可以是父母和孩子一起参与会谈，也可以是治疗师分别与孩子、父母进行会谈。这个干预计划包括心理教育、行为管理和教养技能、放松、情感表达和管理、认知应对和处理、创伤叙事，以及增强孩子未来的安全保障和促进孩子的发展（Cohen et al.，2006）。

干预措施的原理

CBT 的模型主要基于学习理论，并假定与创伤有关的刺激与情感反应形成条件反射。回避虽可缓解痛苦，但反过来又会强化侵入性的创伤图像和认知。因此，干预措施使用暴露疗法（想象暴露和实景暴露）来促进对创伤性记忆的情感加工。

CBT 的认知模型更聚焦于创伤事件被评价和加工的方式。PTSD 的症状可以通过改变儿童和青少年对创伤的消极且无益的评价来减轻。关于 PTSD 的认知模型假设是创伤事件没有得到认知加工，并且没有被很好地整合到记忆中。这会导致患有 PTSD 的儿童和青少年从消极的角度解读创伤事件，认为创伤事件是灾难性或毁灭性的。同时，如果儿童和青少年对他们的症状进行了错误的解读（如"我要疯了"），这类负面信息就会制造出当下的威胁感。此外，如果儿童和青少年使用回避行为和认知策略（如反刍或思维抑制），不仅会阻碍创伤的认知加工进程，也会强化自己对当下威胁的感受。

创伤后应激障碍 CBT 的核心成分

创伤后应激障碍 TF-CBT 关注的重点是 PTSD 在认知（创伤再体验）、情绪（唤醒增强）和行为（回避）领域的主要表现。

心理教育

TF-CBT 从创伤反应（见第 12 章中的"应对创伤"部分）和 CBT 模型（TGFB，p.89）的心理教育开始。这有助于儿童和青少年理解对创伤事件的常见反应，逐渐意识到自己的反应是正常的，从而挑战对自己症状的错误信念（"我一定是疯了"）。这样，实现积极改变的可能性就增加了，治疗师也会进一步鼓励儿童和青少年恢复他们已经停止的日常活动或愉悦活动（TGFB，pp.205–206）。

管理情绪唤起

在这一部分，儿童和青少年会学习管理情绪唤起的技能，以及如何评定自己的感受，这有助于下一阶段暴露技术的实施。这些技能包括放松技能（TGFB，pp.161–165）、愤怒管理技能或改善睡眠的方法。

认知觉察与认知增强

在认知模块，治疗师会引导儿童和青少年使用一种从头到尾重构事件的叙事方法，来帮助他们处理创伤。治疗师可以引出儿童和青少年的重要认知（TGFB，pp.109，120，187）并就其进行讨论（如关于责任、责备、羞耻）（TGFB，p.187），同时弱化那些阻碍创伤处理的功能失调的认知过程（思维抑制、回避）。儿童和青少年要对那些最令人痛苦的创伤部分进行反复的想象暴露，直到相关的痛苦减轻为止。

暴露与重拾生活

随后，儿童和青少年开始在与创伤相关的情境／地点进行逐级实景暴露（vivo graduated exposure；TGFB，pp.195，196），并开展行为实验（TGFB，pp.185–186）。这有助于儿童和青少年面对和应对任何原本被回避的事件或创伤提醒物。此外，在这一阶段，治疗师也需要帮助儿童和青少年处理所有损害日常功能的特定症状，如睡眠不良（TGFB，p.55）或活动缺乏（TGFB，p.56）。

预防复发

该方案的最后一步是确定未来可能发生的潜在困难情况和事件，并与儿童或青少年商定应对计划（TGFB，pp.214–216）。最后，治疗师需要与儿童或青少年讨论未来的安全问题及寻求进一步帮助的方式和时间。

父母

大多数方案都包含了父母参与的部分，在这一部分，父母会与孩子一起参与会谈，或者分别参与会谈。治疗师会帮助父母习得有效的行为技能，以管理孩子可能出现的任何行为问题，如易激惹、愤怒爆发，或者糟糕的夜间习惯。父母还可以学习一系列支持性行为技能，包括应急管理、选择性注意、积极强化、沟通和问题解决的技能。同时，父母会在治疗师的帮助下理解创伤反应，并通过倾听孩子的创伤叙事，了解他们是如何评估事件和做出归因的。在这个过程中，治疗师会鼓励父母识别和挑战他们自己对创伤事件的非适应性认知，例如，"我们本应保证好孩子的安全或保护好他们"。治疗师也应该鼓励父母在暴露任务中给予孩子相应的支持，学会对他们少些过度保护，或者避免过度卷入到他们的问题中。

重要认知

许多潜在的重要认知已被认为是 PTSD 发生和维持的助长因素。这些因素包括对事件的归因（如会毁掉一生）或症状的归因（如"一定是我疯了"）。治疗师需要引出儿童和青少年自认为的对创伤的责任归因（如"我应该为此负责"）、对自己行为的羞愧感（如"我没有试图阻止这一切"），以及对自己应该或不应该做什么的内疚感（如 "我竟然没有尝试帮助他们，而是自己逃跑了"），并对其进行挑战。最后，治疗师会劝阻儿童和青少年对功能失调的认知应对策略（如思维抑制、反刍和回避）的使用。

当治疗不顺利时

虽然上述干预计划总结了 CBT 的循证标准化治疗方案的关键成分，但它们的有效性仍无法得到保证。与所有的干预措施一样，它们不一定在所有情况下都有效，也不一定对每个人都有效。尽管治疗师严格按照干预计划实施治疗方案，但不可避免的情况是，对有些儿童和青少年来说，他们的症状可能依然无法取得任何改善。为什么会出现这种情况？

乔皮塔（Chorpita，2007）在他的模块化 CBT 治疗方案中讨论了这个问题，并确定了 4 个核心方面作为考虑的方向。他提出，治疗师要将关注点放在儿童和青少年对改变的准备程度、干预的重点、个案概念化及干预的实施方式上。要想搞清楚治疗中出现的问题，治疗师不能只是简单地描述出现的问题，而是应该更深入地理解这些问题背后的原因。

- 儿童或青少年可能会出现两次都未能完成家庭作业的情况。
  - 这是否表明治疗师没有解释清楚家庭作业或未能与儿童或青少年协商一致？
  - 儿童或青少年是否没有动力，也没有全身心地参与治疗过程？
  - 儿童或青少年理解家庭作业的价值及它与治疗的相关性吗？
- 治疗师可能已经与儿童或青少年讨论过行为激活，鼓励他们忙碌起来，但最后儿童或青少年却放弃了这部分，因为他们无法找出想做的任何活动。

▷ 治疗师应放弃这部分，并继续下一步吗？

▷ 治疗师是否能够换一种方式来解释行为激活，并在过程中与儿童或青少年更深入地探索可能的活动？

▷ 儿童或青少年是否已被自己的抑郁情绪所淹没，并对改变的可能性感到绝望？

▶ 儿童或青少年感到很难运用干预中的认知元素对自己的无益认知进行挑战。

▷ 治疗师应该继续关注认知部分，还是将关注点转移到情绪或行为领域？

▷ 治疗师是否较好地实施了基本原则 PRECISE，以及干预本身是否与儿童或青少年可以掌握的水平相匹配？

▷ 儿童或青少年是否理解了 CBT 的基本原理，还是治疗师应该探索另一种不同的疗法（如正念疗法）来与儿童或青少年进行工作？

关于干预实施过程中出现的问题存在许多可能的解释。治疗师需要努力理解这些解释，它们能提示治疗师可以做些什么来应对。例如：

▶ 提供更多的心理教育，以促进儿童和青少年更好地理解 CBT 的基本原理、家庭作业的重要性，并认识到这些作业都是现实可行的；

▶ 回顾基本过程 PRECISE 和同盟关系（partnership），并审视自己是否对干预进行了恰当的解释并将其定位在与儿童或青少年相匹配的水平上；

▶ 确认个案概念化，看看是否需要更新任何信息或修正问题焦点；

▶ 重新评估儿童和青少年的投入情况及对改变的承诺；

▶ 暂停 CBT 干预，并进行动机式访谈，以提升儿童和青少年对改变可能性的希望。

儿童和青少年有改变的动机吗

一旦发现问题，治疗师就会热衷于讨论该问题并开始实施干预措施。但这并不一定意味着儿童和青少年已经具有投入改变过程的动机。动机可能会受到很多因素的影响。这些因素包括儿童和青少年的绝望感、对自我效能感的质疑、对改变是否会发生的矛盾心理、改变的外在和内在驱力及做出改变的时机。

▶ 绝望——你认为你能做些什么来应对你的问题？

儿童和青少年可能会被他们的问题所淹没。这些问题可能已经存在了很长一段时间，以至于他们很难想象事情是否有可能变得不同。当儿童或青少年开始质疑他们的问题是否真的可以改变时，最初的热情和希望可能就会消失。如果他们传递出"我什么都试过了，似乎没有什么帮助"或"这有什么意义？我并没有感觉更好"之类的信息，可能就是绝望感出现的信号。

当上述情形出现时，治疗师需要为儿童或青少年提供一个机会来表达他们的绝望感，也需要让他们认识到当前的干预可以帮助他们改变现状。这可能包括向儿童或青少年强调当前可用的支持、使用常规结果测量和目标评定来仔细地监控儿童或青少年的改变，或者审视当下的干预目标与之前他们自己已尝试的方式有何不同，例如，学会接受已发生的，而不是用力地尝试改变思维和情绪。在这些情形中，治疗师的目标是使用苏格拉底式对话的方式，帮助儿童或青少年质疑他们的绝望感，并使他们注意到干预可能会带来现状的改变，从而增强他们开始改变的动机。

▶ 自我效能感——你认为你能解决自己的问题吗？

虽然许多儿童和青少年希望事情能够变得不同，但他们经常怀疑自己做出改变的能力。他们可能会感到无力，无法认识到自己所拥有的技能和优势，以及如何利用它们来帮助自己解决当前的问题。他们可能会担心失败，并因为害怕失败而不愿参与改变的过程。在上述情形中，儿童和青少年往往怀疑自己的能力，认为自己无法积极地影响事件以获得所期望的结果。

如果这是问题所在，苏格拉底式对话应该聚焦于帮助儿童和青少年发现并认可自己的优势和技能。对话的内容需要从儿童或青少年没有能力做什么转换到他们已经成功地完成了什么。一旦确定了过去的情形，治疗师就可以鼓励他们探索是什么帮助他们成功的，即他们利用了什么技能、优势或支持。这种积极的对话将聚焦在儿童或青少年成功的证据上，从而挑战他们关于无力感的信念，并帮助他们找出过去使用的策略和优势，这将会有助于当前问题的解决。

▶ 对改变的矛盾心理——你做好改变的准备了吗？

儿童和青少年可能会对是否要改变感到矛盾，这是很常见的，而且这种矛盾心理会随着时间的推移而上下波动。如果他们本人或他们的父母 / 照料者具有这种矛盾心理，治疗师可以考虑在会谈中增加几次动机式访谈。动机式访谈的目的是帮助儿童和青少年探索并解决自己的矛盾心理。其目的是帮助他们意识到当前的情况和他们理想中的情况之间是有差异的。

▶ "我听说你明年想去上大学，但现在你没有在上学。你觉得自己需要做些什么才能考上大学呢？"

▶ "你说你想拥有一个更好的社交生活，能和别人出去，一起做点开心的事。在过去的三个月里，你却一直待在家里，根本没有出去。如果这种情况继续下去，你将不会实现你的目标，那么有什么是需要改变的呢？"

动机式访谈是一种聚焦性、指导性的技术。它的理念是将关于改变的矛盾心理视作改变开始之前需要解决的核心障碍。意识到存在于现状与未来愿望之间的差异，将为儿童和青少年提供改变的动力。动机式访谈的目标是尽力促使儿童和青少年表达矛盾心理。它的实现建立在以下核心原则上。

▶ 第一，动机只能从个体内部激发，而不是从外部。因此，动机式访谈的早期阶段需要帮助儿童和青少年确定关于改变的潜在目标。治疗师应该避免尝试通过外部威胁来激发他们的动机，例如，不要说"你要知道，如果你不努力控制好自己的脾气，你就会被学校开除"，或者劝说他们"我确定这次一定会不同，为什么你不尝试一下"。

▶ 第二，动机式访谈的目的是帮助儿童和青少年表达担忧及矛盾心理的两面。儿童和青少年在治疗师的帮助下可以确定和权衡行动或不行动的潜在利弊，并据此选择自己想要追寻的道路。这个过程可以口头完成，也可以使用改变的天平进行可视化练习。

▶ 第三，不要直接劝说。这样不仅无效，而且会增加儿童和青少年的阻抗。如果他们对一个问题没有责任意识，他们就不会对改变做出承诺或投入时间 / 精力。对儿童和青少年来说，直接尝试劝说可能会适得其反。这种方式往往会激发他们言语上的敌意，因为他们会觉得必须进行防御和辩护，并以一种更顽固的姿态来反驳治疗师那些有说服力的观点。这样，这个过程就会变得充满争论，合作的可能性也会大大降低。

▶ 第四，儿童和青少年对改变的准备程度会随着时间的变化有所波动。在动机式访谈中，治疗师需要注意儿童和青少年阻抗和否认的迹象，并利用这些迹象来改变访谈的重点和节奏。例如，儿童和青少年在某次会谈结束时可能会承诺自己一定会改变，却在随后的一次会谈中表现出阻抗。这可能是由于生活中出现的各种干扰事件增加了他们的不确定性。另外，有时儿童和青少年同意改变可能是为了取悦治疗师，或是想要结束会谈，所以被动地做出改变的承诺，这些都可能会被误解为他们自我激励的信号。

▶ 最后，动机式访谈需要在积极并具有支持性的关系中开展，儿童和青少年在其中是活跃的合作伙伴。即使他们与治疗师的想法相冲突，也应得到接纳和尊重。请注意，决定是否改变并确保改变发生的责任在儿童和青少年，治疗师要做的是觉察他们表现出的任何积极迹象并予以强化，例如，儿童和青少年按照约定参加会谈、讨论问题，或者分享自己的矛盾心理和感受。

案例研究：山姆的改变成本

山姆（14 岁）很想和苏林德成为朋友，却又非常不愿意和她交谈。改变的天平帮助山姆传达出他的矛盾心理（见图 11-1）。

图 11-1　山姆的改变天平

虽然山姆看起来似乎有很多与苏林德交谈的理由，但当山姆被要求给每个理由的重要性打分时，情况却发生了变化。山姆非常担心当他出现在苏林德面前时却被她忽视，这远远超过了所有潜在的获益。改变的成本对山姆来说太大了。

▶ 改变的驱动因素——这是必须改变的问题吗？

儿童和青少年很少自己主动寻求帮助，他们通常依赖于父母发现和认识到他们的问题。因此，寻求帮助的动机会极大地受到外在驱动因素的影响，特别是来自父母或学校的关切。父母的求助行为通常是由孩子出现的一个危机，或者一个具有转折性质的事件引发的。然而，一旦眼前的危机过去，父母可能就会质疑孩子持续接受干预的必要性，他们替孩子寻求帮助的动机也可能会随之减少。其他可能影响父母动机的因素包括：担心这些问题被归咎于他们、与寻求心理帮助相关的污名化，以及他们的孩子会被贴上标签。在上述情形中，治疗师需要引出父母拥有的那些与寻求帮助相关的矛盾心理和消极信念，并对其进行探索。

同样，儿童和青少年的内在准备程度和承诺感也会随着时间的推移而变化。儿童和青少年可能会发现，当他们反复表达自己对能否发生改变的怀疑、担忧和不确定时，他们就回到了改变过程的预期阶段（见第 3 章的"行为的改变阶段模型"）。要想了解儿童和青少年对改变的内在准备程度，治疗师可以使用问卷来进行评估（TGFB，p.88）。

▶ 时机——你认为现在是尝试改变的恰当时机吗？

儿童和青少年的心理健康固然是很重要的，但这件事需要在更广阔的背景下考虑。例如，一个家庭的内部可能还存在其他议题，这些议题是儿童或青少年及其家人想要或需要优先考虑的，如搬家、换工作、应对身体疾病或其他心理疾病。同样，即使儿童和青少年可能会做出改变的承诺，但干预的时机也有可能不合适。例如，儿童或青少年可能面临学校考试，并且他们可能更倾向于先专注于考试，之后再解决具体的心理问题。

在上述情形中，治疗师应采取一种积极的态度并持有充满希望的立场，明确关于儿童和青少年问题的恰当的关注时机，推迟干预并将其安排到未来的某一天。

儿童或青少年及其家人如何投入治疗

儿童或青少年及其父母或照料者在干预过程中的参与程度很重要。他们需要相信，CBT 是解决他们问题的有效方式、治疗目标是重要且有意义的，干预是针对关键的问题进行的。此外，他们还需要相信，治疗师将会与他们一起帮助儿童和青少年实现改变。

▶ CBT 干预——你认为这种工作方式（CBT）将会帮到你吗？

虽然儿童和青少年可能已经知道 CBT 包括哪些内容了（TGFB，p.89），但在体验之前，CBT 对他们来说可能是非常抽象的。在治疗过程中，儿童和青少年有机会对这种疗法提出疑问，但他们也可能会发现难以用语言表述自己的问题或担忧。

CBT 并不适合所有人。有些儿童或青少年可能会怀疑 CBT 的基本前提及其对认知的关注。有些儿童或青少年可能会担心一些方法的可行性，例如，在暴露这种方法中，儿童和青少年需要通过面对那些会给他们制造焦虑的情境来克服焦虑。一些儿童或青少年可能会感觉很难积极地参与进来，也可能不愿意承诺完成家庭作业或练习。还有一些儿童或青少年可能会认为他们问题的原因出在其他人身上。例如，一个充满怒火的青少年可能会认为自己问题的根源在于老师不公平地对待他。因此，他不想改变自己，而是把老师视为需要改变的人。

针对以上情况，治疗师可以向儿童和青少年进一步解释 CBT 的基本原理、积极协作和引导式发现的过程，以及家庭作业的重要性，这将对治疗有所帮助。当得知家庭作业和暴露任务将会由治疗师和他们共同商定，并将以分阶段的方式进行时，他们可能会感到放心。同样，虽然儿童和青少年可能会认为他们遭受挫折的原因在其他人身上，但是探索如何将其对自己的不利影响降到最低也会有好处。

▶ 问题聚焦——你认为我们现在关注的是最重要的问题吗？

对问题进行评估将确定儿童和青少年问题的程度和性质，并有助于确定他们的目标。很重要的一点是，当儿童和青少年存在多个问题时，重要的是确定干预的初始重点，因为这会影响到特定的 CBT 技术的排序和使用。例如：

▶ 干预抑郁障碍通常从改变行为开始，而干预焦虑类问题则侧重于情绪觉察和管理；

▶ 对有焦虑类问题的儿童和青少年来说，放松训练会有所帮助，但对患有抑郁障碍的青少年来说则并无用处；

▶ 暴露干预是治疗焦虑类问题和创伤后应激障碍的重要手段，但对于抑郁障碍的干预则不是。

个案概念化是治疗师在 CBT 的框架内将儿童和青少年的问题整合起来的过程。它是由儿童或青少年与治疗师协作完成的，呈现了双方对儿童或青少年存在问题的共识，将看似随机而不相关的事件、想法、情绪和行为联系起来并揭示其中的意义。

个案概念化是动态且不断发展的，治疗师在每次会谈中都会对它进行重新审视和修正，以适应新信息并指导干预措施。因此，概念化是一种将复杂信息整合起来并指导干预的有效方式。它澄清了需要在哪个问题领域开展工作，并为其提供明确的基础，以指导特定技术的选择和排序。

个案概念化在治疗中发挥着核心作用，因此，治疗师需要定期回顾并检查它是否聚焦在真正的问题上。此外，治疗师还可以通过询问不同问题对儿童和青少年的生活或目标的影响程度，来帮助他们确定问题的优先级。

▶ "你提到你感到情绪低落，在社交场合会变得焦虑，和父母相处得也不好。那你能否告诉我，如果你可以改变其中一个，哪一个会对你的生活产生最大的影响？"

▶ "你已经确定了想和你朋友出去玩的目标。那么在焦虑和情绪低落这两个问题中，你觉得哪个问题是阻止你达成这一目标的最大障碍？"

在治疗过程中，儿童和青少年的问题可能会改变，因为他们的心理社会系统环境是动态性的，这意味着治疗师需要同他们一起定期回顾聚焦的问题并通过协商确定。

案例研究：杰德的焦虑感和沮丧感

在评估过程中，杰德（15 岁）表现出了明显的焦虑和抑郁障碍状。治疗师邀请她填写了《儿童焦虑抑郁量表（修订版）》（Revised Child Anxiety Depression Scale），杰德在该量表上的得分证实她的确存在明显的焦虑和抑郁障碍状。此外，杰德也确定了她希望实现的目标：能够和朋友们出去玩。

为了澄清主要问题，即是什么因素导致了杰德的焦虑和抑郁障碍状，治疗师追踪了她最近的情况，总结并形成了关于问题是如何得到维持的概念化（见图 11-2）。

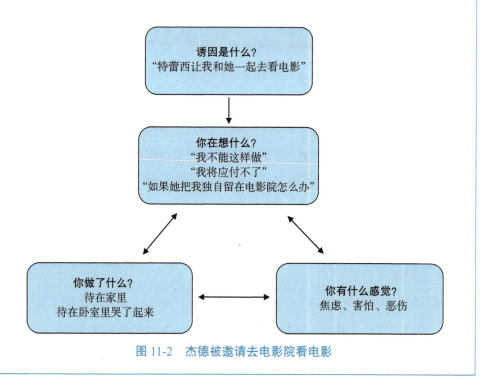

图 11-2　杰德被邀请去电影院看电影

　　问题最开始的触发事件是一个社交场合，她的朋友特蕾西问她是否想去看电影。然而杰德已经很久没去看电影了，并且开始意识到自己出现了"无法应对社交场合"的想法。她回忆道，一想到要外出，她就感到焦虑和恐惧，但又为自己只能憋在家里感到难过。最终她决定放弃外出是因为她觉得自己做不到，之后她在卧室里哭了一整晚。

　　通过讨论，关于上述情形的概念化逐渐形成，她的主要问题也得到了澄清。这个主要问题是焦虑，正是她的焦虑使她不能出门，而情绪低落则是她把自己关在家里的结果。

▶ **有意义的目标——这些目标是否有意义且重要?**

　　儿童和青少年在治疗中的参与程度受到两个因素的影响。一个是治疗目标，另一个是他们正在努力实现的目标。因此，要想提升儿童和青少年的参与度，治疗师需要对目标进行检查以确认它与儿童或青少年的相关性和重要程度。

　　有时，虽然儿童或青少年同意了由他人建议的目标，但并不打算努力实现目标。例如，父母可能希望他们的孩子能够更善于社交，能参加社交活动或加入社团，但是儿童或青少年可能对自己的社交活动和友谊的现状感到满意。此外，目标还需要对儿童或青少年来说是有重要意义的。例如，去超市的目标虽然会帮助那些担心面对拥挤情况的儿童或青少年，但这与他们的生活相关度可能很低，也并没有什么重要的意义。也许对他们来说，在周六下午去当地的唱片店会更有意义，也让他们感到更有动力。同样，目标也应该与儿童或青少年的价值观有关。如果儿童或青少年重视个人健康，那么一个更有意义的目标将是去当地的健身房、体育馆、跑道或游泳池。

　　当确定了对儿童或青少年来说既有意义又重要的目标后，接下来就要检查目标的清晰度和可实现性。例如，"感觉更快乐"的目标就不够清晰，它并不能让儿童或青少年了解自己需要做些什么才能改善情绪。因此，在制定目标时，他们需要确保目标符合 SMART 原则，即具体的、可衡量的、可实现的、相关的、有时限的，这将有助于他们明确自己的努力方向及何时会实现这些目标。此外，"感觉更快乐"的目标过于宏大，可能会在很大程度上导致它难以实现。这将进一步使儿童和青少年感到气馁，进而从干预中脱落。因此，治疗师要注意，如果目标过大，需要将它拆分成更小的目标，以便更容易地创造出积极的成功势能来维持儿童和青少年的参与度。

最后，治疗师需要确认这个目标的实现是否在儿童或青少年的能力范围内。例如，要想实现"和我的朋友一起去电影院"这个目标，就需要儿童或青少年邀约的朋友不仅有空闲的时间，而且有能够赴约的条件，如钱、兴趣、交通工具。

▶ 家庭参与——儿童和青少年是否可以获得家庭的支持？

大多数 CBT 治疗方案都会邀请儿童或青少年的父母或照料者在一定程度上参与进来。父母或照料者可以为儿童或青少年提供很多帮助，包括给他们提供实际的支持、帮助他们预约并参与会谈，或者通过参与会谈来意识到自己的哪些行为可能维持了孩子的问题，并做出相应的改变。因此，治疗师要确保儿童或青少年的父母或照料者能够参与到治疗方案中，这是儿童或青少年取得进步的必要条件。

无论是儿童、青少年还是他们的父母，他们在治疗中的参与度都会受到一些共同因素的影响。这些因素包括对 CBT 模型和过程的信念、对儿童或青少年问题的理解，以及对概念化、焦点问题和治疗目标的认同程度。父母可能了解过 CBT 或自己也曾参与过 CBT 的治疗过程，这种经历会影响他们对 CBT 的内容及其有用程度的理解。因此，为了最大限度地减少误解，治疗师需要与父母探讨他们对孩子的问题及如何为孩子提供支持的理解，并对其中存在的错误认知进行澄清。例如，父母是否理解抑郁障碍与正常儿童或青少年的闷闷不乐是不同的，或者是否理解强迫症的日常行为并不是存心或故意的。另外，关于概念化有两点值得注意。一是概念化的澄清。概念化为儿童和青少年的问题提供了个性化解释，并为随后的干预措施提供了依据。那么父母 / 照料者是否能够理解概念化？是否同意据此确定干预焦点和关注目标？二是概念化中可能会显示与维持儿童或青少年问题相关的父母行为，这会导致父母感到自己被批评、指责或将孩子的问题归咎于自己。因此，需注意的是，治疗师应采取一种公开的、非指责性的沟通方法，以积极的视角利用概念化与父母一同制订支持计划，从而不断推动儿童或青少年的改变。最后，父母可能拥有不同于儿童或青少年的目标和优先事项，这些也需要被听到、被看到，或者被暂时搁置，待日后回顾处理。

当父母参与到治疗中，同时对干预目标予以认可后，下一步是要检查他们是否具有提供干预支持的能力。

▶ 孩子在进行暴露任务时可能会感到焦虑和痛苦，父母能否忍受这种情况？父母能否停止那些用来顺应孩子强迫症的妥协行为？

▶ 抑郁的孩子需要变得忙碌起来，父母能否支持和强化孩子为此所做的努力？

▶ 父母能否承受得住倾听孩子对自己创伤的评价？

当儿童或青少年的父母无法做到诸如此类的事件时，他们就很难充分参与到治疗中，从而对治疗进展产生不利影响。如果确定父母不能够提供相应支持，治疗师就需要探索其他的可选方案。

▶ 是否有其他家庭成员可以支持孩子进行暴露，或者对孩子做出改变的尝试进行强化？

▶ 如果希望父母停止那些顺应孩子强迫症的行为，能否让他们先聚焦于一个小的仪式化行为，来增强他们的信心？

在治疗过程中，治疗师也许会发现父母也存在接受干预的心理健康需求。例如，父母可能遭遇了与孩子同样的创伤，在这种情况下，治疗师就需要将父母转介到成人精神健康服务机构，以帮助他们处理创伤体验。

最后，治疗师需要思考 CBT 是不是最适合的干预手段，以及它能达到的实际效果。在某些情况下，父母会将家庭功能失调的责任不恰当地归咎于孩子。于是，孩子就成了家庭中其他人的替罪羊，这显然是不合理的。因此，治疗师需要提出一种以家庭为焦点的替代干预措施。但是，在这种情况下，父母可能会拒绝参与干预，认为需要改变的是孩子，而不是他们自己。在这里，我们需要再次说明，治疗师应直接挑战这种观点，明确要求父母为孩子的治疗提供支持，因为如果没有他们的参与，干预目标的实现会受到限制。

▶ 治疗师与儿童或青少年的适配性——你觉得你有被听到吗？

通常，治疗师会利用 PRECISE 原则，并结合儿童或青少年自身的特点，为他们量身定制 CBT 治疗方案。然而，有时治疗师与儿童或青少年之间并不"适配"，他们之间也无法形成一种有力、积极的关系。但是，对于由此引发的不适感，儿童或青少年可能很难表达出来。他们可能担心表达出来会让治疗师感到不安，或者担心表达出来后可能会发生一些事情。

对于这种情况，治疗师可以定期使用会谈评定量表来确定是否存在这种不适感。量表可以被用来评估治疗关系的各个方面。例如，儿童或青少年是否感到被倾听；他们是否有机会谈论他们想谈论的事情；他们是否觉得目前的工作方式有帮助；他们对会谈有多满意；治疗师做些什么才能使会谈对他们更有帮助。治疗关系在会谈评定量表上的得分通常很高，所以将关注点放在两次会谈之间的得分变化会更加有效。这种做法能够令儿童和青少年意识到，会谈会根据他们的反馈做出相应调整，从而提升他们在过程中的参与感。然而，另一些时候，在治疗师与儿童或青少年进行公开和真诚的讨论后，他们可能会得出一个结论，即儿童或青少年可能需要更换一个治疗师。

干预是如何进行的

令人困惑的是，有时，虽然儿童或青少年的概念化已经确定，双方已经对将要干预的问题达成共识，儿童或青少年感到动力十足并准备开始改变，治疗师也提供了适当的干预措施。然而，常规的结果测量和目标评定量表却未能显示出任何进展。有时，这种情况的发生是在预料之中的，因为儿童或青少年正在学习和培养问题解决技能，治疗师仍需要一段时间才能看到进展；但是，在其他情况下，治疗师就需要回顾干预措施的提供方式是否恰当。

▶ 干预的方法和实施方式是否适合儿童或青少年？

例如，治疗师在会谈初始阶段设置了一次关于正念技能的练习，但并没有实施成功。治疗师可能会因此得出一个结论，即儿童或青少年"没有理解它"。治疗师是否应该从这次不成功的会谈中吸取教训，换一种方式重新进行？还是应继续进行下一步？

▶ 治疗师是否提供了足够深入的信息？

治疗师可能已经向儿童或青少年提供了一次关于心理教育的会谈，但这对他们来说足够吗？是否需要换种方式再解释一次或进行更详细的解释，以便他们充分理解干预的基本原理？

▶ 干预的节奏是否合适？

聚焦于创伤的暴露可能会让儿童或青少年及治疗师都感到痛苦。儿童或青少年可能已经听到了一些关于干预的解释，但他们是否有针对创伤本身展开讨论？还是一直在回避这个话题？

▶ 所有的技术都得到了充分实施吗？

虽然暴露是许多干预方案中共有的一部分，但也是很有难度的一部分。即使儿童或青少年已经在临床会谈中进行了想象暴露，他们是否也在生活场景中进行了实景暴露？

▶ 这些技术得到恰当的实施了吗？

治疗师可能已经与儿童或青少年一起进行了思维挑战，但可能将重点放在了反驳儿童或青少年无益的想法上，而不是发展他们的"平衡思维"（balanced thought）。那么在实施这个技术时，治疗师是否应该考虑将两方面都均衡地照顾到？

治疗师必须不断反思自己的临床实践，以确保提供安全有效的干预方案，并且使自己的专业技能和能力得到持续的发展。核心理念 CORE、基本原则 PRECISE 和具体技术 ABC 也为治疗师的反思提供了一个框架。这种反思最好是在治疗师接受临床督导期间，以一种持续、好奇、支持性和反思性的谈话方式进行。反思的内容不仅应该包括那些有困难的个案，也应该包括那些成功的个案。这样既能鼓励治疗师认可自己现有的优势和成功，也能让治疗师意识到自己仍有待发展的特定能力。

接受临床督导对于治疗师的持续发展和有效实践是至关重要的。然而，如果治疗师无法获得临床督导，就应该采用一种开放、真诚、自我反思的方法。这涉及对临床实践的反思（见图 11-3），以及探索可能影响干预的个人想法、感受和行为（Sburlati & Bennett-Levy，2014）。例如，治疗师会因为听到儿童或青少年创伤的具体内容而感到焦虑，从而推迟聚焦于创伤的讨论。同样，治疗师也可能担心自己因无法在实景暴露中应对儿童或青少年的痛苦而回避进行这一任务。

姓名：GK　　　　　　　　年龄：14 岁　　　　　　　　性别：男性

主要问题：
强迫症

常规结果测量：
在过去的 4 次会谈中没有变化。

会谈评分：
除了理解方面略低（3 分）外，其他全部为高分（4 分）。

会谈重点：
减少安全行为（触摸门把手后无需洗手）。

我做得好的部分：
完成了一系列事情，并向 GK 强调了感染严重疾病的可能性有多低。

我能做得更好的部分：
虽然他意识到患病风险非常低，但我并没有解决他的担忧，我还无法帮助 GK 进入"可以触摸门把手后不用洗手"的阶段。

下次我会做哪些尝试：
回顾强迫症的强迫行为等级，并确定一个焦虑唤起程度更低的目标。

图 11-3　个人反思日志示例

　　回顾临床会谈的视频或音频记录可以显著提高个人的反思能力。如果治疗师无法做到，那么至少应在每次会谈后的 5 ～ 10 分钟进行一个简短的回顾，以认可积极的实践、确定需要改进的领域和制订能够改善不足的行动计划（Sburlati & Bennett-Levy，2014）。这种反思还应该包括来自常规结果测量和会谈评分量表的信息，以及对会谈焦点的简要总结。

　　反思包括询问自己如下问题。

　　▶ "在那次会谈中，我做得好的地方是什么？"

▶ "哪部分是我还能做得更好的？"

▶ "下次我会做些什么不同的事情呢？"

治疗师应该将这些信息整合在一起，形成一个反思日志，它可以帮助治疗师识别不同来访者内部及不同来访者之间的主题。

治疗师需要采取一种开放的心态来进行个人反思，并认识到这是一个持续的自我发展过程。像许多新技术一样，CBT 的实践能力将随着时间的推移得到持续的发展。技术的打磨和能力的持续提升是一个动态的过程，将通过个人反思得到不断的推进。它是一个积极的过程，是治疗师形成良好实践的核心，而不是失败或不足的标志。治疗师可以利用它庆祝治疗进展顺利的部分，也可以依赖它继续发展和试验不同的想法，以提升临床实践表现。

第 12 章

相关资源

事件链条

有时，我们会担心，如果我们不做某件事，就会有不好的事情发生。只是因为想到了不好的结果，我们就在没有检验它发生的可能性的情况下相信它是真实的。

请在事件链条的最上方写下你认为会发生的坏事。然后从链条的最底端开始，写下导致这件坏事发生的重要环节来补充这段链条。

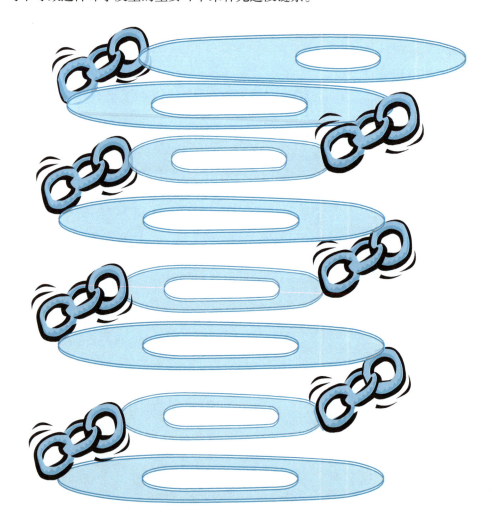

消极陷阱

请想一想你遇到的一个难以应对的情境，在下面的方框中写下或画下相应的内容。

▶ 诱因是什么？——这个情境是在哪里发生的？还有谁在场？发生了什么？

▶ 你当时在想什么？——在你的脑海里涌现了哪些想法？

▶ 你有什么感觉？——描述你的感受和身体发出的信号。

▶ 你做了什么？——发生了什么？

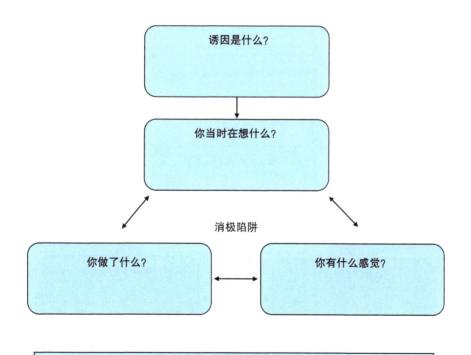

四成分系统概念化

请想一想最近发生的一个难以应对的情境或事件，并将其写或画在下面的方框中。

▶ 你在想什么？——在你的脑海里涌现了哪些想法？

▶ 你有什么感觉？——描述你的感受。

▶ 你注意到了哪些身体信号？——你注意到你的身体里发生了什么变化？

▶ 你做了什么？——发生了什么？

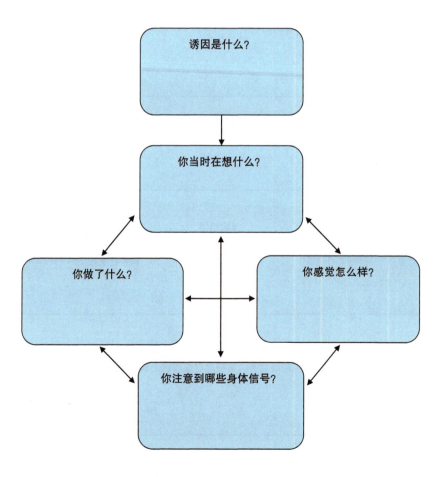

这是怎么发生的

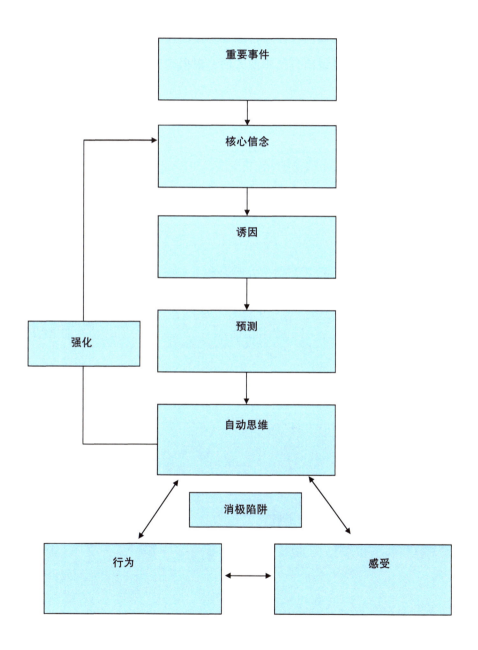

会谈评定量表

你对今天的会谈感觉如何？你是否感觉到自己参与到了会谈中、被倾听、有机会分享自己的想法并且说出自己想说的话？根据题项，圈出最符合你感受的一个数字。

请按真实情况作答，以便使会谈尽可能地对你有所帮助。

你能感到被倾听吗？

0　　1　　2　　3　　4　　5　　6　　7　　8　　9　　10
完全不能　　　　　　　　　　　　　　　　　完全可以

你能表达你想说的所有内容吗？

0　　1　　2　　3　　4　　5　　6　　7　　8　　9　　10
完全不能　　　　　　　　　　　　　　　　　完全可以

你能理解所讨论的内容吗？

0　　1　　2　　3　　4　　5　　6　　7　　8　　9　　10
完全不能　　　　　　　　　　　　　　　　　完全可以

你能感觉到自己完全参与到会谈中了吗？

0　　1　　2　　3　　4　　5　　6　　7　　8　　9　　10
完全不能　　　　　　　　　　　　　　　　　完全可以

对于如何让会谈对你更有帮助，你有什么想法吗？

改变的天平

在尝试做某件事时，权衡利弊有时是很有帮助的。请在天平的顶端写下你想做什么。在天平的一侧请写下做这件事的所有理由和可能的收益，在天平的另一侧写下不做的所有理由。

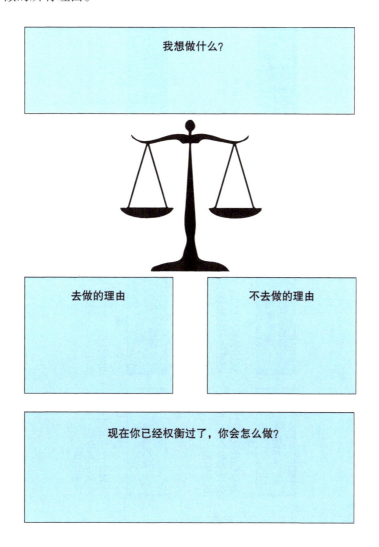

我想做什么？

去做的理由

不去做的理由

现在你已经权衡过了，你会怎么做？

焦虑障碍干预计划

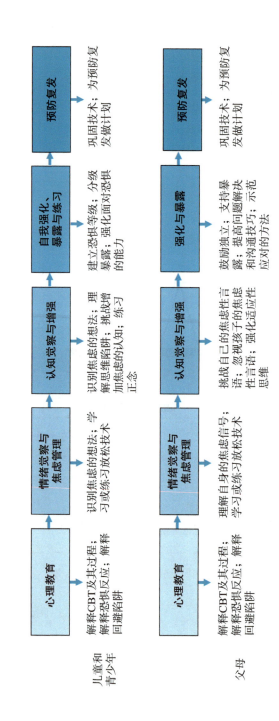

儿童和青少年

心理教育
解释CBT及其过程；
解释恐惧反应；解释
回避陷阱

情绪觉察与焦虑管理
识别焦虑的想法；学
习或练习放松技术

认知觉察与增强
识别焦虑的想法；理
解思维陷阱；挑战增
加焦虑感的认知；练习
正念

自我强化、暴露与练习
建立恐惧等级；分级
暴露；强化面对恐惧
的能力

预防复发
巩固技术；为预防复
发做计划

父母

心理教育
解释CBT及其过程；
解释恐惧反应；解释
回避陷阱

情绪觉察与焦虑管理
理解自身的焦虑信号；
学习或练习放松技术

认知觉察与增强
挑战自己的焦虑性言
语；忽视孩子的焦虑
性言语；强化适应性
思维

强化与暴露
鼓励独立；支持暴
露；提高问题解决
和沟通技巧；示范
应对的方法

预防复发
巩固技术；为预防复
发做计划

抑郁障碍干预计划

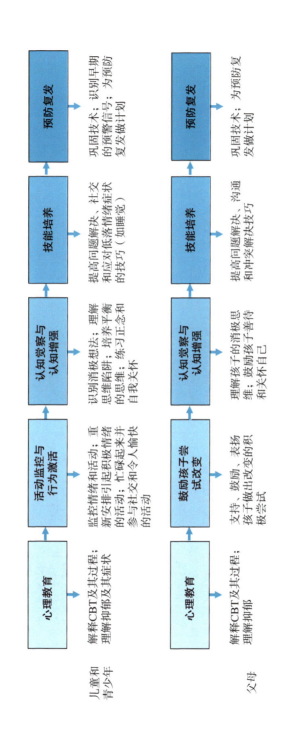

强迫症干预计划

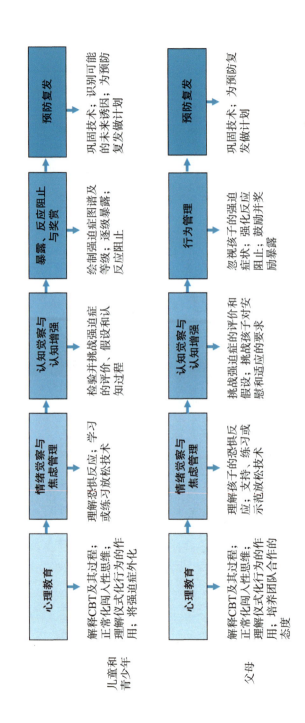

儿童和青少年

心理教育
解释CBT及其过程；正常化同人性思维；理解仪式化式行为的作用；将强迫症症外化

情绪觉察与焦虑管理
理解恐惧反应；学习或练习放松技术

认知觉察与认知增强
检验并挑战强迫症的评价、假设和认知过程

暴露、反应阻止与奖赏
绘制强迫症图谱及等级；逐级暴露；反应阻止

预防复发
巩固技术；识别可能的未来诱因；为预防复发做计划

父母

心理教育
解释CBT及其过程；正常化同人性思维；理解仪式化式行为的作用；培养团队合作的态度

情绪觉察与焦虑管理
理解孩子的恐惧反应；支持、练习或示范放松技术

认知觉察与认知增强
挑战强迫症的评价和假设；挑战孩子对安慰和适应的要求

行为管理
忽视孩子的强迫症状；强化反应阻止；鼓励并奖励暴露

预防复发
巩固技术；为预防复发做计划

创伤后应激障碍干预计划

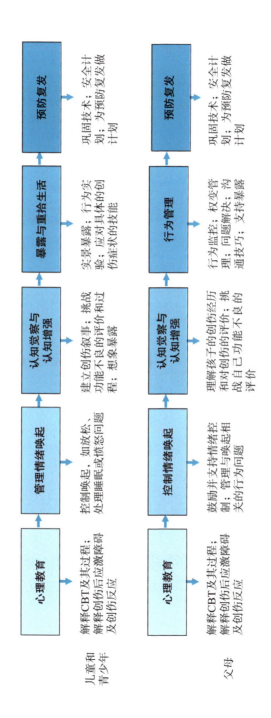

儿童和青少年

心理教育
解释CBT及其过程；解释创伤后应激障碍及创伤反应

管理情绪唤起
控制唤起、放松、处理睡眠或愤怒问题

认知觉察与认知增强
建立创伤叙事；挑战不良的评价和过程；想象暴露

暴露与重拾生活
实景暴露；行为实验；应对具体的创伤症状的技能

预防复发
巩固技术；安全计划；为预防复发做计划

父母

心理教育
解释CBT及其过程；解释创伤后应激障碍及创伤反应

控制情绪唤起
鼓励并支持情绪控制；管理与唤起相关的行为问题

认知觉察与认知增强
理解孩子的创伤经历和对创伤的评价；挑战自己功能不良的评价

行为管理
行为监控；权变管理；问题解决、沟通技巧；支持暴露

预防复发
巩固技术；安全计划；为预防复发做计划

动机

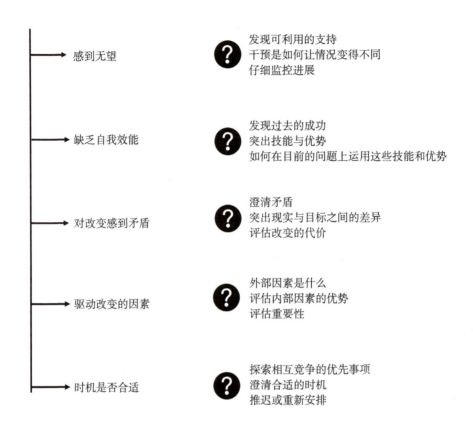

这样做的目的是探索影响改变动机的障碍和信念。这个方法旨在给那些感到无望的人、怀疑自我效能的人带来力量，并帮助那些内心矛盾的人认识到改变的好处。

参与度

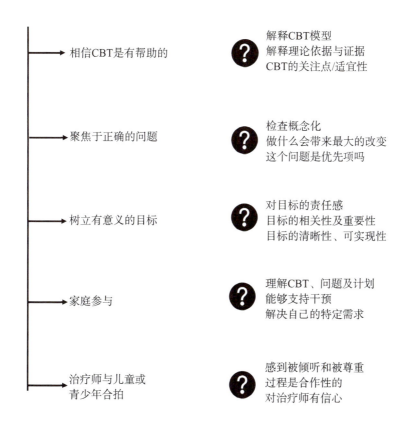

　　这样做的目的是探索那些可能干扰咨询进展的参与度问题。治疗师需要澄清主要的问题、确认儿童或青少年的目标、强化他们相信 CBT 有用的这一信念、让父母提供支持，并且以一种开放和诚实的方式探索治疗关系。

实施干预

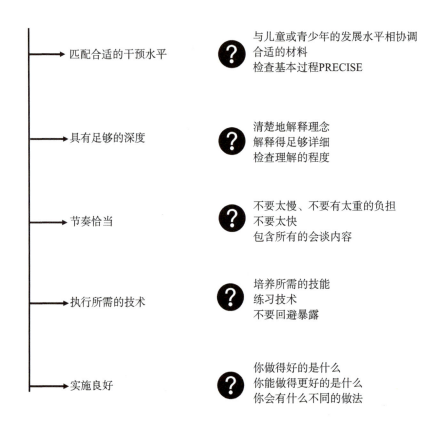

这样做的目的是培养对临床实践的好奇、开放、诚实、自我反思的态度。治疗师要考虑干预的方式、提供信息的深度、实施的节奏、计划内容的覆盖范围及实施的方式。

反思练习

儿童或青少年的姓名：　　　　　年龄：　　　　　性别：

主要问题：

常规结果监测的变化：

会谈评定：

会谈的主要焦点：

在这次会谈中我做得好的是什么？

我能做得更好的是什么？

下次我会有什么不同的做法？

针对儿童或青少年的认知行为治疗量表（CBTS-CYP）

过程－PRECISE

1. 合作关系——合作并共同学习

治疗师要与儿童或青少年（在合适的情况下，也与他们的父母或照料者）建立一种相互尊重的合作关系，这样他们就可以积极参与并朝着一系列共同的目标进行工作。

这可以通过以下方式体现：

► 引出儿童或青少年及其父母或照料者的理解和看法；

► 鼓励和邀请儿童或青少年参与讨论、选项评估和决策；

► 让儿童或青少年及其父母或照料者参与设定目标、制订干预计划、设计家庭作业和实验；

► 鼓励儿童或青少年对会谈提供开放和诚实的反馈。

能力水平		示例（根据特征而不是示例进行评分）
不胜任	0	治疗师采用说教式的风格，不鼓励合作，不征求或忽视儿童或青少年的看法
不胜任	1	治疗师过于控制、专制或被动，没有建立起合作关系
初学者	2	治疗师偶尔尝试合作，但专制或被动的风格限制了合作关系的建立
进阶的初学者	3	治疗师明显在尝试建立合作关系，但存在较大问题，如没有提供足够的机会让儿童或青少年及其父母或照料者参与
胜任	4	治疗师建立了合作关系，但并不是一直如此，或者在让儿童或青少年及其父母或照料者充分投入方面存在一些小问题
精通	5	治疗师在会谈的大部分时间里与所有参与者建立了良好的合作关系；极少出现问题
专家	6	即使面对困难，治疗师也能建立起高效且相互尊重的合作关系

2. 针对特定发展水平——匹配、方法、家人参与

治疗师要采取与儿童或青少年及其家人的发展水平和理解力相匹配的方式，让他们参与进来。

这可以通过以下方式体现：

▶ 确保认知和行为技术之间达到最佳平衡；

▶ 使用简单、清楚、没有术语的语言，尊重对方而不是居高临下；

▶ 适当地使用各种言语技术（直接和间接的方法）和非言语技术；

▶ 适当地让父母、照料者或其他人参与到会谈中。

能力水平		示例（根据特征而不是示例进行评分）
不胜任	0	治疗师对儿童或青少年及其家人的发展阶段没有认知或意识
不胜任	1	治疗师采取的是"标准化的方法"，这种方法不适合儿童或青少年现有的发展水平
初学者	2	治疗师偶尔认识到发展水平问题，但没有改进大多数的干预，或者没有与儿童或青少年及其父母的理解水平保持一致
进阶的初学者	3	治疗师表现出对发展水平问题的一些意识，但存在较大问题，例如，难以确保沟通是在儿童或青少年及其父母的理解水平上进行的
胜任	4	治疗师能够意识到发展水平问题，并制定合适的干预措施，但并不是一直如此或存在一些明显的小问题
精通	5	在会谈的大部分时间里，治疗师针对所有参与者的发展阶段／理解能力设置了适当、量身定制的干预；极少出现问题
专家	6	即使面对明显的发展水平限制或有限的理解能力，治疗师也非常高效

3. 共情——真诚、温暖、理解

治疗师通过建立一种真诚、温暖和相互尊重的关系，与儿童或青少年及其父母或照料者共情。

这可以通过以下方式体现：

▶ 通过具体的技能（如积极倾听、反馈和总结）来表达兴趣和关心；

▶ 承认儿童或青少年及其父母或照料者的言语、非语言表达和情绪反应（如痛苦、兴奋或焦虑）并做出适当回应；

▶ 表现出一种开放、尊重、非评判、关心的态度；

▶ 恰当地共情父母或照料者自身的困难，以及这些困难对他们帮助孩子的能力的影响。

能力水平		示例（根据特征而不是示例进行评分）
不胜任	0	治疗师似乎专注于技术，没有表现出任何共情
不胜任	1	治疗师表现得冷漠和超然，并且难以表现出温暖和共情
初学者	2	治疗师偶尔尝试共情，但过度关注技术 / 过于理智（intellectualisation）
进阶的初学者	3	治疗师做了有限的共情尝试，但存在较大问题，如忽略了来访者的非言语的情绪反应，或经常表现出不感兴趣 / 漠不关心的态度
胜任	4	治疗师是温暖的，能尊重来访者并表现出共情，但并不是一直如此或存在一些明显的小问题
精通	5	治疗师在整个会谈过程中向所有参与者表现出适当的共情；极少出现问题
专家	6	即使面对困难，治疗师仍是高效的，能保持共情、温暖和尊重

4. 创造性——言语和非言语技术

治疗师要调整 CBT 的理念和概念，以促进儿童或青少年及其父母或照料者对治疗的理解和参与。

这可以通过以下方式体现：

▶ 根据儿童或青少年的兴趣来调整和改变 CBT 的概念和方法；

▶ 使用适当的言语和非言语方法来促进理解和参与；

▶ 创造性地运用一系列方法来传达理念和概念，如谈话、绘画、问卷、隐喻、角色扮演、木偶等；

▶ 利用儿童或青少年喜欢的媒介，如口头语言、视觉资料、计算机。

能力水平		示例（根据特征而不是示例进行评分）
不胜任	0	治疗师没有尝试以促进儿童或青少年的参与或理解的方式来改编或解释 CBT
不胜任	1	治疗师不恰当地运用刻板的方式来交流和传达概念，这不利于来访者的理解或参与
初学者	2	治疗师偶尔会尝试根据儿童或青少年的兴趣和偏好来调整干预，但总体上是刻板的，不适合儿童、青少年或他们的家人
进阶的初学者	3	治疗师的创造性尝试有限，存在较大问题，例如，不恰当地依赖言语技术、没有使用不同的媒介或创新的方法
胜任	4	治疗师能恰当地运用材料和媒介，但并不是一直如此或存在一些小问题
精通	5	治疗师能恰当地运用所需的材料和媒介来促进儿童或青少年的理解和参与；极少出现问题
专家	6	即使面临困难，治疗师也能非常灵活并创造性地运用媒介和方法，以促进儿童或青少年的理解和参与

5. 探究发现——反思与洞察

治疗师要采取开放和好奇的立场，促进引导式发现和反思。

这可以通过以下方式体现：

▶ 形成合作探究发现的过程，让儿童或青少年及其父母或照料者的认知、信念和假设得到客观的评价；

▶ 让儿童或青少年参与实验设计；

▶ 帮助儿童或青少年及其父母或照料者思考对事件的替代性解释；

▶ 鼓励儿童或青少年及其父母或照料者反思实验的结果。

能力水平		示例（根据特征而不是示例进行评分）
不胜任	0	治疗师采取一种"专家的立场"，没有促进儿童或青少年的自我探索或反思
不胜任	1	治疗师是指令式的，没有给儿童或青少年提供自我探索和反思的机会
初学者	2	治疗师偶尔表现出好奇，但绝大多数时候是指令式的，治疗师主导会谈并提供他们的解释和想法

（续表）

能力水平		示例（根据特征而不是示例进行评分）
进阶的初学者	3	治疗师提供了一些发现的机会，也采取了反思性的提问风格，但存在较大问题，例如，儿童或青少年没有参与实验设计或反思实验结果
胜任	4	治疗师明显表现出好奇的态度，能通过提问和实验以帮助儿童或青少年发现新信息，但并不是一直如此或存在一些小问题
精通	5	治疗师能熟练使用提问和实验以促进来访者反思、发现和总结；极少出现问题
专家	6	即使面对困难，治疗师也能使用高效的反思性方法来促进儿童或青少年的深度理解

6. 自我效能感——基于优势和想法

治疗师要采用赋权和赋能的方式，以提升来访者的自我效能感，促进其对改变的积极尝试。

这一点可以通过以下方式体现：

▶ 发现并强调儿童或青少年及其父母或照料者的优势和个人资源；

▶ 帮助儿童或青少年及其父母或照料者识别那些在过去成功过的技能和策略；

▶ 培养并塑造儿童或青少年及其父母或照料者的想法和应对策略；

▶ 表扬并强化儿童或青少年及其父母或照料者对新技能的使用。

能力水平		示例（根据特征而不是示例进行评分）
不胜任	0	治疗师没有赋权，拒绝、忽视或批评来自儿童或青少年及其父母或照料者的建议
不胜任	1	治疗师过于关注儿童或青少年的缺点，没有引发或强化积极资源
初学者	2	治疗师偶尔认可和表扬儿童或青少年的贡献，但总体方式并不是赋权的
进阶的初学者	3	治疗师尝试提升儿童或青少年的自我效能感，但存在较大问题，例如，儿童或青少年的想法没有得到系统的探索和发展
胜任	4	治疗师采用的总体方式是积极的、赋权的，能够恰当地认可儿童或青少年的贡献，但并不是一直如此或存在一些小问题

（续表）

能力水平		示例（根据特征而不是示例进行评分）
精通	5	治疗师采用积极、赋权的方式，使儿童或青少年的优势和资源得到认可、探索和发展；极少出现问题
专家	6	即使面对困难，治疗师也保持高效、赋权的态度，以提升儿童或青少年的自我效能感

7. 参与感和兴趣性——趣味与吸引力

治疗师要适当地使会谈过程有趣、有吸引力。

这一点可以通过以下方式体现：

▶ 将材料、活动和幽默感恰当地结合起来；

▶ 在任务和非任务（强化治疗关系）的活动之间保持适当的平衡；

▶ 关注儿童或青少年的兴趣并适当地将其纳入干预；

▶ 表现得积极、充满希望。

能力水平		示例（根据特征而不是示例进行评分）
不胜任	0	治疗师表现出无聊、注意力不集中或过于严肃的状态
不胜任	1	治疗师表现得太过正式，会谈无趣、不愉快、不吸引人
初学者	2	治疗师偶尔尝试使会谈变得有趣，但整体方法不能提高儿童或青少年的兴趣
进阶的初学者	3	治疗师尝试使会谈变得有吸引力和有趣，但存在较大问题，例如，没有充分关注儿童或青少年的兴趣或使其参与非任务性活动
胜任	4	会谈过程总的来说是有趣且吸引人的，但并不是一直如此或存在一些小问题
精通	5	治疗师适当地照顾儿童或青少年的兴趣、使用他们喜欢的媒介，并维持他们的参与；极少出现问题
专家	6	即使面对困难，治疗师也是高效的，并能使会谈变得有趣和吸引人

技能……ABCs……

A 评估与目标——评定、日记、问卷

治疗师要建立明确的干预目标，恰当地使用日记、问卷和评估量表。

这一点可以通过以下方式体现：

▶ 对儿童或青少年表现出的问题进行全面的评估，必要时可以参考其他人的报告；

▶ 评估需辅以常规效果测量（ROMs）；

▶ 协商目标和检查进展的日期；

▶ 使用日记、清单表、思维泡泡和评定量表来识别和评估症状、情绪、思维和行为；

▶ 评估改变的动机和准备程度。

能力水平		示例（根据特征而不是示例进行评分）
不胜任	0	治疗师没有设定目标；没有使用问卷、评估及评定方法
不胜任	1	治疗师设定的目标不适当（不现实 / 不恰当），没有使用或参考评定 / 评估方法
初学者	2	治疗师偶尔考虑目标 / 评定，但总体方法没有基于评估或常规效果测量
进阶的初学者	3	治疗师在一定程度上考虑了目标 / 评定，但存在较大问题，如没有使用这些信息或在其基础上告知和实施会谈 / 干预
胜任	4	治疗师总体上表现出对目标和评定的意识，但并不是一直如此或存在一些小问题（如，向年幼的儿童解释）
精通	5	治疗师有明确的目标，并在会谈过程中适当地纳入日记、问卷、量表和评定；极少出现问题
专家	6	即使面临困难，治疗师也能高效地使用目标和测评 / 量表

B 行为技术——觉察、诱因、改变的技术

治疗师要展示各种行为技术的恰当的使用方法，以促进治疗的改变。

这可以通过以下方式体现：

▶ 使用建立等级、分级暴露、反应阻止等行为技术；

▶ 使用日程重新安排、行为激活等行为技术；

▶ 为使用行为策略提供清晰的理论依据；

▶ 制订并执行奖励和权变计划；

▶ 做示范，使用角色扮演、结构化的问题解决方法或技能训练等技术。

能力水平		示例（根据特征而不是示例进行评分）
不胜任	0	治疗师没有使用或错误使用行为技术，未能引发儿童或青少年的相关行为
不胜任	1	治疗师所聚焦的行为是不恰当的，或者使用的行为技术不恰当
初学者	2	治疗师偶尔尝试使用行为技术，但技能 / 灵活性有限
进阶的初学者	3	治疗师尝试适当地使用行为技术，但存在较大问题，如理论依据、问题和目标的关系不清楚
胜任	4	治疗师能根据需要使用行为技术（如在会谈中表扬儿童、青少年或其照料者，或者做示范），但并不是一直如此或存在一些小问题
精通	5	治疗师表现出良好的觉察能力和对行为技术的使用；极少出现问题
专家	6	即使面对困难，治疗师也能高效、适当地使用行为技术

C　认知技术——觉察、识别、挑战、认知重建

治疗师要展示各种认知技术的恰当的使用方法，以促进治疗的改变。

这可以通过以下方式体现：

▶ 提升认知觉察能力，使用适当的技术，如思维记录和思维泡泡；

▶ 识别功能良好或功能失调的、有益或无益的认知；

▶ 识别重要的功能失调的认知和常见的认知偏差，即"思维陷阱"；

▶ 通过挑战思维、采纳不同的观点来促进替代性的平衡的认知的产生；

▶ 促进儿童或青少年对认知连续谱的理解和评定量表的使用；

▶ 促进正念、接纳和共情。

能力水平		示例（根据特征而不是示例进行评分）
不胜任	0	治疗师没有使用或错误使用认知技术，未能引发儿童或青少年的相关认知
不胜任	1	治疗师所聚焦的认知或使用的认知技术不恰当
初学者	2	治疗师偶尔尝试促进认知觉察或使用认知技术，但技能／灵活性有限
进阶的初学者	3	治疗师对恰当地使用认知技术进行了一些尝试，但存在较大问题，如目标不明、儿童或青少年未能充分理解、难以形成替代性认知
胜任	4	治疗师有良好的认知觉察并能根据需要使用技术，但并不是一直如此或存在一些小问题，如形成替代性认知、识别思维陷阱
精通	5	治疗师表现出良好的觉察和认知技术的使用；极少出现问题
专家	6	即使面对困难，治疗师也能高效、恰当地运用认知技术

D 自我发现——优势、新信息和意义

治疗师要适当地使用各种方法以促进儿童或青少年的自我探索和理解。

这可以通过以下方式体现：

▶ 通过运用苏格拉底式对话来促进儿童或青少年的自我探索和反思；

▶ 通过采纳不同的观点和关注新信息来促进儿童或青少年的自我探索；

▶ 通过行为实验或预期检验来评估儿童或青少年的信念、假设和认知。

能力水平		示例（根据特征而不是示例进行评分）
不胜任	0	治疗师没有尝试促进儿童或青少年的自我探索，整体方法是指令式的
不胜任	1	治疗师没有运用苏格拉底式提问或行为实验
初学者	2	治疗师给儿童或青少年提供的自我探索的机会很少；治疗师使用了一些苏格拉底式提问和实验，但对于促进理解或"认知、情绪、行为"等主题之间的联系没有帮助
进阶的初学者	3	治疗师尝试通过实验来促进新信息的发现，但存在较大问题，如实验计划不佳或组织混乱
胜任	4	治疗师能使用苏格拉底式提问和发现实验来促进自我探索，但并不是一直如此或存在一些小问题

（续表）

能力水平		示例（根据特征而不是示例进行评分）
精通	5	治疗师能使用技巧性的提问和实验来促进儿童或青少年的理解、挑战儿童或青少年的认知；极少出现问题
专家	6	即使面对困难，治疗师也能高效、恰当地使用提问和实验来促进新的理解

E　情绪技术——觉察、识别、管理

治疗师要适当地使用各种情绪技术，以促进治疗改变。

这可以通过以下方式体现：

▶ 通过促进儿童或青少年对一系列情绪的识别来培养情绪识别能力；

▶ 帮助儿童或青少年区分不同的情绪及关键的身体信号；

▶ 培养儿童或青少年的情绪管理技能，如放松、意象引导技巧、呼吸控制技巧和平复活动；

▶ 培养儿童或青少年的情绪管理技能，如身体活动、情绪释放、情绪隐喻、情绪意象和情绪改变；

▶ 培养儿童或青少年的情绪管理技能，如自我安抚、心理游戏和正念。

能力水平		示例（根据特征而不是示例进行评分）
不胜任	0	治疗师没有使用或错误使用情绪技术，未能引发儿童或青少年的相关情绪
不胜任	1	治疗师所聚焦的情绪或使用的情绪技术不恰当
初学者	2	儿童或青少年识别和觉察情绪的机会很少，治疗师错过了许多相关的机会
进阶的初学者	3	治疗师做了一些促进儿童或青少年情绪觉察和管理的尝试，但存在较大问题，例如，情绪管理技术展示不充分、对情绪的区分不足
胜任	4	治疗师表现出良好的情绪觉察能力，并能促进儿童或青少年的情绪识别和管理，但并不是一直如此或存在一些小问题
精通	5	治疗师善于促进儿童或青少年的情绪识别和管理；极少出现问题
专家	6	即使面对困难，治疗师也能高效地促进儿童或青少年的情绪觉察和管理

F 概念化——CBT 模型的整合

治疗师要促进儿童或青少年对事件、认知、情绪、生理反应和行为之间的关系形成连贯的理解。

这可以通过以下方式体现：

▶ 为 CBT 的使用提供连贯易懂的理论依据；

▶ 提供对事件的合作性理解，并在其中突出特定事件、思维、情绪和行为之间的联系（关于问题如何维持的概念化）；

▶ 提供对当前问题发展过程来说重要的过去事件和重要关系的理解（关于问题如何形成的概念化）；

▶ 在合适的情况下，把父母或照料者在儿童或青少年问题的形成或维持上所扮演的角色考虑进来；

▶ 将活动、目标与概念化明确联系起来。

能力水平		示例（根据特征而不是示例进行评分）
不胜任	0	治疗师没有尝试整合思维、感觉、生理反应和行为
不胜任	1	治疗师没有参考认知模型
初学者	2	治疗师对认知模型的参考有限、解释不足、没有与治疗的问题和目标相结合
进阶的初学者	3	治疗师在一定程度上参考了认知模型、尝试了构建概念化，但存在较大问题，例如，没有区分思维和感觉或没有识别关键的认知
胜任	4	治疗师参考了认知模型并构建了问题概念化，但并不是一直如此或存在一些小问题，如概念化太复杂或无法理解
精通	5	治疗师表现出构建认知概念化的能力，这有助于儿童或青少年理解并为干预提供依据；极少出现问题
专家	6	即使面对困难，治疗师也能高效地整合认知模型和使用概念化

G 通用技能——会谈计划与组织

会谈要经过充分的准备，并以冷静和有组织的方式进行。

这可以通过以下方式体现：

▶ 准备并带上会谈中必要的材料和设备；

▶ 在会谈期间管理儿童或青少年的行为；

▶ 确保会谈有议程、明确的目标和适当的结构；

▶ 确保按时完成所有任务；

▶ 确保会谈节奏适当、灵活并回应儿童或青少年的需求；

▶ 为结束做准备并预防复发。

能力水平		示例（根据特征而不是示例进行评分）
不胜任	0	会谈组织混乱，没有议程，时间把握不好
不胜任	1	治疗师在会谈中对儿童、青少年或其父母的行为的管理是无效的
初学者	2	治疗师很少尝试组织会谈并使会谈结构化，整个会谈很混乱
进阶的初学者	3	治疗师在一定程度上尝试了计划和管理会谈，但存在较大问题，如没有涵盖所有的议题、忘记了关键材料
胜任	4	会谈有很多优点，但是并不是一直如此或者存在一些小问题
精通	5	治疗师有充分的准备并能熟练地管理会谈和儿童或青少年及其父母的行为；极少出现问题
专家	6	即使面对困难，治疗师也能高效地准备和管理会谈，保持良好的节奏

H 家庭作业——将知识和技能运用到日常生活中

治疗师要使用家庭作业收集信息，并将技能从临床会谈运用到日常生活中。

这可以通过以下方式体现：

▶ 与儿童或青少年协商，就布置家庭作业达成一致；

▶ 确保家庭作业是有意义的，并与概念化和临床会谈明确相关；

▶ 确保家庭作业与儿童或青少年的发展水平、兴趣和能力相匹配；

▶ 就家庭作业的现实性、可实现性和安全性达成一致；

▶ 在设置家庭作业时参考目标，在回顾进度时参考评定量表；

▶ 鼓励儿童或青少年复习和反思学习。

能力水平		示例（根据特征而不是示例进行评分）
不胜任	0	治疗师不使用家庭作业，或者忽略以前的家庭作业
不胜任	1	治疗师偶尔使用家庭作业，但没有得到儿童或青少年的合作同意
初学者	2	治疗师偶尔使用家庭作业，但布置的作业是随机的，并没有明确地与概念化相关
进阶的初学者	3	治疗师尝试与儿童或青少年以合作的方式布置家庭作业，但存在较大问题，例如，对目的和指导语的描述不足、没有明确地与概念化相关
胜任	4	治疗师与儿童或青少年能够就家庭作业达成一致，但并不是一直如此或存在一些小问题，如对目的的解释或对作业的定义不足
精通	5	家庭作业是良好、清晰、一致同意的；极少出现问题
专家	6	即使面对困难，治疗师也能高效地协商并就家庭作业或实验的创造性和清晰性达成一致，鼓励儿童或青少年反思

战胜焦虑

有时我们都会感到担心、焦虑、紧张或有压力。这通常是有原因的，例如：

▶ 做一些新的或困难的事情，如参加运动队的试训；

▶ 告诉某人他们不喜欢听的话，如"我今晚不想和你出去"；

▶ 为重要的事情做准备，如考试或试镜。

在通常情况下，一旦直面你的担忧，你就会感觉更好。但有时，这些不舒服的感觉似乎非常强烈、经常出现或持续很长时间。你可能找不到一个明确的原因，所以似乎很难知道是什么让你感到焦虑。你可能会发现这些不愉快的感觉阻碍了你去做想做的事情。这时，学习如何战胜焦虑会很有帮助。

理解你的焦虑

当人们变得焦虑或害怕时，他们通常会注意到身体的几个变化，这被称为"战或逃"反应，即你的身体做好了逃跑的准备，或者去面对并对抗你所害怕的东西。下面列出了一些常见的身体信号。了解其中哪种是最强烈的，能够帮助你更好地注意到你在什么时候会感到焦虑。

头晕/感到眩晕

脸红/发热　　　　　　　　　　　　头疼

口干　　　　　　　　　　　　视线模糊

哽咽　　　　　　　　　　　　声音颤抖

胃部不适　　　　　　　　　　心跳加速

手心出汗　　　　　　　　　　呼吸困难

腿软　　　　　　　　　　　　想去洗手间

回避陷阱

焦虑是一种令人不悦的情绪，因此我们会尽力回避引发焦虑的情境。

▶　如果你对与人交谈感到焦虑，你可能会回避社交场合。

▶　如果你对变化感到焦虑，你可能会回避去新的地方。

▶　如果你对狗感到焦虑，你可能会回避它们可能出现的地方。

回避这些情境可能会带来短时间内的解脱，但你将永远不会知道你可以处理自己的焦虑情绪。你陷入了回避陷阱，你需要学着摆脱陷阱并恢复你的生活。

学会放松

你可以通过学会放松来控制焦虑情绪。你可以用不同的方法来做到这一点，但要记住：

▶ 没有任何特定的方法可以控制你的焦虑情绪；

▶ 不同的方法可能在不同的时机有用；

▶ 找到对自己有效的方法很重要。

体育运动

有时你可能会注意到，你在一天的大部分时间里都感到焦虑。你可能有很多焦虑的感觉，当这种情况发生时，体育运动是一个很好的放松方式。

锻炼、散步、骑车、跑步或游泳都可以帮助你摆脱焦虑的感觉，让你感觉更好。

放松活动

放松的第二种方式是做一些会改变你的感觉、让你感觉良好的活动。与其沉浸在你的消极思维里并感到焦虑，不如做一些帮助你放松的事情。

很多活动都可以帮助你放松，包括玩电子游戏、阅读、看电视或 DVD、演奏乐器、听音乐、好好洗个热水澡、画画或涂指甲油。

当你注意到你感到焦虑或沉浸在担忧的想法里时，你可以做些事情来改变这种感觉。

▶ 与其躺在床上沉浸在你的消极想法里，不如打开你的手机听听音乐。

▶ 与其担心你的朋友会不会打电话来，不如读本杂志。

练习得越多，你就越能轻松地让自己感觉更好。

呼吸控制

有时候，你可能会突然发现自己变得焦虑，并且需要一个快速放松和恢复控制的方法。

呼吸控制是一种快速的方法，你可以在任何地方使用，并且通常人们甚至不会注意到你在做什么！

慢慢地用鼻子深吸一口气，并且一边数到 4。屏住呼吸 5 秒，然后慢慢地用嘴呼气，并一边数到 6。当你呼气时，对自己说"放松"。这样做几次就可以帮助你重新控制你的身体，让你感觉更平静。

快速放松

许多名人、运动员和音乐家都使用放松练习来帮助自己管理焦虑、为迎接挑战做准备。放松练习包括绷紧每个主要肌肉群几秒钟，然后再放松肌肉。

试着绷紧你的胳膊和手、腿和脚、腹部、肩膀、脖子，然后是你的面部。

如果你在做某事之前感到非常焦虑，快速放松可以帮到你。它可以帮助你做好准备，让你在面对挑战前更放松。记住，练习得越多，它就越有帮助。

识别焦虑的想法

多了解自己的思考方式，识别自己消极的、批判性的或担忧的想法是很重要的。经常感到焦虑的人会：

▶ 预期消极的事情会发生；
▶ 对自己所做的事很挑剔；
▶ 总是在寻找威胁和危险的信号；
▶ 认为自己不太可能成功地应对事件；

▶ 倾向于回避具有挑战性的情境。

对一些人而言，这种思维方式占了上风。他们的大部分想法变得消极和批判，这经常让他们感到焦虑。

你被困在思维陷阱里了吗

你可能会注意到自己在用消极的方式思考。这些都是思维陷阱，其中有 5 个非常常见的陷阱需要注意：

▶ 消极过滤——你只看到发生的消极事件，忽略了积极事件；

▶ 夸大事件——你会放大负面的小事，或者认为它们比实际上更严重或更重要；

▶ 预期失败——你预期事情会出错；

▶ 自我贬低——你对自己的行为非常挑剔，并为出错的事情自责；

▶ 好高骛远——你给自己设定了很高的标准和不切实际的期望，但很少能实现。

检验你的思维

你可以通过检验自己的想法来确保自己不陷入消极的思维陷阱。这可以帮助你发现一些你可能忽略的事情，并意识到可能有另一种更有益的思考问题的方式。

▶ 首先，捕捉并写下那些在你的脑海中翻滚的担忧的想法。

▶ 现在检查一下，看看你是否陷入了思维陷阱。

▶ 挑战这些想法，看看你是否忽略了什么。

▶ 现在改变它们，看看是否有一种更平衡的、有益的思维方式。

远离你的担忧思维

　　我们在自己脑海里的想法上花了太多时间。我们会回想已经发生了什么、担心将发生什么，但并没有真正注意到此时此地正在发生什么。正念是一种让你跳出自己脑海里的想法的方法。通过学习集中注意力，以一种开放且充满好奇心的方式观察正在发生的事情，你可以学会与此时此地联结。多关注当下可以帮助你减少焦虑。

　　你可以通过不同的方式来练习正念，如正念进食、呼吸、散步或观察。

面对你的恐惧

　　当我们感到焦虑时，我们会回避那些让我们担忧的事情，并且永远不知道我们能够应对它们。学会面对你的恐惧可以帮助你克服焦虑、恢复你的生活。你可以这样做：

- ▶ 列出你会回避的情况或事件；
- ▶ 将它们按照难度排序，最容易引起焦虑的在最上方，最不容易引起焦虑的在最下方；
- ▶ 从最不容易引起焦虑的事情开始，决定自己面对恐惧的时机，并思考你可能需要的支持和能帮助你成功的技能；
- ▶ 运用技能去面对你的恐惧，并认识到你可以成功。

　　一旦你成功了，就进入下一个事件并重复上述步骤，直到你克服恐惧。

记得表扬自己

我们并不总是很擅长表扬自己，对自己说"做得好"。所以，当你试图战胜焦虑、面对恐惧时，记得要表扬自己。毕竟，你的尝试值得这样的赞美！

对抗抑郁障碍

每个人都有低落、厌烦或不开心的时候。这些感觉通常来来去去，但有时它们会持续并占据你的身体，而你似乎无法改变它们。你可能会注意到自己：

- ▶ 经常流泪；
- ▶ 无缘无故地哭泣或为小事哭泣；
- ▶ 早上醒得很早；
- ▶ 夜晚入睡困难；
- ▶ 持续地感到疲惫、缺乏精力；
- ▶ 安慰性进食或失去食欲；
- ▶ 难以集中注意力；
- ▶ 不再做以前让你享受的事；
- ▶ 更少出门，只想一个人待着。

这些都是抑郁障碍占领身体的一些信号，是时候反击了！

开始是一项艰难的工作

当你感到沮丧时，你很难让自己重新振作起来。每件事似乎都是不可能的或真的很困难，你可能会觉得累，甚至懒得去尝试。

　　这是抑郁障碍的一部分表现，最难的工作之一就是迈出第一步。有两件事可能会帮助你行动起来。

▶ 告诉别人你要开始与你的抑郁障碍作斗争了。他们可以帮助、支持和鼓励你。

▶ 提醒自己，你可以改变自己的感受。这是一项艰难的工作，但你仍然可以做一些事情让自己感觉更好。

检查你做了什么，感觉如何

　　在情绪低落时，人们很难继续做事情。他们不经常外出，可能整天坐着或躺在床上。一个有用的方法是检查自己在做什么，看看一天中是否有段时间让你感觉比其他时候更糟糕。

　　你可以每天写日记，并且写下你每个小时都在做什么及你的感受，从 1 分（非常微弱）到 10 分（非常强烈）中选择一个数字来评估这种感受。你是否注意到了自己感觉更好或更糟的模式或时间？

　　莉萨的日记是这样的：

▶ 10：00——在床上，情绪 7 分；

▶ 11：00——在床上，情绪 8 分；

▶ 12：00——在我的房间里坐着，想事情，情绪 10 分；

▶ 13：00——下楼，和妈妈一起吃午饭，情绪 4 分；

▶ 14：00——在我的卧室里听音乐，情绪 4 分；

▶ 15：00——在我的卧室里闲坐，情绪 9 分。

这让莉萨明白，当她坐在房间里什么都不做时，她就会感觉更糟。

改变你的行为

一旦你了解到自己感觉特别糟糕的时间，以及让自己感觉更好或更糟的活动，你就可以计划做不同的事情。

莉萨的日记表明，当她和其他人一起在楼下或听音乐时，她感觉好多了。她决定改变自己的行为。醒来后，她不再躺在床上，而是下楼和家人在一起。如果她意识到自己心情特别低落，她会试着听一些音乐，看看是否有帮助。

忙碌起来

当你感到沮丧时，你经常会感到疲倦并不再做事情，即使是那些你曾经喜欢做的事情！你更少去从事自己的爱好、兴趣、活动或去你过去喜欢的地方（如电影院）。

帮助自己的第一步就是让自己忙碌起来，重新开始做事。列出你过去喜欢但现在不再做或不经常做的事情，或者没有做过但想做的事情，并且最好是那些有人参与的、给你成就感的，或者对你来说有重要意义的事情。

为了成功，确保你的第一步是较小的。如果你已经好几个月没有跑步了，最好穿上你的跑步装备，然后做一个简短的热身，而不是给自己设定一个跑 5 公里的目标。一旦完成了第一步，你就可以稍微给自己施加一点压力，朝着你的目标继续努力。

当你开始变得忙碌时，你可能会发现事情不像以前那么有趣了。别担心，乐趣可能需要更长的时间才能恢复。你要不断地提醒自己目前做得很好，并且记住，忙碌会让你在自己的消极想法上花费更少的时间。

识别无益的思维

多了解自己的思考方式，并识别自己消极的、批判性的或担忧的想法是很重要的。抑郁的人经常：

▶ 寻找并发现那些已经发生的消极或不好的事情；

▶ 对自我、自己的行为及未来很苛刻；

▶ 把某方面的问题（如没有赢得比赛）扩展到生活的其他方面（如"我是个失败者"）；

▶ 针对性地将事情归咎于自己，为了出错的事情而自责；

▶ 忽略发生的好事。

你被困在思维陷阱里了吗

你可能会注意到自己在用消极的方式思考。这些都是思维陷阱，其中有五个非常常见的陷阱需要注意：

▶ 消极过滤——你只看到发生的消极事件，忽略了积极事件；

▶ 夸大事件——你会放大负面的小事，或者认为它们比实际上更大或更重要；

▶ 预期失败——你预期事情会出错；

▶ 自我贬低——你对自己的行为非常挑剔，并为出错的事情自责；

▶ 好高骛远——你给自己设定了很高的标准和不切实际的期望，但很少能实现。

挑战你的思维方式

一旦你发现了自己的消极想法和思维陷阱，你就可以学着挑战自己。

▶ 如果你正在通过消极过滤器看事情，那么试着停下来，再审视一遍，找出那些被你忽略的积极的东西。

▶ 如果你夸大了事件，那么试着注意保持比例，不要将它们过度放大。

▶ 如果你预期不好的事情会发生，那么试着做一个实验来检验到底会发生什么。

▶ 如果你在自我贬低，那么试着用一个更充满关怀、更富有慈悲心的内在声音与自己对话。

▶ 如果你让自己注定失败，那么试着关注并庆祝自己取得的成就，而不是关注自己没有做到的事情。

如果你觉得这很难，那么请想一想，当你听到你最好的朋友有上述想法时，你会说些什么，这会很有帮助。

远离你的想法

我们在自己脑海里的想法上花了太多时间。我们会回想已经发生了什么，担心事情会出错或失败。正念是学习以开放、好奇的态度与此时此地联结，并把这些乱七八糟的东西从你的脑海中清除出去的一种方式。更多地关注当下可以帮助你不再自责。

你可以通过不同的方式来练习正念，如正念进食、呼吸、散步或观察。实际上，你可以用正念的方式做任何事。试着练习以正念的方式关注你的注意力，每天做几次，每次几分钟。

善待自己

当我们抑郁时，我们常常对自己很苛刻、很不友善。我们会打击自己、批评自己的行为、为出错的事情自责，而且很难对自己所做的事情感到满意。我们越苛刻，感觉就越糟糕。

试着用一种不同的态度更友善地对待自己和他人。

- 练习与自己友好地对话。
- 如果度过了糟糕的一天，记得关心自己。
- 原谅自己的错误。
- 庆祝自己的成就。
- 善待他人。

学着解决问题

做决定或解决问题常常让人感觉麻烦，所以我们可能会拖延。不幸的是，问题并不会消失，被遗留的时间越长，它们就会变得越麻烦，也就越让人力不从心。

尝试解决问题的 5 步法如下。

- 你需要做的决定或你必须解决的问题是什么？
- 你有什么选择？尽量多想几个。
- 现在看看每个选择并思考其结果，可以针对你或其他相关的人，也可以是直接或短期的结果。
- 做决定。基于你现在所了解的信息，你会做出什么决定？
- 在你做出尝试之后，思考它是否有效。如果你再遇到类似的问题，你还会做出同样的决定吗？

寻找积极的事情

当你感到沮丧时，似乎只会发生消极的事情。这是因为你已经养成了消极和苛刻的习惯，忽视了许多积极的事情。

试着打破这个循环，主动地寻找发生的积极的事情。每天写下至少一件积极的事情会有帮助。这些事情可以是你喜欢的、你解决的、你实现的或让你感觉良好的。看着清单不断增长会帮助你形成一个更平衡的观点，并认识到积极的事情确实发生了。

控制担忧和习惯

有些人的想法被困住了，这些想法在他们的脑海里不停地盘旋。有时这些想法是对细菌、危险或其他不好的事情的担忧，例如：

- ▶ 人们会受伤或被卷入事故；
- ▶ 你会感染细菌或疾病并传染给别人；
- ▶ 你是粗鲁的或举止不当的。

这些都是强迫思维，它们是如此令人担忧，以至于人们经常会感到非常焦虑。为了让自己感觉更好，人们试图通过采取安全行为、习惯或强迫行为来阻止这些想法，这些方法可以是：

- ▶ 洗手或洗衣服；
- ▶ 检查门、电灯开关、窗户等；
- ▶ 用特殊的方式做事情（例如，特别的洗衣服方法或特殊的穿着）；
- ▶ 将某些单词、短语或数字重复特定次数。

像这样的强迫行为可能侵占了人们的整个生活。随着花在这些事情上的时间越来越多，每一天都变成了挣扎。这被称为强迫症（OCD）。当这种情况发生时，你需要学习如何重新掌控你的生活。

我们都有担忧

我们通常不会告诉任何人我们的担忧或可怕的想法。我们会担心其他人不理解、生气或认为我们是傻子或疯子，所以我们把这些想法锁在我们的脑海里。

你需要知道的第一件事是，你并不傻也并不疯狂。每个人都或多或少有担忧的想法。

▶ 你可能会弄洒或碰到一些东西，并担心自己是否会感染细菌。

▶ 你可能会忘记拔掉电视插头，并担心它会起火。

▶ 你可能会和某人发生争执，并希望有糟糕的事情发生在他身上。

你想到了，但不意味着它会发生

担忧的想法很常见，但强迫症患者的不同之处在于，他们相信自己的想法会成真。所以强迫症患者可能会：

▶ 认为自己的妈妈会出车祸，并且相信这件事会发生；

▶ 认为自己得了一种严重的疾病，并且相信如果他们碰到别人，疾病就会传染给他们。

我们只会相信自己所认为的不好的事情会成真。你认为想到自己中彩票或在数学课上得到好成绩是不会成真的。

我们需要知道的第二件事是，仅仅是我们想到了某件事，并不意味着它会发生！

试图阻止自己的思维只会让事情变得更糟

有些人非常努力地不去想他们的强迫思维。这似乎是有道理的，但我们知道这行不通。你越努力不去想它们，它们反而会越多。

不要试图阻止这些想法。让它们出现并且学着与它们共存。

学会管理你的焦虑

安全行为或习惯是为了减少焦虑。与其重复这些习惯，不如学习不同的方法来管理焦虑的感觉。有很多方法可以做到这一点，重要的是找到对你有效的方法。

体育运动

有时你可能会陷入自己的习惯中，不得不重复多次来让自己感觉更好。体育运动是一个打破这种状态、管理焦虑情绪的好办法。

放松活动

当你被自己的习惯所困时，看看是否能转换到一种能帮助你放松的活动中去。每个人都有能让自己放松的活动，它可以是玩电子游戏、阅读、看电视或 DVD、演奏乐器、听音乐、好好洗个热水澡、画画或涂指甲油等。

呼吸控制

呼吸控制是一个快速恢复掌控感的方法。慢慢地用鼻子深吸一口气，并且一边数到 4。屏住呼吸 5 秒钟，然后慢慢地用鼻子呼气，并且一边数到 6。当你呼气时，对自己说"放松"。这样做几次就可以帮助你重新控制你的身体，让你感觉更平静。

放松练习

放松练习，即绷紧身体的每个肌肉群几秒钟，然后放松肌肉，这是一个有效的方法。试着绷紧你的胳膊和手、腿和脚、腹部、肩膀和脖子，然后是你的面部。

识别无益的思维

强迫症患者通常：

▶ 相信他们有责任防止自己或他人受到伤害；

▶ 高估威胁，相信事情比实际情况更危险；

▶ 相信想到糟糕或痛苦的事情与这些事情实际发生一样糟糕；

▶ 认为拥有痛苦的想法会使他们按照它来行动。

对强迫症患者来说，想法本身并不是问题所在。每个人都有可怕的想法。问题在于这些想法被解读和回应的方式，正是这些方式带来了问题。

检查这些想法

实验是检验思维的有力方法。检查一下你的可怕想法是不是在捉弄你，看看到底会发生什么。

如果你总是在交作业前反复检查，看看如果你不检查就直接交作业会发生什么。

如果你觉得自己对发生的糟糕的事情负有责任，看看你是否能使别人生病或发生事故。

如果你相信你可以使某人因心脏病发作而死，那就做一个责任饼图，找出其他可能导致心脏病发作的因素。

丢掉你的习惯

为了战胜强迫症，你需要知道的是，当你有一个担忧的想法时，你不需要做出习惯行为或安全行为。

▶ 列出你所有的习惯和惯例，并且针对每条习惯评估不能做到它时的焦虑程度。

▶ 将它们按照从最低（最不焦虑）到最高（最焦虑）的顺序排列。

▶ 从让你感觉最不焦虑的习惯开始，计划如何成功摆脱这个习惯。试着控制你的担忧，并对自己重复积极的信息——"我会改掉我的习惯"或"我已经成功坚持了 5 分钟不做这件事，所以我可以再坚持 5 分钟"。

▶ 现在，直面你的恐惧，让担忧的想法发生。这一次，摆脱你的习惯，试着不要用它来回避恐惧。

你会感到焦虑，但这会逐渐减轻

当你试图摆脱你的习惯时，你会担心自己的强迫思维会成真，你会感到焦虑或不舒服。别放弃！你会发现，不去实施习惯行为，这些焦虑的感觉也会随着时间的推移而减轻。

应对创伤

遭遇创伤是非常可怕的，大多数人会在之后的几天里感到不安，这并不奇怪。你可能会注意到你的想法、感觉和行为发生了一些变化。

▶ 你可能会发现自己无法不去想创伤经历。你不断地在脑海中回想，试图弄清楚发生了什么。

▶ 你可能会感到焦虑、警觉、愤怒、易激惹，并且对任何可能的危险都非常警觉。你可能会有睡眠问题、感到紧张不安、做噩梦。

▶ 你可能会试图通过回避与创伤有关的事物或地点来保护自己。

这些都是正常反应。对大多数人来说，这些变化只会持续几周，但对少数人来说，创伤的影响会持续更长时间。如果你的症状持续超过 4 周，并干扰了你的日常生活，你可能会想尝试一些新的方法来应对你的创伤。

恢复你的生活

人们在经历创伤后往往不再做平常会做的事。他们可能会害怕出门，或者不愿意独自做事，就好像在遭遇创伤的时候，生活被冻住了一样。

恢复生活的第一步就是忙碌起来，重新开始做那些你曾经喜欢但现在已经不再做的活动。列出所有你已经停止、推迟或不常做的事情，选择一两个对你来说很重要的事情，然后把它们重新加入生活规划中。这是继续前进的开始。

管理你的情绪

许多人很难管理自己的强烈情绪，尤其是愤怒和焦虑。学习如何管理这些情绪可以让你感觉更有控制感，并且让你更好地处理创伤。

放松

放松和管理强烈情绪的方法有很多，你需要找出对你有效的方法，可能包括：

▶ 体育运动；

▶ 放松活动；

▶ 放松练习；

▶ 想象令人平静的意象；

▶ 呼吸控制。

就像所有的技能一样，你练习得越多，这些技能就会越有帮助。

睡眠

经历过创伤的人可能会发现他们的睡眠被打乱了。他们会难以入睡、经历创伤画面、做噩梦或清晨早醒。糟糕的睡眠会导致疲劳、注意力不集中和易激惹。

如果你有睡眠问题，你可能会想试试下面的方法。

▶ 养成一个平静的夜间活动习惯，在睡前有一个安静的放松时间。

▶ 避免糖和咖啡因含量高的饮料。

▶ 睡前 1 小时内不要使用屏幕会产生蓝光的设备。

▶ 睡前练习一些放松技术。

▶ 入睡时听有声读物或播客。

▶ 尽量不要担心创伤性的噩梦，它们会过去的。

愤怒

人们在遭受创伤后可能会感到愤怒。他们可能会对所发生的事情感到愤怒，对为什么他们会被波及或对自己的反应感到愤怒。有时这些愤怒的感觉来势汹汹，并且会让你爆发。

找到控制你的愤怒的方法，你就可以避免言语或躯体上的爆发。

▶ 做几次深呼吸，然后慢慢放松，这可能会帮助你稳定下来并控制自己。

▶ 觉察到愤怒的累积可以帮助你在大发雷霆之前离开。

▶ 寻找替代性的方法来摆脱愤怒的感觉，如击打靠垫或弄破气泡纸。

讲述你的故事

人们经常会对他们的创伤产生乱七八糟的想法或意象并且感到沮丧，这是可以理解的。正因如此，人们经常回避或停止对创伤的思考。创伤永远不被处理，你也永远无法理解发生了什么。

为了帮助你处理创伤，你需要讲述发生了什么。这将有助于识别创伤中那些不清楚的部分或与强烈情绪相关的部分。这也会帮助你理解自己对创伤的思考方式，以及自己给所发生的事情赋予的意义。

检查你的想法

经历创伤的人常常对自己在创伤中的角色、他们的症状及创伤对生活的影响有一些无益的想法。

- ▶ 他们可能会为发生的事情感到内疚和自责："如果我当时和朋友们在一起，就不会发生这种事。"
- ▶ 他们可能会为自己的行为感到羞愧："我应该努力阻止这种事情发生的。"
- ▶ 他们可能会误解自己的症状："我的问题很严重。我要疯了。"
- ▶ 他们可能预期创伤再次发生："如果我回到那里，它还会再次发生。"
- ▶ 他们可能认为创伤会改变他们的生活："我永远也无法克服它。我的生活被毁了。"

你会在帮助之下探索这些想法，并发现新的信息，这将帮助你质疑你的想法。这也会帮助你更新你的故事，有助于减少你的情绪困扰。

面对你的恐惧

经历过创伤的人通常会回避创伤发生的地点、创伤的提示物或触发创伤记忆的事物。你可能会觉得这是保证安全的行为，或者能避免让自己再次经历创伤并感到沮丧。

为了继续前进、恢复生活，直面这些提示物是很有用的。这将帮助你发现，虽然它们与你的创伤有关，但那都已经过去了。面对你的恐惧可以帮助你打破这种联系，并明白此时此地这些诱因是无害的。

致谢

许多人都为这本书的内容倾注了力量。我想,与其列出冗长的致谢名单,不如简单地对每位我有幸与之并肩工作过的人致以感谢。特别是那些在我的职业生涯中我有幸与之一同工作过的儿童、青少年和各位出色的同事。他们给了我充分的鼓励和支持,提出了宝贵的建议,同时对其中的一些内容提出了自己的疑问。

我想感谢我的家人罗茜(Rosie)、卢克(Luke)和埃米(Amy),他们在我撰写本书时给予了我坚定的支持和热情的鼓励。

最后,我想感谢本书的所有读者。希望本书的内容能为你的工作提供帮助,为那些你所服务的儿童和青少年的生活带来真正的改变。

参考文献

考虑到环保，也为了节省纸张、降低图书定价，本书编辑制作了电子版参考文献。用手机微信扫描下方二维码，即可下载。